本书得到"浙江省水利科技创新服务平台"资助

浙江省梯级水库水资源合理配置与调度实践研究

浙江省水利河口研究院
王士武 温进化 郑建根 姚水萍 王贺龙 著

内 容 提 要

本书以浙江省的周公宅-皎口、白水坑-峡口、湖南镇-黄坛口等梯级水库的水资源供需系统为研究对象，在梯级水库水资源系统特点分析、水资源配置与调度理论和方法说明论述的基础上，详细介绍这些理论和方法在三个具体研究对象的实践应用，提出具有浙江特点的梯级水库水资源合理配置与调度实践中关键技术和核心环节，并具有指导意义。

本书适合水利水电、水文水资源、环境工程等专业的科研工作者参考和阅读。

图书在版编目（CIP）数据

浙江省梯级水库水资源合理配置与调度实践研究 / 王士武等编著. -- 北京 : 中国水利水电出版社, 2017.4

ISBN 978-7-5170-3990-7

Ⅰ. ①浙… Ⅱ. ①王… Ⅲ. ①梯级水库－水资源管理－浙江省 Ⅳ. ①TV213.9

中国版本图书馆CIP数据核字(2015)第321327号

书　　名	浙江省梯级水库水资源合理配置与调度实践研究 ZHEJIANG SHENG TIJI SHUIKU SHUIZIYUAN HELI PEIZHI YU DIAODU SHIJIAN YANJIU
作　　者	王士武　温进化　郑建根　姚水萍　王贺龙　著
出版发行	中国水利水电出版社 （北京市海淀区玉渊潭南路1号D座　100038） 网址：www.waterpub.com.cn E-mail：sales@waterpub.com.cn 电话：（010）68367658（营销中心）
经　　售	北京科水图书销售中心（零售） 电话：（010）88383994、63202643、68545874 全国各地新华书店和相关出版物销售网点
排　　版	北京三原色工作室
印　　刷	北京博图彩色印刷有限公司
规　　格	184mm×260mm　16开本　17.75印张　421千字
版　　次	2017年4月第1版　2017年4月第1次印刷
印　　数	0001—1000册
定　　价	88.00元

前　言

浙江省位于我国东南沿海长江三角洲南翼，全省土地总面积10.38万km^2，其中山地和丘陵占70.4%，平原和盆地占23.2%，河流和湖泊占5.8%，故有“七山一水二分田”之说。全省水资源特点表现为：一是水资源总量丰富，但人均占有量较低；二是水资源量空间分布不均，地区差异较大，自南向北递减，水资源量空间分布与耕地、人口、生产力以及经济发展需求空间分布不相匹配；三是水资源年际变化大，年内分配不均。特定的地理位置、水文气象条件以及地形地貌特点，决定浙江省是一个洪涝以及干旱灾害频繁发生的省份。为兴利除害，合理调配水资源，浙江省自20世纪50年代起，陆续兴建了一大批以防洪、灌溉、供水、发电、航运等为主要功能的枢纽工程，使我省的防洪、供水安全保障能力明显增强，发电效益不断提高，为区域经济社会的持续发展做出了重大贡献。

近年来，由于全省经济社会的快速发展，城镇化进程的加快以及居民生活水平的提高，水资源在支撑和保障经济社会发展过程中出现了一些新情况、新问题，主要表现在以下四个方面：①水资源供需矛盾依然存在，部分地区较为突出。由于全省水资源量空间分布与人口、经济、生产力等要素空间布局不相协调，尽管近年来全省开展了一系列跨流域引配水工程、水资源百亿保障工程建设，有效缓解了水资源时空分布不均导致的水资源供需矛盾，但是海岛地区、部分滨海平原地区水资源供需矛盾依然存在，甚至较为突出。②水资源开发利用难度日趋增大，同时开发难度也较大。全省多年平均水资源量为955亿m^3，可利用量为360亿m^3，近年来水资源量实际利用约210亿m^3，尚有较大的开发利用潜力。但由于开发条件的限制，进一步开发利用难度相对较大，而且政策处理难度越来越大，进一步开发利用成本较高。③水质型缺水问题突出。由于水环境问题的复杂性以及工程建设和管理的艰巨性，水环境治理任重而道远。在这样背景情况下，如何解决水资源上禀赋与利用不均衡问题成为全省经济社会可持续发展面临的一项重要课题。对全省县以上城市集中式饮用水水源地调查分析表明：现状 101 个水源地中，63 个水源地从水库取水，占 62%；38 个从河道取水，占 38%，说明水库是我省的主要饮用水水源地。④水资源合理配置和调度需要开展深入研究。在全面深化改革尤其是产业结构调整和新型城镇化、落实最严格水资源管理制度过程中，对流域水资源管理、水利工程管理运行等提出了新的更高要求。水资源配置目标和水利枢纽工程的调度方式逐渐由单目标向多目标、由单库调度向多库联合调度方向转变，既要协调防洪与兴利的矛盾，也要协调水源与用水户之间对水量、水质的要求之间的矛盾，导致水资源系统配置和调度方式更加复杂。

为解决浙江省水资源面临的新情况、新问题，浙江省先后做出了“千库保安”“水资源百亿保障工程”建设等战略部署，全面推进水源工程建设；以节水型载体建设为重点，全面推进节水型社会建设，落实最严格水资源管理制度。浙江省委、浙江省人民政府《关于加快水利改革发展的实施意见》（浙委〔2011〕30 号）进一步明确提出：把强化水资源管理及综合利用、水生态保护作为加快经济发展方式转变、促进生态文明建设的战略举措，构建浙北、浙中地区水库群联合供水、台州地区北水南调等区域水源联网联调的工程格局。

为有效解决浙江省经济社会发展面临的水资源问题，浙江省水利河口研究院相关研究团队以水资源合理配置和优化调度为研究方向，致力于解决生产实际问题，同时兼顾技术方法创新。近几年，围绕水资源系统合理配置和优化调度领域，研究团队先后主持开展了浙江省科技厅和水利厅一批重点研究项目，先后承接了设区市人民政府（或水利局）、县（市、区）人民政府（或水利局）委托数十项技术咨询和技术服务工项目。通过科学研究、技术咨询和技术服务工作，研究团队取得了一批先进实用的科技成果。现将其中关于梯级水库优化调度研究方面成果重新梳理，编辑出版，以便于这些成果的推广应用和后续研究。

本书共分四篇，各篇内容简介如下：

第一篇为浙江省水资源时空变化规律和汛期过渡期研究。该部分在介绍浙江省自然地理和降水成因的基础上，根据浙江省水文站分布情况，选用代表性水文站长系列降水和流量资料，分别采用旱涝等级划分法、集中度与集中期法、小波分析法等多种方法分析了浙江省降水与径流时空变化规律。根据浙江省现状汛期分期提出了汛期分期过渡期的概念，选用闸口嘉兴水文站长系列降水资料，采用模糊统计法和分形理论分析了全省汛期分期过渡期。这些成果是指导梯级水库调度运行的前提和基础。

第二篇为周公宅-皎口梯级水库优化调度研究。周公宅-皎口梯级水库水资源系统是以皎口、周公宅水库为龙头，以防洪、供水、发电、灌溉等为主要功能，具有多水源多用户的复杂水资源系统。本篇在分析周公宅-皎口梯级水库项目区概况、工程建设和管理现状、水资源系统运行实际需求的基础上，提出了该部分的研究内容与研究技术路线，采用NAM水文模型对项目区各水资源计算分区开展水资源调查评价，利用需水预测模型对各需水预测分区进行各行业需水量预测。该项目构建了周公宅-皎口梯级水库系统概化图和梯级水库联合调度优化模型，并采用多目标免疫遗传算法对梯级水库联合调度优化模型进行求解；通过构建梯级水库联合调度模拟模型，根据梯级水库联合调度规则优化模型研究成果模拟梯级水库水资源系统调度运行，取得了理想的成果。最后分别采用变动范围法和灰关联熵法对下游河道水生态环境对联合调度的响应进行评价。

第三篇为白水坑-峡口梯级水库联合调度研究。白水坑-峡口梯级水库水资源系统是以白水坑水库为龙头、峡口水库反调节，以防洪、灌溉、发电为主结合供水等其他功能，具有多水源多用户的长藤结瓜型水资源系统。该部分在分析白水坑-峡口梯级水库工程和管理现状、项目区管理实际需求的基础上，明确了研究内容与研究技术路线，采用新安江模型对项目研究区各水资源计算分区开展水资源调查评价，采用农业灌溉需水量预测模型各需水预测分区进行需水量预测。基于构建的峡口水库灌区长藤结瓜型灌溉系统概化模型和模拟计算模型，进行峡口水库灌溉用水量模拟计算，计算成果符合峡口水库灌区实际。根据建立的白水坑-峡口梯级水库联合调度优化模型，采用多目标免疫遗传算法对梯级水库联合调度优化模型进行求解;通过构建梯级水库联合调度模拟模型,根据梯级水库联合调度规则优化模型研究成果模拟梯级水库水资源系统调度运行，取得了理想的成果。研究成果表明：项目研究提出的梯级水库联合调度规则科学可行。

第四篇为湖南镇-黄坛口梯级水库联合调度与水资源合理配置研究。湖南镇-黄坛口梯级水库水资源系统是以湖南镇水库为龙头、黄坛口水库反调节，具有防洪、发电、供水、灌溉、改善生态环境等多种功能，具有多水源多用户的复杂水资源系统。该部分在分析湖南镇-黄坛口梯级水库项目区概况、工程和管理现状、项目区实际需求的基础上，提出了研究内容与研究技术路线图，采用建立的新安江三水源水文模型对项目研究区各水资源计算分区开展水资源调查评价,利用建立的需水预测模型对各需水预测分区进行各行业需水量预测。根据“三线”供水区概况，提出了其水资源系统概化模型和梯级水库需水量计算模型，分析计算了“三线”供水区梯级水库需水量成果作为梯级水库优化调度的基础输入参数。该项目构建了湖南镇-黄坛口梯级水库水资源系统概化图，分析了其现状调度运行规则存在的主要问题，研究提出了调度运行规则调整的工作思路和方法,分别采用逆时序递推方法和免疫粒子群算法对建立的调整调度规则模拟模型和优化模型进行求解。根据调整后的梯级水库联合调度规则进行梯级水库可供水量研究，进而对其可供水量进行“三线”配置。开展了梯级水库特殊干旱期应急供水方案研究，提出了应急供水策略。

编写分工如下：第一篇由王士武、郑建根、王贺龙同志编写，第二篇温进化、姚水萍同志编写，第三篇由郑建根、温进化、姚水萍同志编写，第四篇由王士武、温进化、王贺龙同志编写。全书由王士武同志统稿，郑建根同志审阅。吴昶槐同志做了大量的制图工作。本书是生产实际成果的归纳总结。在生产项目完成过程中，得到了业主单位领导与专家张松达、杨关设、夏国团、姜勇、何江波、郑积花、施经馗、纪碧华、饶桐贵、郑骞等的大力支持和帮助，为成果形成付出了辛勤的劳动，在此一并向他们表示衷心的感谢！

梯级水库调度运行涉及气象、水文、水利、系统分析和模拟计算等多方面的技术，其水资源系统具有多水源、多用户、多功能等特点，其调度决策是一项具有随机性、耦合性的非线性决策。由于水平所限，本书谬误之处在所难免，还请各位同仁批评指正。

编　者

2016 年 8 月

目　　录

第四篇　湖南镇-黄坛口梯级水库联合调度与水资源合理配置研究

第一篇

浙江省水资源时空变化规律和汛期过渡期研究

第 1 章　浙江省水资源时空变化规律研究

1.1　自然地理

1.1.1　地理位置与行政区划

浙江省地处中国东南沿海、长江三角洲南翼，东临东海，南接福建，西与安徽、江西相连，北与上海、江苏、安徽接壤，太湖即位于省境北界。浙江省东西和南北的直线距离均为 450km 左右，全省陆域面积 10.38 万 km^2，其中山地和丘陵占 70.4%，平原和盆地占 23.8%，河流和湖泊占 5.8%，故有“七山一水二分田”之说。全省海域面积 26 万 km^2，海岸线总长度为 6633km，居全国第一。

浙江省下辖杭州、宁波、温州、嘉兴、湖州、绍兴、金华、衢州、舟山、台州、丽水 11 个地级区市，分 90 个县级行政区，包括 36 个市辖区、20 个县级市、34 个县（含 1 个自治县）。

1.1.2　地形地貌

浙江省整个地势由西南向东北倾斜。浙南地区为山区；浙东和浙中为丘陵，大小盆地错落分布于丘陵山地之间；浙北地区为水网密集的冲积平原。按照地表形态相似性和地域间差异性分区，全省可分为浙北平原、浙西丘陵、浙中金衢盆地、浙南山区、浙东沿海平原及海岛等六个地形区。位于龙泉境内的黄茅尖，海拔 1929m，为全省最高峰。

全省有四大平原，分别为杭嘉湖平原（杭州、嘉兴、湖州），萧绍甬平原（萧山、绍兴、宁波）、金丽衢平原（金华、丽水、衢州），温台平原（温州、台州）。有海岛 3000 余个。

1.1.3　气候特征

浙江省位于亚热带季风气候区，冬季受蒙古冷高压控制，盛行西北风，以晴冷、干燥天气为主，是全年低温、少雨季节；夏季受太平洋副热带高压控制，盛行东南风，空气湿润，是高温、强光照季节。

全省气候总特点是：季风显著，四季分明，年气温适中，光照充足，雨量丰沛，空气湿润，雨热季节变化同步，气候资源多样，气象灾害繁多。年平均气温 15～18℃，极端最高气温 40.7℃，极端最低气温-10.2℃；全省多年平均降水量为 1604mm，年日照时数 1710～2100h。

1.1.4　河流湖泊

浙江省河流众多，自北向南有苕溪、京杭大运河（浙江段）、钱塘江、甬江、椒江、瓯江、飞云江和鳌江等 8 个主要水系。钱塘江为全省第一大河，全长 668km，流域面积 55558km^2；其次为瓯江，干流全长 384km，流域面积 18100km^2。全省河道总长度 13.78 万 km，水域面积 3619km^2（见表 1-1）；全省湖泊共有 204 个，水域面积 132km^2（见表 1-2）。

表 1-1　各水系河道统计汇总表

流域名称	河道总长度/km	水域面积/km^2	流域名称	河道长度/km	水域面积/km^2
钱塘江	48661	1373	椒江	9419	274
苕溪	4754	121	瓯江	23769	629
运河	18419	463	飞云江	5184	133
甬江	9667	231	鳌江	3016	63

注　表中钱塘江流域统计到海宁盐官断面。

表 1-2　各水系湖泊统计汇总表

流域名称	重要小型湖泊		小型湖泊		合计	
	个数	水域面积/km^2	个数	水域面积/km^2	个数	水域面积/km^2
钱塘江	4	11	21	9	25	20
苕溪	1	1	1	1	2	2
运河	21	38	118	36	139	74
甬江	2	5	10	1	12	6
椒江	—	—	9	2		
瓯江	—	—	—	—		
飞云江	—	—	—	—		
鳌江	—	—	—	—		
总计	28	55	159	49	178	102

注　未包括太湖浙江部分水域面积为 8.15km^2。

1.2　降水成因

浙江省地处亚副热带季风区，水汽来源与输送主要是印度洋孟加拉湾的西南季风暖温气流和南太平洋的东南季风。

春季是冬夏季风转变的季节，太阳辐射逐渐加强，极地大陆性气团逐渐衰退，太平洋副热带高压日益强盛，盛吹东南风，气旋活动频繁，常形成锋面降雨，称为“春雨”。春末夏初，太平洋副热带高压进入浙江与北方冷空气对峙，冷暖空气交错形成大面积锋面雨，并产生气旋波，缓慢东移出海，造成阴雨连绵的天气，俗称“梅雨”。梅雨期是浙江主要雨季。盛夏时，太平洋副热带高压控制浙江省，天气晴热，局部地区多雷阵雨。秋季太平洋副热带高压逐渐减弱，而北方冷空气加强南下，由于受到地形影响，极锋有时呈半静止状态，形成连日不断的阴雨，在 9—10 月产生一些强度不大、历时较长的秋季降水。冬季浙江省盛吹偏北风，在极地大陆性气团控制下，以晴冷干燥为主，冷空气以爆发形式南下，强度大者称寒潮，寒潮冷锋常形成浙江省雨雹天气。

另外浙江省还受另一个天气系统——台风的影响。台风是发生于菲律宾以东洋面上的热带气旋。7—10 月浙江省为台风影响期，台风影响或者登陆时，常产生大暴雨，如遇冷空气入侵，则雨势更强，酿成局地严重洪涝灾害。

1.3 基础资料

根据浙江省水文站分布情况，选用闸口、嘉兴等站点（见图 1-1 和表 1-3）作为代表站进行分析。降水量资料选用闸口、嘉兴等 9 个雨量站 1961—2010 年（共 50 年）长系列降水量，径流量资料选用瓶窑、双塔底等 8 个径流站 1961—2010 年（共 50 年）长系列径流量。

表 1-3 代表性雨量（径流）站选定成果表

区域	杭嘉湖	杭嘉湖	衢州	金华	丽水	宁波	台州	温州	绍兴
雨量站	闸口	嘉兴	双塔底	莲塘口	黄渡	洪家塔	长潭水库	峃口	嵊县
径流站	—	瓶窑	双塔底	莲塘口	黄渡	洪家塔	长潭水库	峃口	嵊县
集水面积/km^2	—	1420	1561	1341	1270	151	441	1930	2280

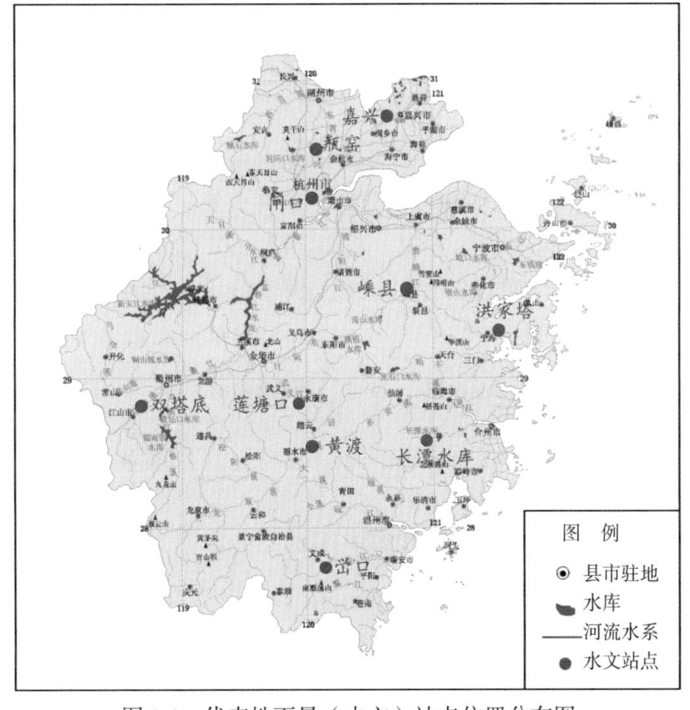

图 1-1 代表性雨量（水文）站点位置分布图

1.4　降水量时空分布规律研究

用于开展参数时空分布规律分析方法较多，这里采用旱涝等级、集中度与集中期分析方法。

1.4.1　旱涝等级划分标准

根据《中国近五百年旱涝分布图集》关于旱涝等级划分标准，可依据降水量确定丰、平、枯水年，标准如下：

1 级，丰水年：

$$R_i > (\bar{R} + 1.17\sigma) \tag{1-1}$$

2 级，偏丰年：

$$(\bar{R} + 0.33\sigma) < R_i \leqslant (\bar{R} + 1.17\sigma) \tag{1-2}$$

3 级，正常年：

$$(\bar{R} - 0.33\sigma) < R_i \leqslant (\bar{R} + 0.33\sigma) \tag{1-3}$$

4 级，偏旱年：

$$(\bar{R} - 1.17\sigma) < R_i \leqslant (\bar{R} - 0.33\sigma) \tag{1-4}$$

5 级，干旱年：

$$R_i \leqslant (\bar{R} - 1.17\sigma) \tag{1-5}$$

式中：R_i 为第 i 年降水量；$\bar{R}$ 为多年平均降水量；σ 为降水量系列标准差。

1.4.2　集中度和集中期分析法

集中度和集中期是利用时段降水资料反映年降水的集中程度和最大降水量出现的时段。基本思路是：将一年内各时段的降水作为向量来分解，其中各时段降水的大小作为向量的长度，所处的时段数为向量的方向。即确定用 360° 除以总时段数 N，即可获得第 i 个时段的方位角 θ_i，并把每个时段的变量值 Z_i 分解为 x 和 y 两个方向上的分量，按以下算法进行合成分量 x、y 的计算：

$$x = \sum_{i=1}^{N} Z_i \cos\theta_i \text{ ，} \quad y = \sum_{i=1}^{N} Z_i \sin\theta_i \tag{1-6}$$

进一步得出时段最大降水合成系数 Z，即

$$Z = \sqrt{x^2 + y^2} \tag{1-7}$$

由此可以按以下公式定义集中度 d 和集中期 t：

$$d = Z \Big/ \sum_{i=1}^{N} Z_i \text{ ，} \quad t = \arctan\left(y / x\right) \tag{1-8}$$

由上式可知，合成向量的方位角，也就是向量合成后重心所指示的角度。即：集中期 t 揭示了各时段降水合成后的总效应，表示一年中最大降水出现的时段；而集中度 d 则反

映了年降水量在年内分布的均衡程度。d值越大，降水量年内分布越不均衡；d值越小，降水量年内分布越均衡。

1.4.3　浙江省各代表站年降水量丰枯变化情势分析

以各代表性雨量站1961—2010年年降水量资料为基础，根据《中国近五百年旱涝分布图集》关于旱涝等级划分标准，分析各站降水量的丰枯变化情况，结果如图1-2所示。

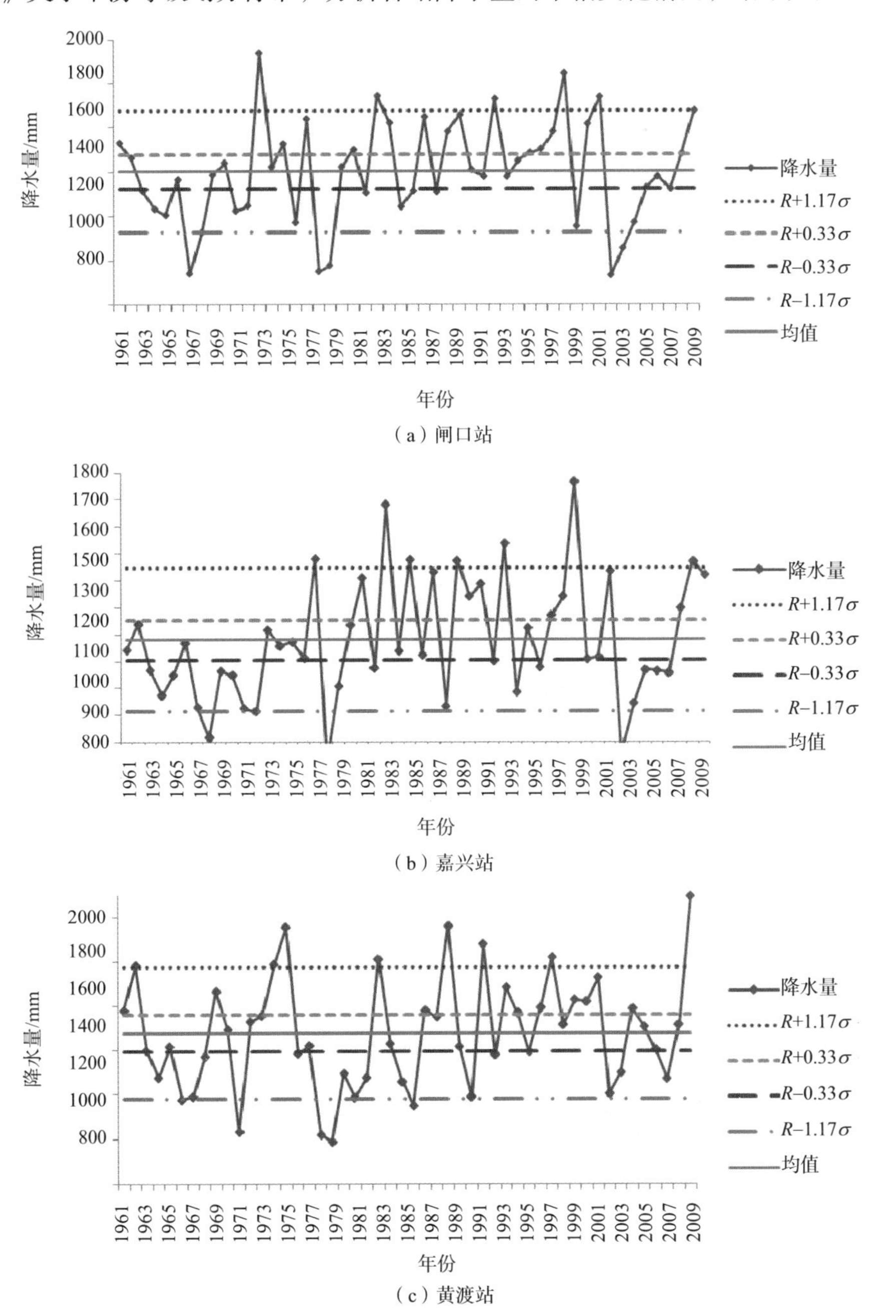

（a）闸口站

（b）嘉兴站

（c）黄渡站

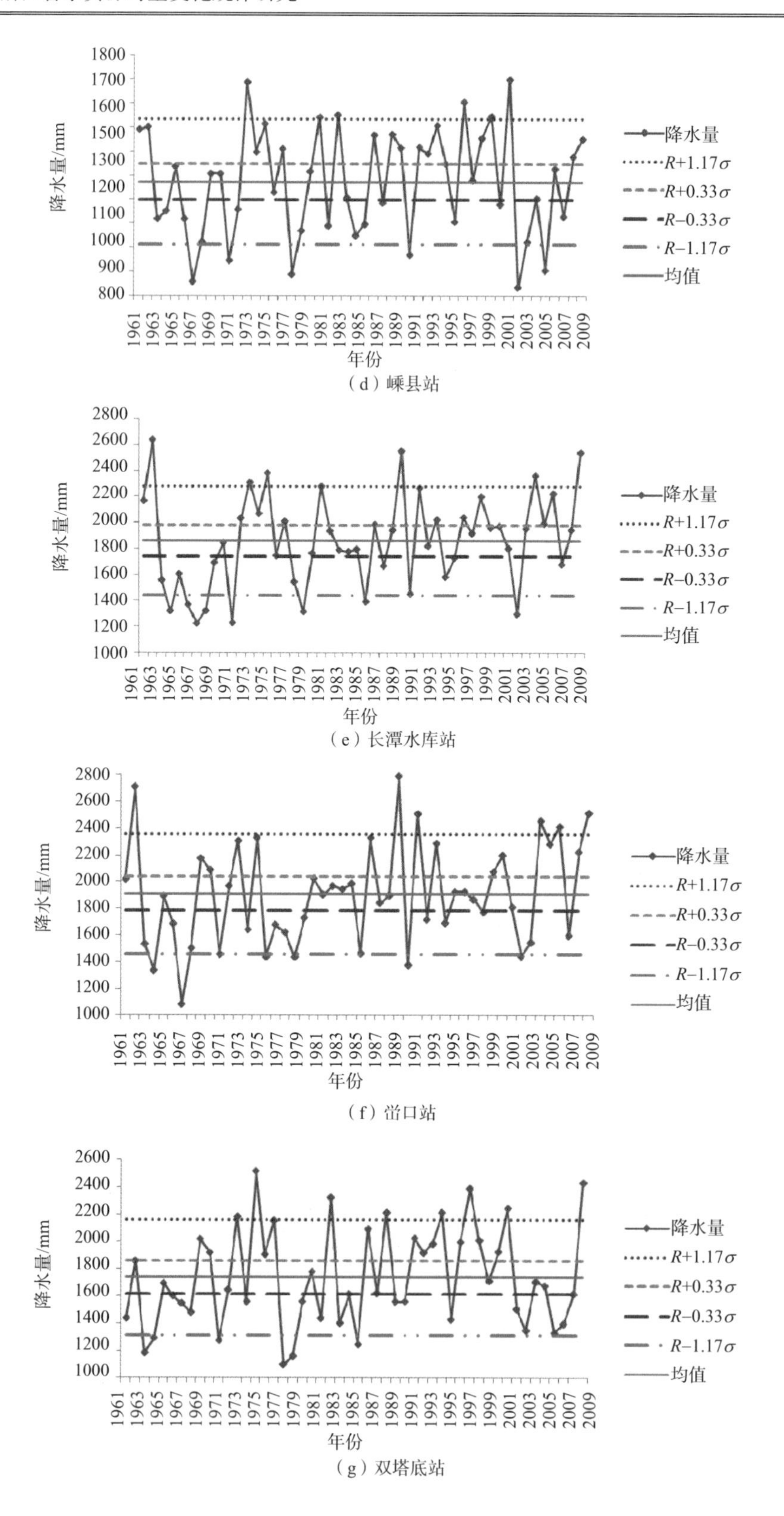

（d）嵊县站

（e）长潭水库站

（f）峃口站

（g）双塔底站

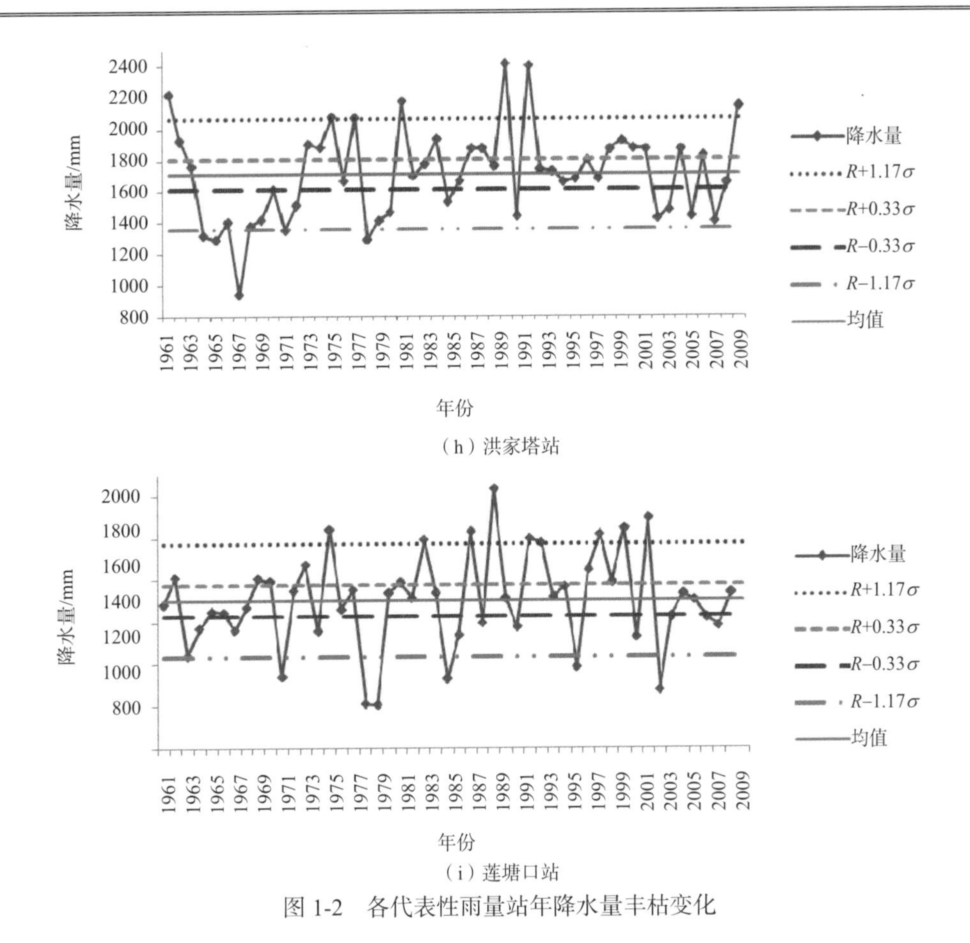

（h）洪家塔站

（i）莲塘口站

图 1-2　各代表性雨量站年降水量丰枯变化

由图 1-2 可知：

（1）在总体趋势上，全省丰、平、枯水文年时间分布上基本一致。其中：1973 年、1975 年、1983 年、1987 年、1989 年、2001 年、2002 年、2010 年为全局性丰水年，1967 年、1978 年和 2003 年为全局性枯水年。

（2）全省年降水量具有总体上连续偏丰、连续偏枯特征。其中 1983—1984 年、1989—1990 年、2001—2002 年、2009—2010 年为连续丰水年；1967—1968 年、1978—1979 年、2003—2004 年为连续枯水年。

（3）全省丰、平、枯水文年分布具有空间差异性。例如，1961—1962 年，对于沿海地区属于丰水或偏丰年，而杭嘉湖和萧绍平原、浙中和浙西地区则属于平水年；1991 年杭州与嘉兴为偏丰或平水年，而沿海平原等地为枯水年或偏枯年；1999 年杭州与嘉兴为丰水年，而南部沿海平原为偏枯年；2002 年浙西地区属于丰水年，而沿海平原相当于平水年；2009 年沿海平原的南部地区和浙西地区属于丰水年，椒江流域属于偏丰年，其他地区属于平水年；2010 年除嵊县站为偏丰年之外全省均为丰水年。

综上所述，各代表性雨量站降水量丰枯变化情况见表 1-4。

表1-4 各代表性雨量站年降水量丰枯变化情况统计表

站点	各代表性雨量站年降水量丰枯年份统计				
	丰水年	偏丰年	平水年	偏枯年	枯水年
闸口	1973、1983、1993、1999、2002	1961、1975、1977、1981、1984、1987、1989、1990、1996、1997、1998、2001、2009、2010	1962、1966、1969、1970、1974、1980、1991、1992、1994、1995、2006、2007	1963、1964、1965、1971、1972、1976、1982、1985、1986、1988、2000、2005、2008	1967、1968、1978、1979、2003、2004
嘉兴	1977、1983、1985、1989、1993、1999、2009	1981、1987、1990、1991、1997、1998、2002、2008、2010	1961、1962、1966、1973、1974、1975、1976、1980、1984、1986、1995、2000、2001	1963、1964、1965、1967、1969、1970、1971、1979、1982、1988、1992、1994、1996、2004、2005、2006、2007	1968、1972、1978、2003
黄渡	1962、1974、1975、1983、1989、1992、1998、2010	1961、1969、1987、1994、1995、1997、2000、2001、2002、2005、	1963、1965、1970、1972、1973、1977、1984、1988、1990、1996、1999、2006、2007、2009	1964、1967、1968、1976、1980、1981、1982、1985、1991、1993、2003、2004、2008	1966、1971、1978、1979、1986、
嵊县	1973、1981、1983、1997、2000、2002、	1961、1962、1974、1975、1977、1987、1989、1990、1992、1993、1994、1995、1999、2009、2010	1965、1969、1970、1976、1980、1984、1998、2005、2007	1963、1964、1966、1968、1972、1979、1982、1985、1986、1988、1996、2001、2004、2008	1967、1971、1978、1991、2003、2006
长潭水库	1962、1973、1975、1990、2005、2010	1961、1972、1974、1977、1981、1987、1992、1994、1997、1999、2006、2007	1970、1976、1980、1982、1983、1984、1985、1989、1993、1998、2000、2001、2002、2004、2009	1963、1965、1969、1978、1988、1991、1995、1996、2008	1964、1966、1967、1968、1971、1979、1986、2003
岜口	1962、1990、1992、2005、2007、2010	1969、1970、1973、1975、1987、1994、2000、2001、2006、2009	1961、1965、1972、1981、1982、1983、1984、1985、1988、1989、1996、1997、1998、2002	1963、1966、1968、1974、1977、1978、1980、1986、1993、1995、1999、2004、2008	1964、1967、1971、1976、1979、1991、2003
双塔底	1973、1975、1983、1989、1995、1998、2002、2010	1969、1970、1976、1977、1987、1992、1993、1994、1997、1999、2001	1962、1965、1972、1981、1988、2000、2005、2006	1961、1966、1967、1968、1974、1980、1982、1984、1985、1990、1991、1996、2003、2004、2007、2008、2009	1963、1964、1971、1978、1979、1986、
洪家塔	1961、1975、1977、1981、1990、1992、2010	1962、1973、1974、1984、1987、1988、1999、2000、2001、2002、2005、2007	1963、1976、1982、1983、1986、1989、1993、1994、1995、1996、1997、1998、2009	1966、1968、1969、1970、1972、1979、1980、1985、1991、2003、2004、2006、2008	1964、1965、1967、1971、1978
莲塘口	1975、1983、1987、1989、1992、1993、1998、2000、2002、	1962、1969、1970、1973、1981、1997、1999	1961、1965、1966、1968、1972、1976、1977、1980、1982、1984、1990、1994、1995、2005、2006、2009	1963、1964、1967、1974、1986、1988、1991、2001、2004、2007、2008	1971、1978、1979、1985、1996、2003、2010

1.4.4 浙江省各代表站年降水量集中度和集中期分析

1.4.4.1 浙江省年降水量集中度时空分布规律

根据各代表性雨量站1961—2010年年降水量资料，计算其历年集中度成果见图1-3～图1-11。各代表站和全省多年平均集中度成果见表1-5。

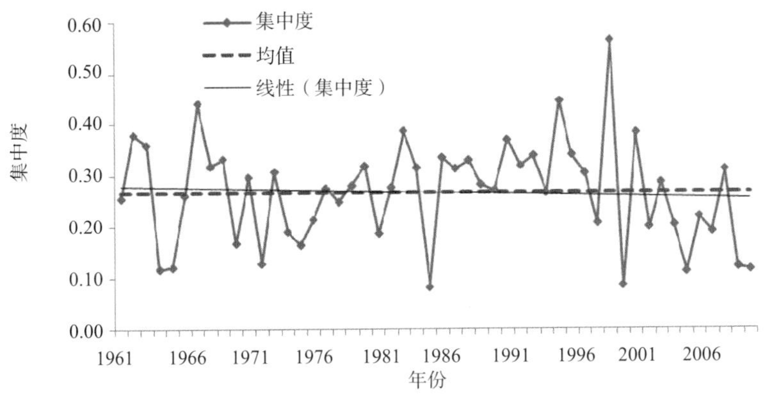

图1-3　闸口站年降水量集中度年际变化过程图

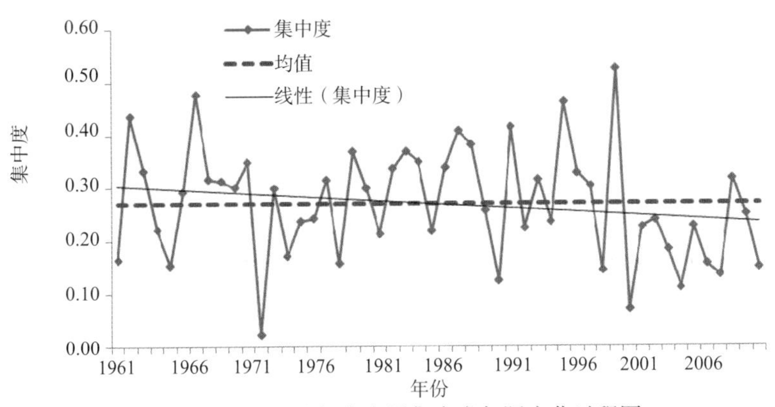

图1-4　嘉兴站年降水量集中度年际变化过程图

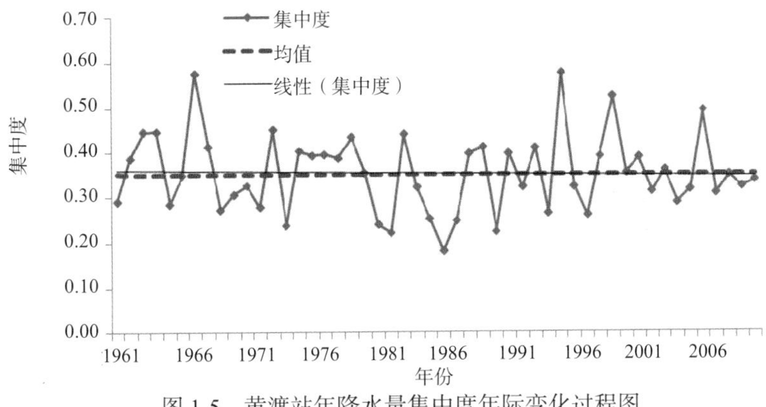

图1-5　黄渡站年降水量集中度年际变化过程图

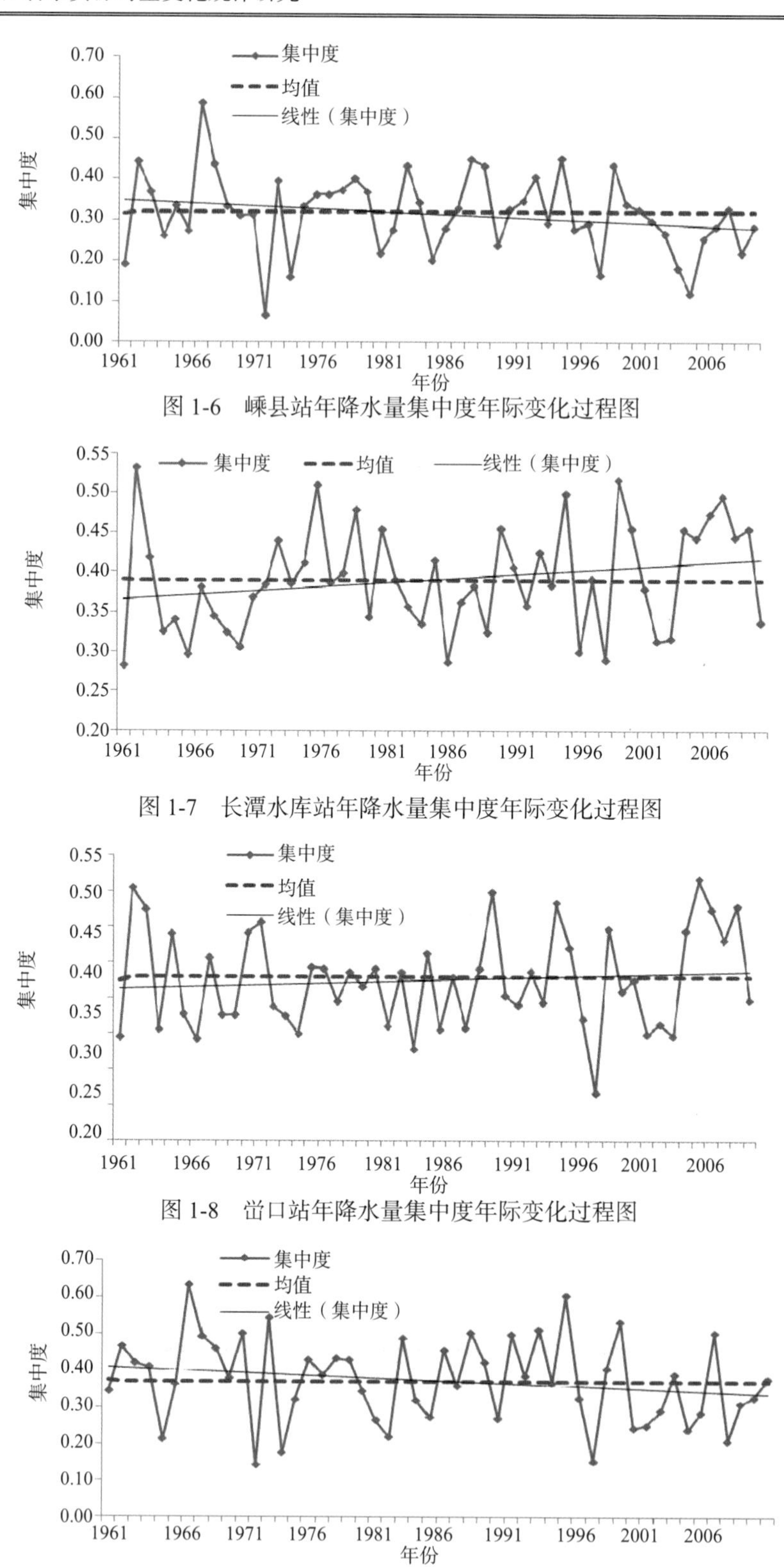

图 1-6　嵊县站年降水量集中度年际变化过程图

图 1-7　长潭水库站年降水量集中度年际变化过程图

图 1-8　岢口站年降水量集中度年际变化过程图

图 1-9　双塔底站年降水量集中度年际变化过程图

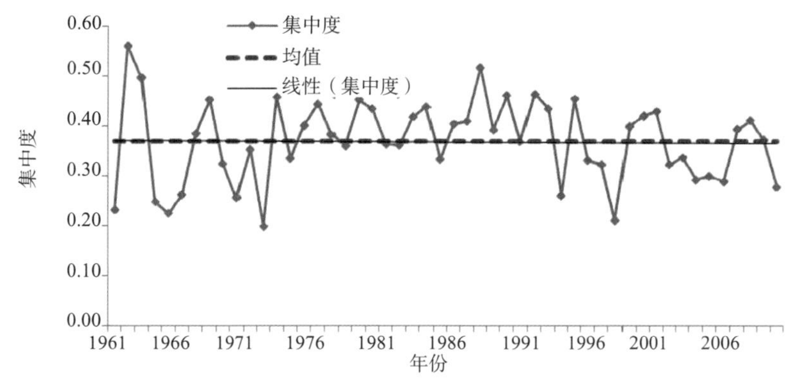

图 1-10 洪家塔站年降水量集中度年际变化过程图

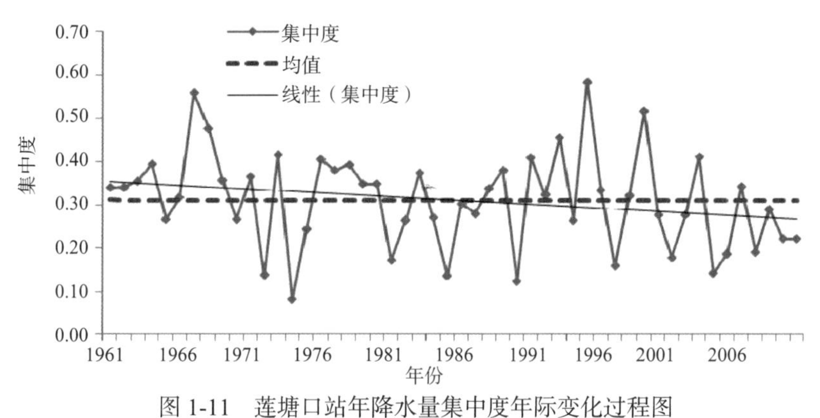

图 1-11 莲塘口站年降水量集中度年际变化过程图

表 1-5 各代表性雨量站降水集中度分析结果

站点	闸口	嘉兴	黄渡	嵊县	长潭水库	峃口	双塔底	洪家塔	莲塘口	全省
集中度	0.24	0.25	0.33	0.29	0.37	0.35	0.36	0.35	0.29	0.31

由图 1-3 ~ 图 1-11 以及表 1-5 可以看出：

（1）全省 1961—2010 年降水量集中度为 0.22 ~ 0.51，多年平均为 0.31。

（2）各代表站多年平均降水集中度为 0.24 ~ 0.37。空间上，降水集中度较高的为浙东南沿海地区、浙南山区和浙西丘陵区，其次为浙中金衢盆地区，最低为浙北平原。

（3）在时程分布上，全省 1961—2010 年降水量集中度总体上高低交替出现，其中部分时段呈现连续偏高或连续偏低。例如 1970—1975 年、1981—1986 年、2002—2005 年为连续偏低期，1976—1980 年、1987—1996 年为连续偏高期。

1.4.4.2 浙江省降水集中期空间分布规律

分别以旬和月为计算分析时段，根据各代表站降水量资料分析计算其降水集中期，成果见表 1-6。为进一步研究降水集中期分布情况，取降水集中期为 90d，根据各代表性雨量站降水量资料，分析确定各站点 90d 降水集中期的起始时间和终止时间，成果见表 1-7。

表 1-6　各代表性雨量站降水集中期分析结果

计算时段	指标	站点								
		闸口	嘉兴	黄渡	嵊县	长潭水库	岀口	双塔底	洪家塔	莲塘口
旬	角度	183°	179°	124°	168°	169°	154°	110°	201°	107°
	时段	6 月下旬	6 月下旬	6 月中旬	6 月下旬	7 月下旬	7 月中旬	5 月下旬	7 月中旬	6 月上旬
月	角度	154°	158°	144°	149°	180°	171°	120°	178°	133°
	时段	7 月	7 月	7 月	7 月	8 月	8 月	6 月	8 月	6 月

表 1-7　各代表性雨量站 90d 降水集中期分析结果

站点		闸口	嘉兴	黄渡	嵊县	长潭水库	岀口	双塔底	洪家塔	莲塘口
集中期为 90d	起始时间	5 月 11 日	5 月 16 日	4 月 26 日	5 月 3 日	6 月 8 日	5 月 30 日	4 月 5 日	6 月 6 日	4 月 16 日
	终止时间	8 月 8 日	8 月 13 日	7 月 24 日	7 月 31 日	9 月 5 日	8 月 27 日	7 月 3 日	9 月 3 日	7 月 14 日

由表 1-7 分析结果可以看出：

（1）杭嘉湖平原地区降水量集中于 5 月中旬至 8 月中旬。

（2）萧绍平原地区降水量集中于 5 月上旬至 7 月下旬。

（3）浙东沿海地区降水量集中于 6 月上旬至 9 月上旬。

（4）浙西地区降水量集中于 4 月上旬至 7 月上旬。

（5）浙中地区降水量集中于 4 月下旬至 7 月下旬。

1.5　浙江省径流量时空分布规律研究

1.5.1　小波分析法

小波分析是近年发展起来的一种信号时、频局部化分析的新方法，用于分析时间序列的多种频率成分。20 世纪 80 年代初有 Morlet 提出的具有时频多分辨功能的小波分析（Wavelet Analysis）为更好地分析水文时间序列变化特性奠定了基础。小波分析的核心是多分辨率分析，它能把信号在时间和频率域上同时展开，得到各个频率随时间的变化及不同频率之间的关系，因此它具有多分辨率、多尺度的特点，可以由粗及细地逐步观察信号。同时，由于小波变换的母函数窗口与频率有关，频率越高，窗口越窄，因此小波变换可以分析出其他方法不能分析的短波分量，并具有分析函数奇异性的能力。

小波分析本研究采用复值 Morlet 小波作为母小波函数，其表达式为

$$\varphi(t) = \mathrm{e}^{ict}\mathrm{e}^{-t^2/2} \tag{1-9}$$

式中：c 为常数；i 为虚部。

其小波变换式为

$$W_f(a,b)=|a|^{-\frac{1}{2}}\int_{-\infty}^{+\infty} f(t)\varphi(\frac{t-b}{a})\mathrm{d}t \tag{1-10}$$

式中：$W_f(a,b)$ 为小波变换系数；$f(t)$ 为 1 个分析信号函数；a 为分辨尺度（也叫放大因子）；b 为平移因子；φ 为小波函数 $\varphi(t)$ 的复共轭函数。

由于 Morlet 小波的实部和虚部有 $\frac{\pi}{2}$ 的位相差，因此，在观察小波系数的模时可以消除小波本身的振荡，这样复值小波系数的能量密度可较好地用于鉴别各种特征尺度及其在 t 轴上的位置，由此，定义小波方差为

$$var(a)=\int_{-\infty}^{+\infty}|Wf(a,b)|^2\mathrm{d}b \tag{1-11}$$

1.5.2　基于小波分析的径流量年际变化规律研究

在对各径流站 1961—2010 年径流量系列进行距平处理的基础上，采用 MATLAB 中 Morlet 小波分析软件，将各站年径流量距平系列作为基础信号进行小波分析，分析结果如下。

1.5.2.1　瓶窑站

瓶窑站 1961—2010 年径流量序列 Morlet 小波变换系数实部时频结构见图 1-12（a），模平方时频结构见图 1-12（b），小波方差变化见图 1-12（c）。

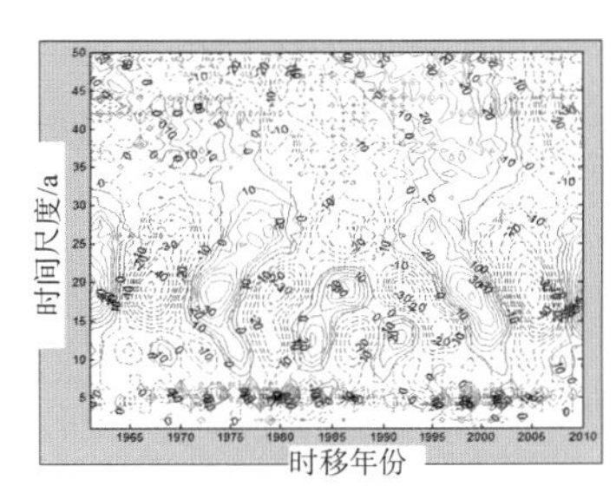

（a）实部时频结构

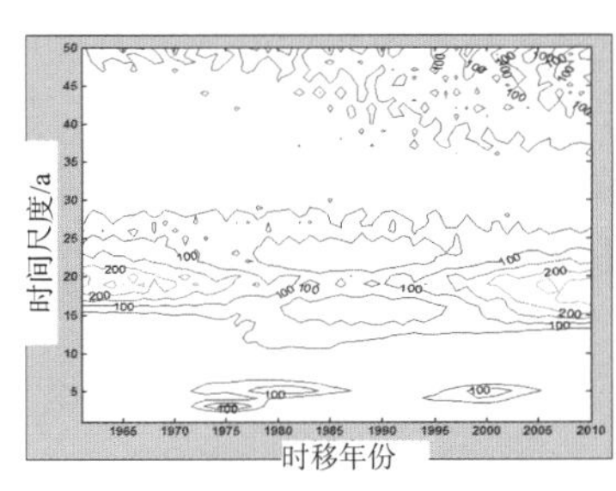

（b）模平方时频结构

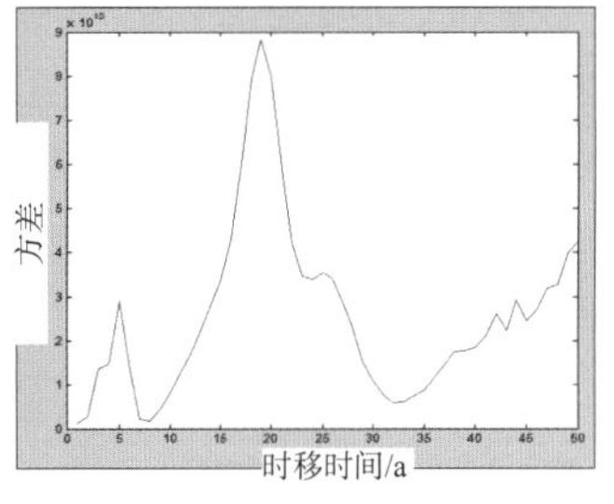

（c）方差变化

图 1-12　瓶窑站年径流量 Morlet 小波变换成果

由图 1-12 可以看出：

（1）瓶窑站年径流量具有 15～22a 和 3～7a 尺度的周期。其中 15～22a 尺度周期具有全域性，从 1961 年起，以丰-枯位相交替变化；3～7a 尺度周期不具有全域性，其周期震荡集中表现在 1970—1985 年及 1995—2005 年。

（2）瓶窑站年径流量 15～22a 尺度周期变化最为明显，模值最大，能量最强，而 3～7a 尺度周期变化较弱，能量较低。

（3）瓶窑站年径流量系列在 5a、19a 尺度的小波方差极值表现较为显著，说明瓶窑站年径流量存在 5a 和 19a 的主要周期。

1.5.2.2　黄渡站

黄渡站 1961—2010 年径流量序列 Morlet 小波变换系数实部时频结构见图 1-13（a），模平方时频结构见图 1-13（b），小波方差变化见图 1-13（c）。

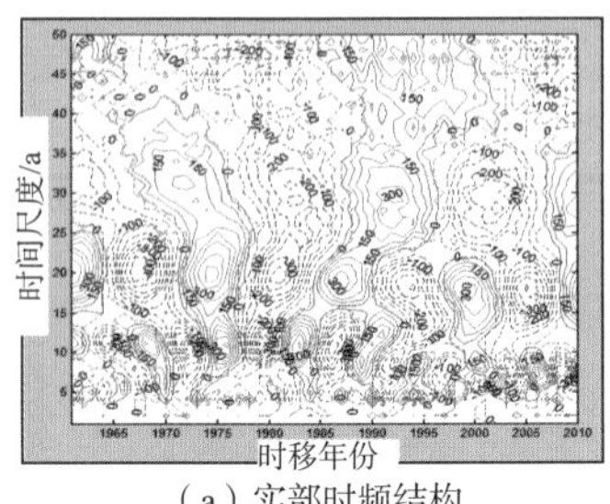

（a）实部时频结构

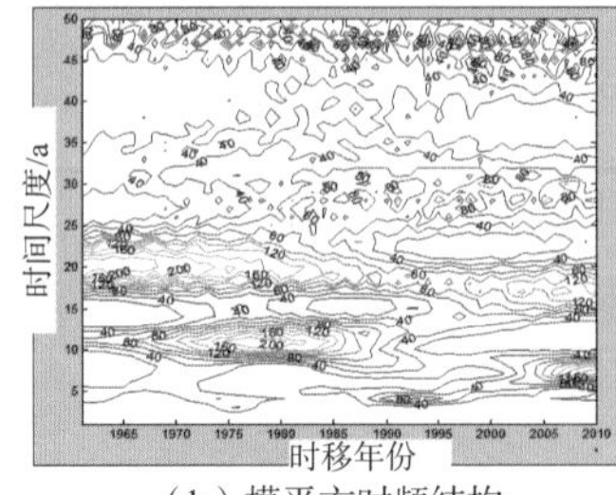

（b）模平方时频结构

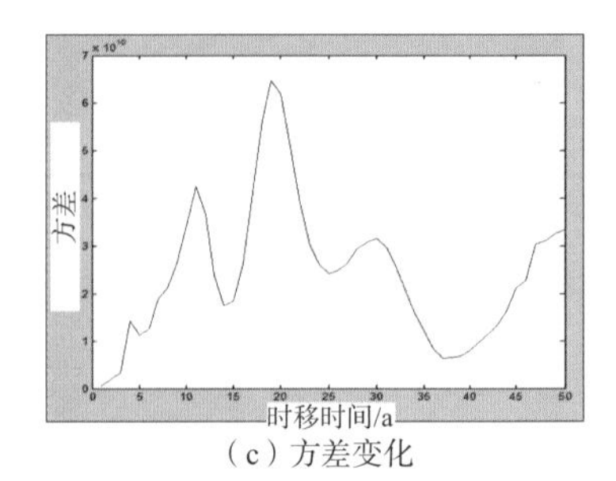

（c）方差变化

图 1-13　黄渡站年径流量 Morlet 小波变换成果

由图 1-13 可以看出：

（1）黄渡站年径流量具有 26～35a、15～25a、10～14a 和 3～5a 尺度周期。其中 26～35a 尺度周期具有全域性，1967—1977 年及 1987—1997 年为丰水年，其余年份为枯水年；15～25a 尺度周期同样具有全域性，从 1961 年起，以丰-枯位相交替变化；10～14a 和 3～5a 尺度周期均不具有全域性，前者周期震荡集中表现在 1961—1990 年，后者周期振荡集中表现在 1990 年以后。

（2）黄渡站年径流量 15～25a 尺度周期变化最为明显，模值最大，能量最强。其次 10～14a 尺度周期变化也比较明显，但是其周期变化具有局部化特征。其他尺度周期变化较弱，能量较低。

（3）黄渡站年径流量系列在 4a、12a、20a、30a 尺度的小波方差极值表现较为显著，说明黄渡站年径流量存在 4a、12a、20a、30a 的主要周期。

1.5.2.3　峃口站

峃口站 1961—2010 年径流量序列 Morlet 小波变换系数实部时频结构见图 1-14（a），模平方时频结构见图 1-14（b），小波方差变化见图 1-14（c）。

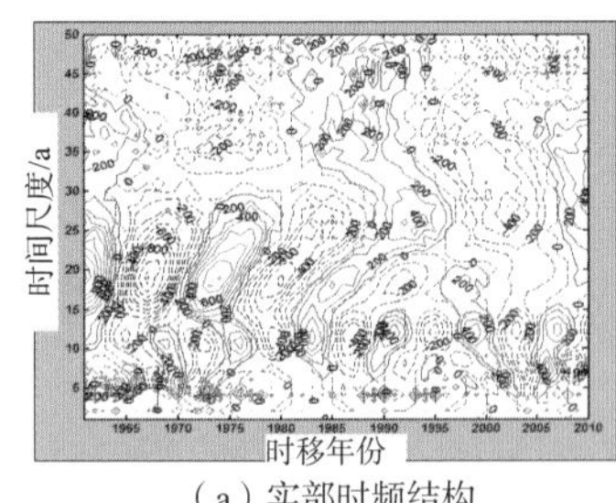

（a）实部时频结构

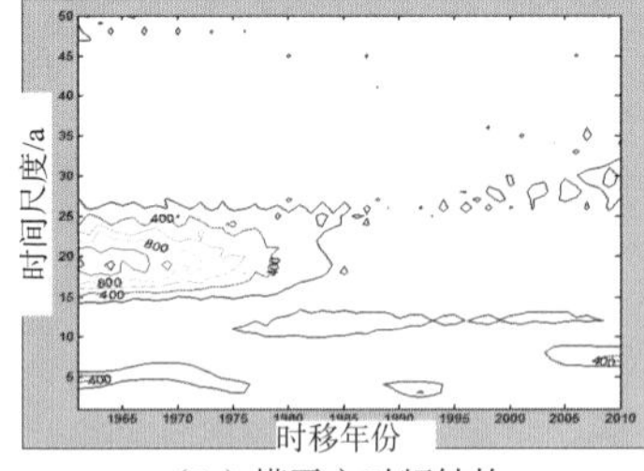

（b）模平方时频结构

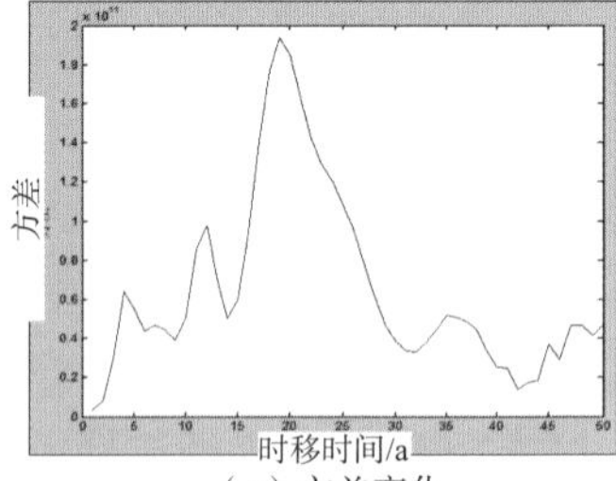

（c）方差变化

图 1-14　峃口站年径流量 Morlet 小波变换成果

由图 1-14 可以看出：

（1）峃口站年径流量具有 15～25a、10～15a 和 3～5a 尺度的周期。三种尺度周期变化均不具有全域性，15 ~ 25a 尺度的周期震荡集中表现在 1961—1985 年；10 ~ 15a 尺度的周期震荡集中表现在 1975—2010 年；而 3 ~ 5a 尺度的周期震荡集中表现在 1961—1975 年及 2003—2010 年。

（2）岀口站年径流量 15 ~ 25a 尺度周期变化最为明显，模值最大，能量最强，但是具有局部化特征。其次 10 ~ 15a 尺度周期变化也比较明显，能量较强，同样具有局部化特征。3 ~ 5a 周期变化较弱，能量较低。

（3）岀口站年径流量系列在 4a、12a、20a 尺度的小波方差极值表现较为显著，说明岀口站年径流量存在 4a、12a、20a 的主要周期。

1.5.2.4 双塔底

双塔底站 1961—2010 年径流量序列 Morlet 小波变换系数实部时频结构见图 1-15（a），模平方时频结构见图 1-15（b），小波方差变化见图 1-15（c）。

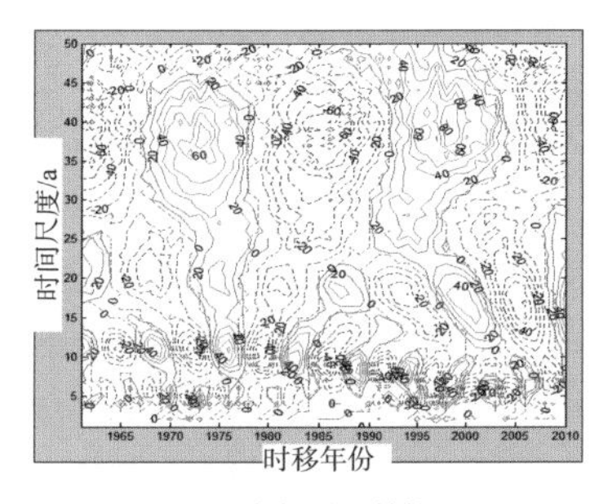

（a）实部时频结构

（b）模平方时频结构

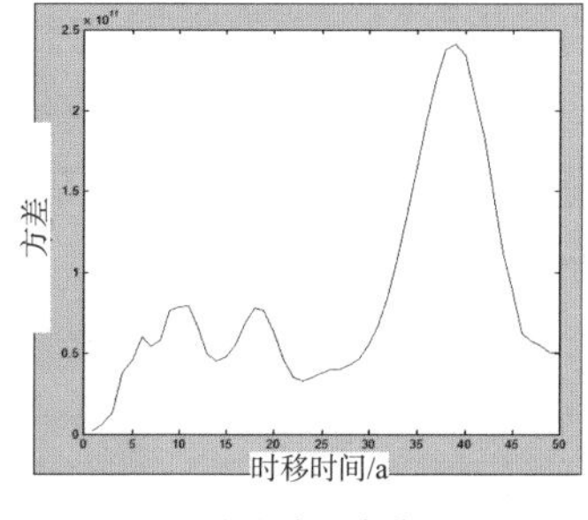

（c）方差变化

图 1-15 双塔底站年径流量 Morlet 小波变换成果

由图 1-15 可以看出：

（1）双塔底站年径流量具有 30 ~ 45a、15 ~ 20a 及 9 ~ 14a 尺度的周期。其中 30 ~ 45a 尺度周期具有全域性，1966—1978 年及 1991—2002 年之间为丰水年，其余年份为枯水年；15 ~ 20a、9 ~ 14a 尺度周期均不具有全域性，其中：15 ~ 20a 尺度的周期主要表现在 1961—1980 年，9 ~ 14a 尺度的周期主要表现于 1961—1990 年。

（2）双塔底站年径流 30 ~ 45a 尺度周期变化最为明显，模值最大，能量最强。15 ~ 20a 和 9 ~ 14a 尺度周期变化较弱，能量较低，且具有局部化特征。

（3）双塔底站年径流量系列在 10a、19a、40a 尺度的小波方差极值表现较为显著，说明双塔底站年径流量存在 10a、19a、40a 的主要周期。

1.5.2.5 洪家塔站

洪家塔站 1961—2010 年径流量序列 Morlet 小波变换系数实部时频结构见图 1-16（a），模平方时频结构见图 1-16（b），小波方差变化见图 1-16（c）。

由图 1-16 可以看出：

（1）洪家塔站年径流量具有 15 ~ 25a、10 ~ 15a 及 3 ~ 5a 尺度的周期。其中 15 ~ 25a 尺度周期不具有全域性，其周期变化集中表现在 1961—1995 年；10 ~ 15a 尺度周期具有全域性，从 1961 年起，以丰-枯位相交替变化；3 ~ 5a 尺度周期不具有全域性，其周期震荡集中表现在 1975—1985 年。

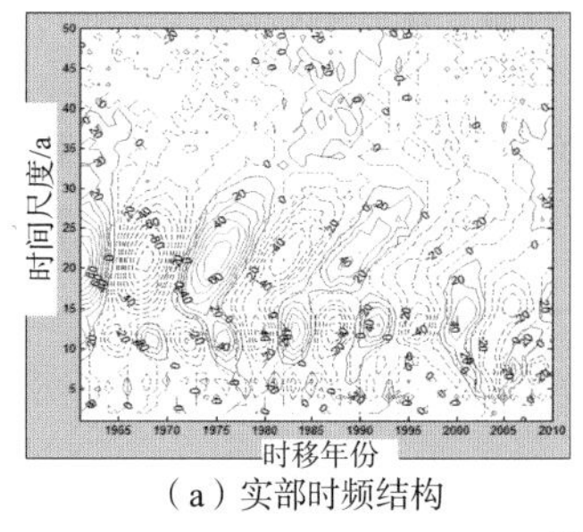

（a）实部时频结构

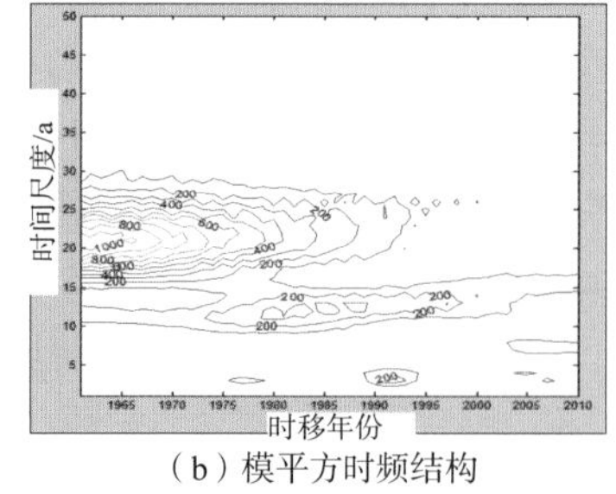

（b）模平方时频结构

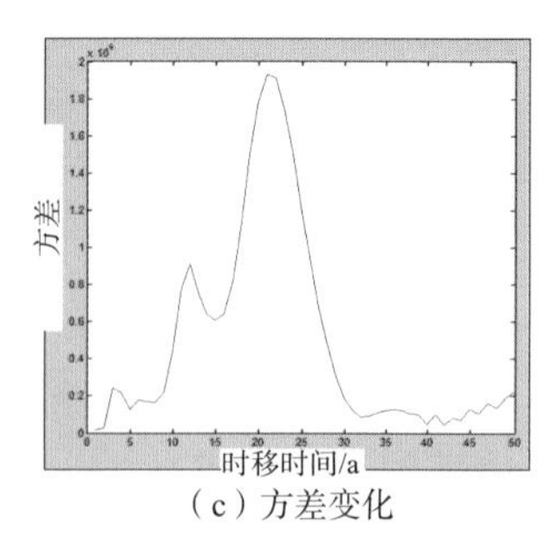

（c）方差变化

图 1-16　洪家塔站 Morlet 小波变换成果表

（2）洪家塔站年径流量 15～25a 尺度周期变化最为明显，模值最大，能量最强，但是具有局部化特征。其次，10～15a 尺度周期变化也比较明显，能量较强。3～5a 尺度周期变化较弱，能量较低，且具有局部化特征。

（3）洪家塔站年径流量系列在 12a、22a 左右尺度的小波方差极值表现较为显著，说明洪家塔站年径流量存在 12a、22a 的主要周期。

1.5.2.6　嵊县站

嵊县站 1961—2010 年径流量序列 Morlet 小波变换系数实部时频结构见图 1-17（a），模平方时频结构见图 1-17（b），小波方差变化见图 1-17（c）。

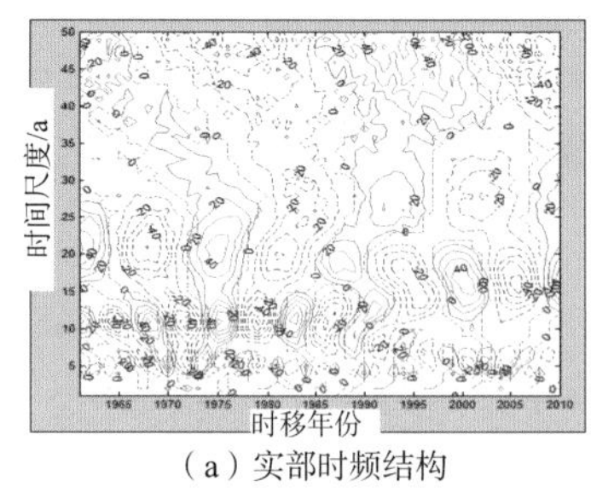

（a）实部时频结构

（b）模平方时频结构

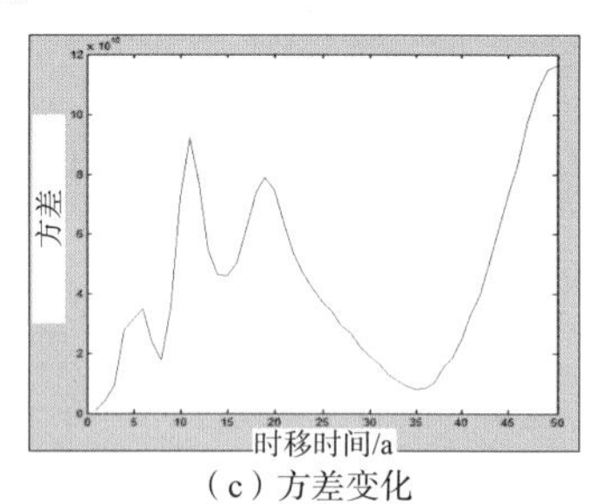

（c）方差变化

图 1-17　嵊县站 Morlet 小波变换成果表

由图 1-17 可以看出：

（1）嵊县站年径流量具有 18～26a、8～15a 及 3～7a 尺度的周期。其中 18～26a 尺度周期不具有全域性，其周期震荡集中表现在 1961—1990 年，之后振荡中心下移到 8～15a 尺度；8～15a 尺度周期具有全域性，从 1961 年起，以丰-枯位相交替变化；3～7a 尺度周期不具有全域性，其周期震荡集中表现在 1965—1985 年。

（2）嵊县站年径流 8～15a 尺度周期变化最为明显，模值最大，能量最强。其次，18～26a 尺度周期变化也比较明显，能量较强，但是具有局部化特征。3～7a 尺度周期变化较弱，能量较低。

（3）嵊县站年径流量系列在 6a、12a、20a 左右尺度的小波方差极值表现较为显著，说明嵊县站年径流量存在 6a、12a、20a 的主要周期。

1.5.2.7　莲塘口站

莲塘口站 1961—2010 年径流量序列 Morlet 小波变换系数实部时频结构见图 1-18（a），模平方时频结构见图 1-18（b），小波方差变化见图 1-18（c）。

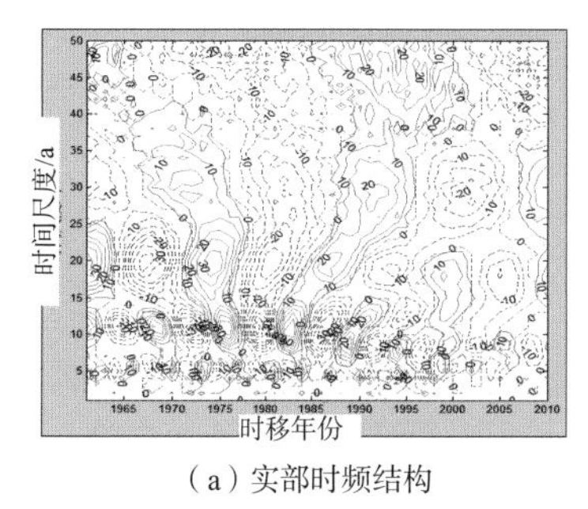

（a）实部时频结构

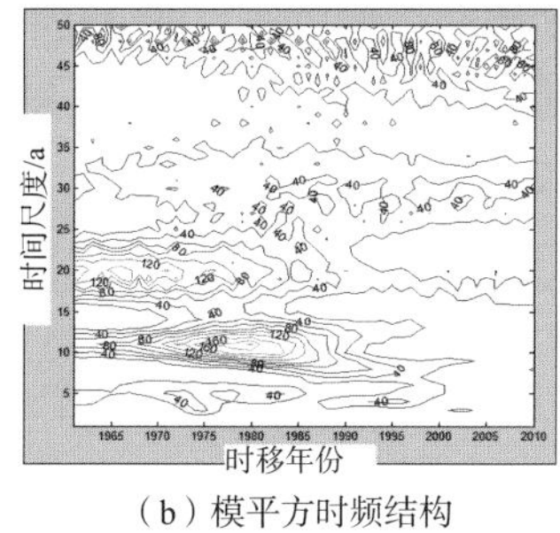

（b）模平方时频结构

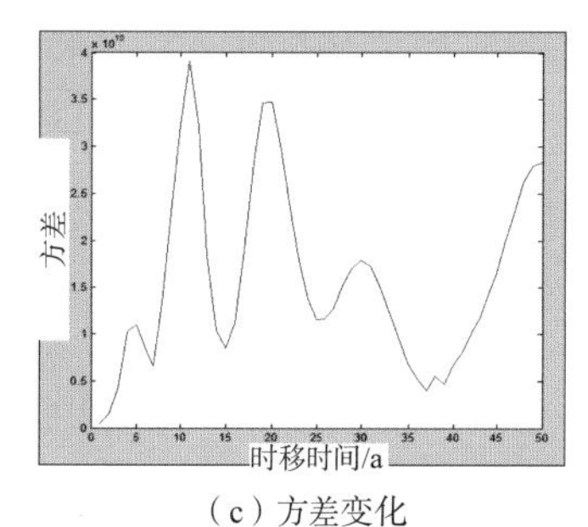

（c）方差变化

图 1-18　莲塘口站 Morlet 小波变换成果表

由图 1-18 可以看出：

（1）莲塘口站年径流量具有 25～35a、15～25a、8～14a 及 3～7a 尺度周期。其中 25～35a 尺度周期不具有全域性，其周期振荡集中表现在 1970—2010 年；15～25a 尺度周期具有全域性，从 1961 年开始，以丰-枯位相交替变化；8～14a 和 3～7a 尺度周期均不具有全域性，前者周期震荡集中表现在 1961—2000 年，后者集中表现在 1961—1990 年。

（2）莲塘口站年径流 8～14a 尺度周期变化最为明显，模值最大，能量最强，但是具有局部化特征。其次，15～25a 及 25～35a 尺度周期变化也比较明显，能量较强。3～7a 尺度周期变化较弱，能量较低。

（3）莲塘口站年径流量系列在 5a、12a、20a、30a 左右尺度的小波方差极值表现较为显著，说明莲塘口站年径流量存在 5a、12a、20a、30a 的主要周期。

1.5.2.8　长潭水库站

长潭水库站 1961—2010 年径流量序列 Morlet 小波变换系数实部时频结构见图 1-19（a），模平方时频结构见图 1-19（b），小波方差变化见图 1-19（c）。

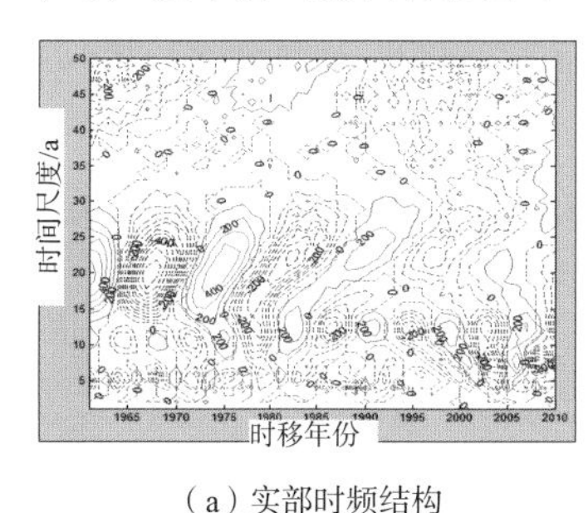

（a）实部时频结构

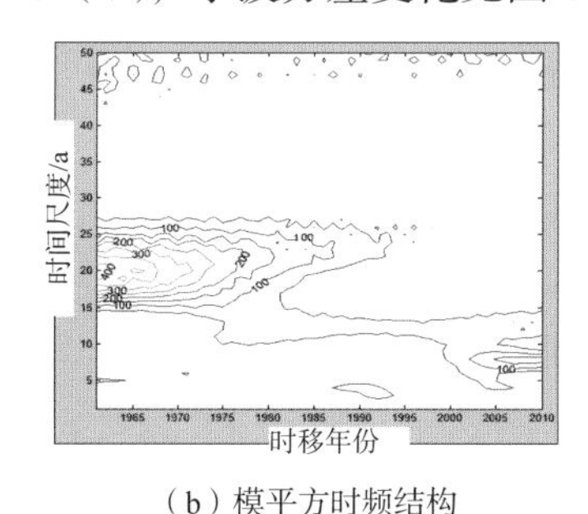

（b）模平方时频结构

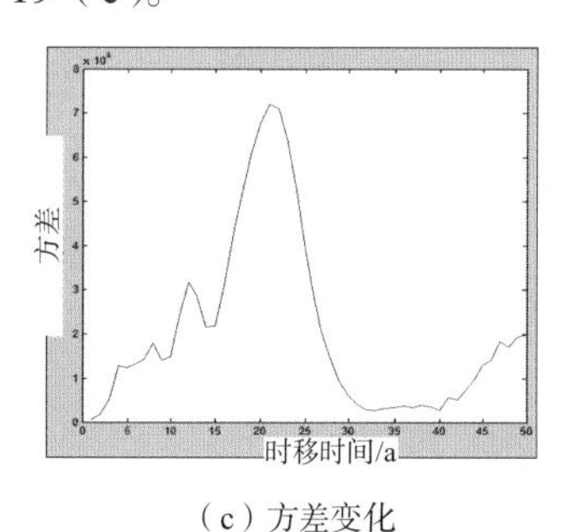

（c）方差变化

图 1-19　长潭水库站 Morlet 小波变换成果表

由图 1-19 可以看出：

（1）长潭水库站年径流量具有 15～28a 及 8～14a 尺度的周期。其中 15～28a 尺度周期不具有全域性，其周期震荡集中表现在 1961—1995 年，其中 1963—1970 年及

1978—1985 年为枯水年，其他年份为丰水年；8 ~ 14a 尺度周期也不具有全域性，其周期变化集中表现在 1970—2010 年。

（2）长潭水库站年径流 15 ~ 28a 尺度周期变化最为明显，模值最大，能量最强，但是具有局部化特征。8 ~ 14a 尺度周期变化较弱，能量较低，同样具有局部化特征。

（3）长潭水库站年径流量系列在 12a、21a 左右尺度的小波方差极值表现最为显著，说明长潭水库站年径流量存在 12a、21a 的主要周期。

1.5.3　年径流量周期变化空间分布规律分析

由各单站年径流量 Morlet 小波变换结果可知，8 个代表性径流站年径流量多尺度周期变化情况见表 1-8。

表 1-8　各径流站年径流量多尺度周期变化情况表

站点	能量最强尺度	全域性尺度	周期	主周期
瓶窑	15 ~ 22a	15 ~ 22a	5a、19a	19a
黄渡	15 ~ 25a	26 ~ 35a、15 ~ 25a	4a、12a、20a、30a	20a
岦口	15 ~ 25a		4a、12a、20a	20a
双塔底	30 ~ 45a	30 ~ 45a	10a、19a、40a	40a
洪家塔	15 ~ 25a	10 ~ 15a	12a、22a	22a
嵊县	8 ~ 15a	8 ~ 15a	6a、12a、20a	12a
莲塘口	8 ~ 14a	15 ~ 25a	5a、12a、20a、30a	12a
长潭水库	15 ~ 28a		12a、21a	21a

由表 1-8 可以看出，浙江省年径流量多尺度周期变化空间分布规律为：

（1）杭嘉湖平原区年径流量能量最强周期尺度为 15 ~ 22a，且该尺度周期具有全域性，主周期为 19a。萧绍平原区年径流量能量最强周期尺度为 8 ~ 15a，且该尺度周期具有全域性，主周期为 12a。

（2）浙中金衢盆地区年径流量能量最强周期尺度为 8 ~ 14a，全域性周期尺度为 15 ~ 25a，主周期为 12a。

（3）浙东南沿海区年径流量能量最强周期尺度为 15 ~ 25a，全域性周期尺度为 10 ~ 15a，主周期为 20a。

（4）浙西丘陵区年径流量能量最强周期尺度为 30 ~ 45a，且该尺度周期具有全域性，主周期为 40a。

第2章　浙江省汛期分期过渡期研究

2.1　汛期分期及其过渡期概述

2.1.1　汛期分析

汛期是指河水在一年周期内有规律显著上涨的时期。与汛期相对应，一年周期内河水非显著上涨时期为非汛期。河流径流的变化，主要取决于河流的补给条件。我国河流的补给来源有雨水、冰雪融水、地下水等，而以雨水补给为主。由于降雨时间的差异，全国各地汛期并不一致。浙江省地处我国东南沿海，汛期集中表现在春末夏初的“梅雨”期以及7—10月的台风期。

因此，《浙江省防汛防台抗旱条例》规定：浙江省汛期为每年的4月15日至10月15日。全省汛期分为梅汛期和台汛期。梅汛期为4月15日至7月15日，台汛期为7月15日至10月15日。

2.1.2　水库汛限水位

水库汛期限制水位（简称汛限水位，也称防洪限制水位）是指汛期为下游防洪及水库安全预留调洪库容而设置的汛期限制水位。该参数是水库在汛期允许兴利蓄水的上限水位，也是水库在汛期防洪运用时的起调水位。水库汛限水位是协调防洪和兴利关系的关键参数，对工程防洪效益、发电灌溉等兴利效益等均有直接影响。

一般情况下，汛期在水库正常运行时，库水位不得超过汛期限制水位；非汛期库水位不得超过正常高水位。仅当水库遭遇洪水过程时才允许超过汛期限制水位，而按洪水调度规则调度。由于浙江省汛期分为梅汛期和台汛期，各水库相应的也有梅汛期汛限水位和台汛期汛限水位。

2.1.3　水库调度汛期分期过渡期

一般情况下，水库梅汛期汛限水位、台汛期汛限水位和非汛期正常高水位存在较大差异。在水库实际调度中应在分期时间点的一定时段内，将水库梅汛期汛限水位调整到台汛期汛限水位、将台汛期汛限水位调整到非汛期正常高水位、将非汛期正常高水位调整到梅汛期汛限水位，保障水库调度的梅汛期向台汛期、台汛期向非汛期、非汛期向梅汛期的平稳有序过渡，实现水库综合效益的最大化。其中分期时间点前后的一定时段称为水库调度分期过渡期。水库调度分期过渡期的确定对于水库调度运行意义重大，水库在汛前过渡期应该腾空库容，以便于水库在主汛期的防洪调度，而在汛后过渡期应该尽量将水库蓄至正常高水位，以便在非汛期时充分发挥水库兴利作用。

2.2　基于模糊统计法的汛期分期过渡期研究

2.2.1　模糊统计法原理

任一地区、任一流域的汛期和非汛期划分均具有模糊性。就某一研究区域而言，汛期与非汛期并不存在一个特别明确的界限，因此可以用模糊统计法的隶属度来对某一时刻隶属于非汛期或汛期的程度进行衡量，进而确定汛期分期过渡期。

模糊统计法计算方法：汛期作为 1 a 时间论域 T 中的一个模糊子集 A，用隶属函数$\mu_A(t)$描述非汛期向汛期、汛期向非汛期过渡时期中任一时刻 $t(t\in T)$ 属于汛期特性的程度。隶属函数取值范围为 $0\leqslant\mu_A(t)\leqslant 1$。隶属函数的计算步骤如下：

（1）收集 n 年实测逐日降雨量作为试验集。取 1961—2010 年（$n=50$a）作为模糊统计试验集，论域为年时间(1，365)。

（2）定义进入汛期的降雨量标准 Y_T。这里根据浙江省现状洪水分期（4 月 15 日至 10 月 15 日），经对各站 4 月 15 日至 10 月 15 日的降雨资料进行数理统计，确定几个不同标准 Y_T，并计算不同 Y_T 条件下洪水分期结果，根据地区的气象特点、洪水特点、流域特征等实际情况，最终确定洪水分期。

（3）对于任何一年根据大于或等于 Y_T 的起讫时间 t_{1i}、t_{2i},确定该年的汛期区间，称之为模糊集合 A 的 1 次试验结果。n 年可得 n 个试验结果，以 $T_i=[t_{1i},t_{2i}]$表示，其中 $i=1,2,3,\cdots,n$。

（4）隶属度函数的确立。在 T 论域上，某时间 t 被汛期显影样本区 T_i 覆盖的次数为 m_i，则时间 t 属于汛期模糊集 A 的隶属频率：

$$P_A(t)=m_i/n \tag{2-1}$$

当 n 充分大时，即可得隶属度：

$$\mu_A(t)=\lim(m_i/n)=\lim[P_A(t)] \tag{2-2}$$

对于不同时间 t 依次计算隶属度，最后可求出隶属函数。

2.2.2　计算过程与结果

（1）根据浙江省 1961—2010 年长系列逐日降水资料可知，11 月至次年 3 月降水较少，故以 4 月 1 日至 10 月 31 日为分析浙江省汛期变化规律的论域 A。

（2）根据对浙江省各站降水资料的数理统计，确定各站汛期与非汛期分界的日降水量标准 Y_T 为 20mm、30mm。

（3）按不同日降水量标准计算出浙江省 9 个代表性雨量站 4 月 1 日至 10 月 31 日逐日对汛期的隶属度，成果见表 2-1 和表 2-2。

（4）绘制不同 Y_T 标准下各站过渡期隶属度分布图，见图 2-1 ~ 图 2-4。图 2-1 ~ 图 2-4 中从非汛期过渡到汛期简称汛前过渡期，从汛期过渡到非汛期简称汛后过渡期。

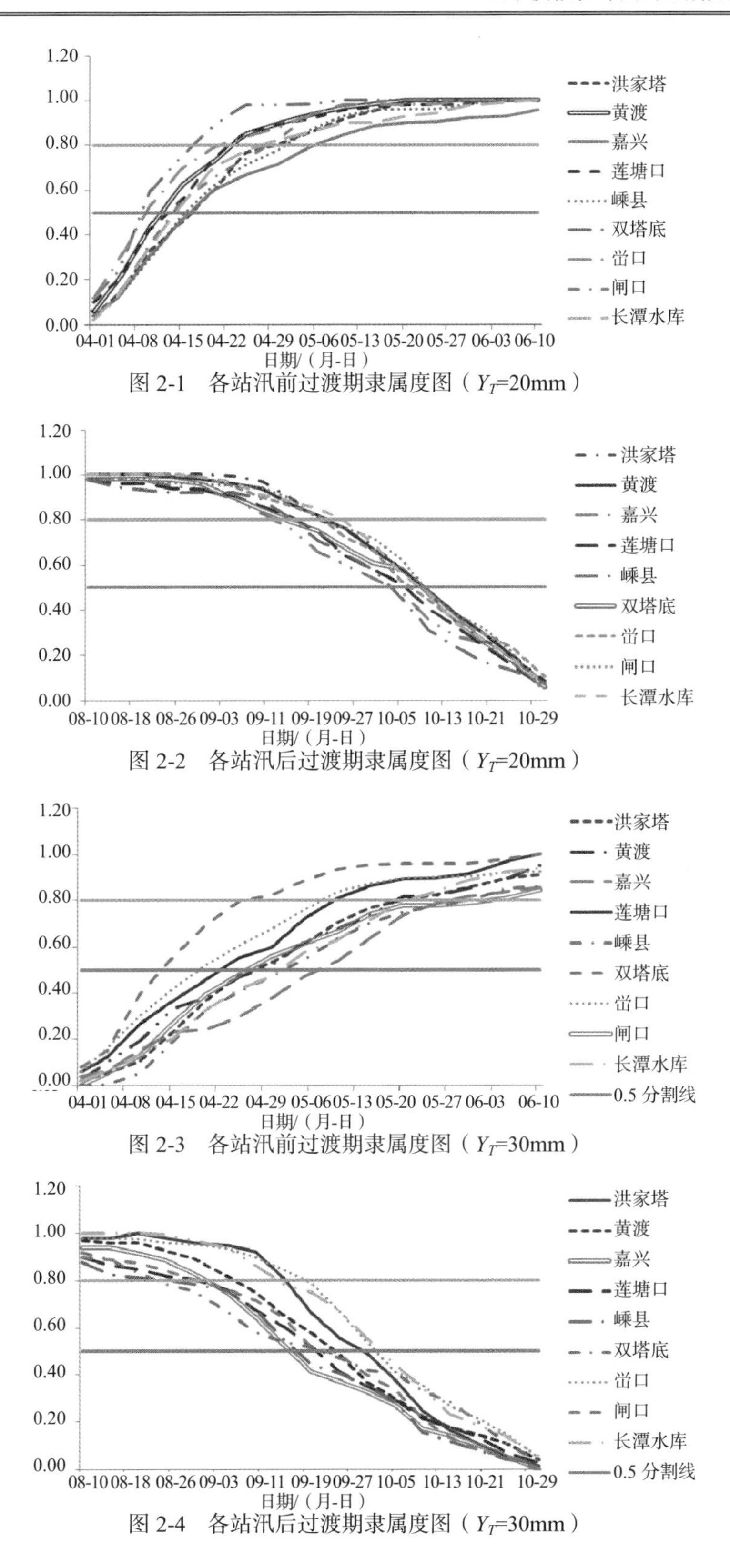

图 2-1　各站汛前过渡期隶属度图（Y_T=20mm）

图 2-2　各站汛后过渡期隶属度图（Y_T=20mm）

图 2-3　各站汛前过渡期隶属度图（Y_T=30mm）

图 2-4　各站汛后过渡期隶属度图（Y_T=30mm）

根据图 2-1～图 2-4 所示过渡期隶属度分布图，分别取 Y_T 为 20mm、30mm 时隶属度范围为（0.5，0.8）与（0.5，0.9）作为汛期分期过渡期隶属度取值范围，由此确定的过渡期分析结果共有 4 个种方案，结果见表 2-1 和表 2-2。

表 2-1　不同 Y_T 和隶属度范围过渡期分析结果（Y_T=20mm）

站点	$\mu_A(t) \in (0.5, 0.8)$				$\mu_A(t) \in (0.5, 0.9)$			
	第一次过渡		第二次过渡		第一次过渡		第二次过渡	
	起讫日期/(月-日)	时长/d	起讫日期/(月-日)	时长/d	起讫日期/(月-日)	时长/d	起讫日期/(月-日)	时长/d
洪家塔	04-15—04-30	15	09-20—10-10	20	04-15—05-10	25	09-15—10-10	25
黄渡	04-15—04-25	10	09-20—10-10	20	04-15—04-30	15	09-10—10-10	30
嘉兴	04-15—05-05	20	09-10—10-05	25	04-15—05-20	35	08-30—10-05	36
莲塘口	04-15—04-25	10	09-15—10-05	20	04-15—04-30	15	09-05—10-05	30
嵊县	04-15—04-30	15	09-15—09-30	15	04-15—05-10	25	09-05—09-30	25
双塔底	04-10—04-15	5	09-15—10-10	25	04-10—04-20	10	09-05—10-10	35
峃口	04-10—04-20	10	09-20—10-05	15	04-10—04-30	20	09-10—10-05	25
闸口	04-15—04-30	15	09-20—10-10	20	04-15—05-05	20	09-15—10-10	25
长潭水库	04-15—04-25	10	09-25—10-10	15	04-15—05-10	25	09-10—10-10	30

表 2-2　不同 Y_T 和隶属度范围过渡期分析结果（Y_T=30mm）

站点	$\mu_A(t) \in (0.5, 0.8)$				$\mu_A(t) \in (0.5, 0.9)$			
	第一次过渡		第二次过渡		第一次过渡		第二次过渡	
	起讫日期/(月-日)	时长/d	起讫日期/(月-日)	时长/d	起讫日期/(月-日)	时长/d	起讫日期/(月-日)	时长/d
洪家塔	04-30—05-20	20	09-15—09-30	15	04-25—06-05	41	09-10—09-30	20
黄渡	04-30—05-20	20	09-05—09-25	20	04-30—06-05	36	08-30—09-25	26
嘉兴	05-05—05-25	20	08-30—09-15	16	05-05—06-20	46	08-20—09-15	26
莲塘口	04-25—05-10	15	08-30—09-20	21	04-25—05-25	30	08-10—09-20	41
嵊县	05-05—05-25	20	08-25—09-15	21	04-30—06-20	51	08-05—09-15	41
双塔底	04-15—04-30	15	08-20—09-20	31	04-15—05-05	20	08-15—09-25	41
峃口	04-20—05-10	20	09-15—09-30	15	04-20—05-20	30	09-10—09-30	20
闸口	04-25—05-20	25	08-30—09-25	26	04-25—06-25	61	08-10—09-25	46
长潭水库	04-30—05-20	20	09-15—10-05	20	04-30—06-05	36	09-05—10-05	30

2.2.3　各站汛期分期过渡期确定

对于每一个汛期分期过渡期来说，需要确定三个参数，分别为起始日期、终止日期和持续时间。对于满足水库调度需求的汛期分期过渡期来说，共有汛前过渡期和汛后过渡期两次过渡，因此需要确定六个参数。在参数确定过程中，这六个参数并不完全独立，对于某一过渡期而言，持续时间可由该过渡期的起始日期和终止日期两个参数得出。

根据上述分析计算结果，基于模糊统计法原理，起始日期和终止日期的判别标准为各站汛期隶属度，因此，相应隶属度的取值对过渡期确定来说至关重要。另一方面，对于汛期分期过渡期来说，确定汛前过渡期是为了腾出库容拦蓄洪水；而确定汛后过渡期是为了满足水库蓄水要求，如果水库蓄水不足，非汛期兴利调度会比较被动，导致兴利不充分。因此，在确定隶属度取值时，为了与实际调度运行相结合，所得过渡期时间不宜过长。

基于上述原则，本研究最终选择 Y_T=30mm、隶属度范围区间(0.5, 0.8)为推荐方案，进而得出浙江省 9 个代表站汛期分期过渡期成果见表 2-3。

表 2-3 浙江省 9 个代表性雨量站汛期分期过渡期结果

站点	汛前过渡期			汛后过渡期		
	起始日期/(月-日)	终止日期/(月-日)	持续时间/d	起始日期/(月-日)	终止日期/(月-日)	持续时间/d
洪家塔	04-30	05-20	20	09-15	09-30	15
黄渡	04-30	05-20	20	09-05	09-25	20
嘉兴	05-05	05-25	20	08-30	09-15	16
莲塘口	04-25	05-10	15	08-30	09-20	21
嵊县	05-05	05-25	20	08-25	09-15	21
双塔底	04-15	04-30	15	08-20	09-20	31
峃口	04-20	05-10	20	09-15	09-30	15
闸口	04-25	05-20	25	08-30	09-25	26
长潭水库	04-30	05-20	20	09-15	10-05	20

2.3 基于分形理论的汛期分期过渡期研究

2.3.1 分形理论原理

分形（fractal）一词，是曼德尔勃罗特（Benoit B Mandelbort）教授独创出来的，其原意为“不规则的、分数的、支离破碎的”。分形理论揭示了非线性系统中有序与无序的统一、确定性与随机性的统一。自相似性与标度不变性是分形的两个重要特性。分形的定量化方法即分维。分形的维数 D 是由特征尺度（即边长为 ε 的小块）去覆盖（度量）整体，量出小块的最小个数 $N(\varepsilon)$，从而计算出来的。从数学角度来看，分形的维数 D 是分数维，一定大于拓扑维数 D_T，而小于整体所占领的空间维 D_K，即 $D_T < D < D_K$。

水文过程是一个非常错综复杂的非线性过程，表现在它具有随机性、确定性和相似性。水文过程在时间序列中总是表现出一定的周期性变化，这可以认为是分形理论中的自相似性。从统计意义上来说，1a 中一定时期，洪水的发生有较相似的机制，即洪峰点距系列具有自相似性，与分形理论研究的对象一致，故可以应用分形理论研究洪水分期。

分维有容量维、信息维和关联维等许多种。研究目的和研究对象的性质不同，分维和其测定的方法也不同。一般常用的是容量维，对于一个时间序列且对任意ε，在尺度小于ε的不规则集下，观察$\varepsilon \to 0$时其度量$N(\varepsilon)$的变化。点绘$\ln N(\varepsilon) \sim \ln \varepsilon$图形，如果曲线中间直线段存在，则可认为此序列为分形，此曲线中间直线段ε的范围称为无标度区。

R. F. 斯曼利等在计算新赫布里底群岛地震谱系列的时间分维时，引入了一个新的量NN，即相对度量：

$$NN(\varepsilon) = N(\varepsilon) / NT \tag{2-3}$$

式中：$N(\varepsilon)$为绝对度量；NT为划分的总时段数，$NT = T / \varepsilon$，T为研究时段总长，ε为时段步长。作出$\ln N(\varepsilon) \sim \ln \varepsilon$关系图，若无标度区直线段的斜率为$b$，则分维$D$由下式求出：

$$D = D_T - b \tag{2-4}$$

式中：D_T为拓扑维，洪峰散点分布在$Q \sim t$二维面上，D_T取 2。上述方法求得的维数即为容量维。

2.3.2　计算过程与结果

分形最小时段为 1d（即以 1d 为步长），研究对象为汛期（4 月 1 日至 10 月 31 日），因此从各代表径流站 1961—2010 年逐日流量资料中，选取各站汛期日最大流量系列作为研究依据。按下面步骤计算各站点汛期分期过渡期。

采用水文年度，初定某一站点第一段分期的时间跨度，在一定的切割水平下（可取为分期内洪峰平均流量的 1.1 倍，其他分期同），用尺度变换法求容量维数。

具体步骤是：

（1）尺度ε分别取 1，2，3，…，10d，在各尺度下，分别统计出洪峰值大于切割水平的时段数$N(\varepsilon)$，其与总时段数NT的比值即为度量值$NN(\varepsilon)$，其中的总段数NT为时段总长T与尺度ε的比值。

（2）点绘$\ln NN(\varepsilon) \sim \ln \varepsilon$关系曲线，曲线中间直线段对应的范围为“无标度区”，直线段的斜率为b，由式（2-4）即可计算出容量分维值。

（3）加长（或缩短）初定的第一段分期，即可得到一系列随时段长变化的$\ln NN(\varepsilon) \sim \ln \varepsilon$曲线。曲线及分维值开始发生显著变化时的时段长即为合适的分期。这样，即可确定出第一个分期。

（4）以第一个分期末为第二个分期的起点，重复上面的步骤，即可确定出第二个分期。依此类推，可确定出各个分期。

依据上述方法分别研究各径流站汛期分期，结果如下。

2.3.2.1　瓶窑站

瓶窑站不同汛期分期容量维数计算结果见图 2-5 和表 2-4。

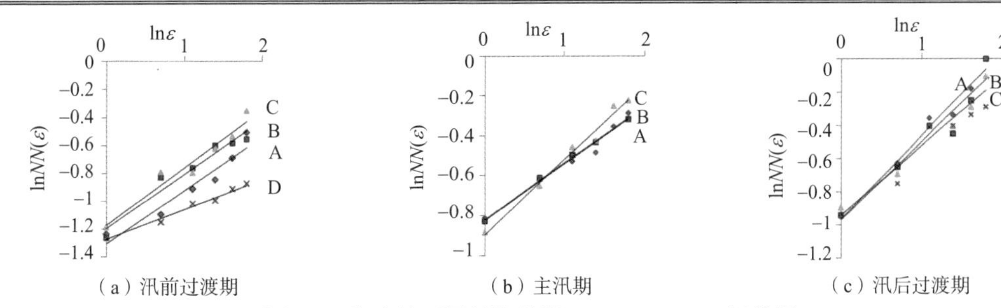

图 2-5　瓶窑站不同汛期分期 $\ln NN(\varepsilon) \sim \ln \varepsilon$ 相关图

表 2-4　瓶窑站不同汛期分期容量维数计算结果

方案	汛前过渡期			相关系数 R^2	斜率 b	容量维数 D
	起止时间/(月-日)	T/d	切割水平/(m^3/s)			
A	04-15—05-10	26	206	0.92	0.38	1.62
B	04-15—05-25	40	232	0.94	0.39	1.61
C	04-15—06-10	57	250	0.94	0.41	1.59
D	04-15—06-25	72	308	0.98	0.21	1.79
方案	主汛期			相关系数 R^2	斜率 b	容量维数 D
	起止时间/(月-日)	T/d	切割水平/(m^3/s)			
A	06-11—08-01	52	445	0.98	0.28	1.72
B	06-11—08-20	71	428	1.00	0.28	1.72
C	06-11—09-10	92	418	0.98	0.37	1.63
方案	汛后过渡期			相关系数 R^2	斜率 b	容量维数 D
	起止时间/(月-日)	T/d	切割水平/(m^3/s)			
A	08-21—09-20	31	409	0.98	0.50	1.50
B	08-21—10-05	46	392	0.93	0.47	1.53
C	08-21—10-20	61	358	0.97	0.39	1.61

由图 2-5 和表 2-4 可知：瓶窑站汛前分期过渡期方案 A、B、C 属于同一分期，即汛前分期过渡期为 4 月 15 日至 6 月 10 日；主汛期方案 A、B 属于同一分期，即主汛期为 6 月 11 日至 8 月 20 日；汛后过渡期方案 A、B 属于同一分期，即汛后过渡期为 8 月 21 日至 10 月 5 日。

2.3.2.2　黄渡站

黄渡站不同汛期分期容量维数计算结果见图 2-6 和表 2-5。

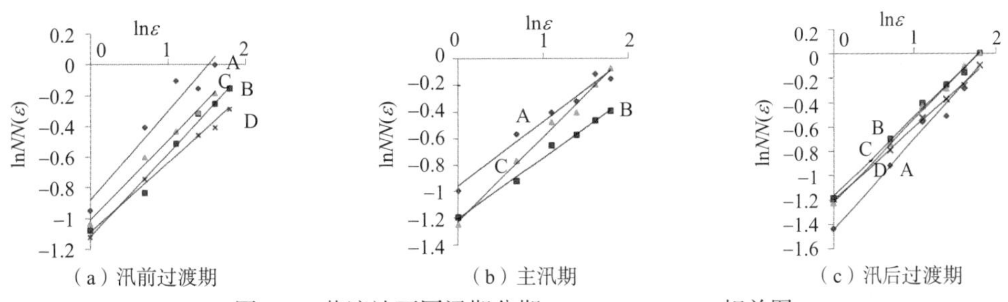

图 2-6　黄渡站不同汛期分期 $\ln NN(\varepsilon) \sim \ln(\varepsilon)$ 相关图

表 2-5　黄渡站不同汛期分期容量维数计算结果

方案	汛前过渡期			相关系数 R^2	斜率 b	容量维数 D
	起止时间/(月-日)	T/d	切割水平/(m^3/s)			
A	04-15—05-15	31	372	0.93	0.58	1.42
B	04-15—05-31	47	426	0.98	0.54	1.46
C	04-15—06-15	62	469	0.99	0.52	1.48
D	04-15—06-30	77	513	0.98	0.45	1.55
方案	主汛期			相关系数 R^2	斜率 b	容量维数 D
	起止时间/(月-日)	T/d	切割水平/(m^3/s)			
A	06-16—07-25	40	594	0.98	0.46	1.54
B	06-16—08-10	56	558	0.97	0.48	1.52
C	06-16—08-20	66	560	0.99	0.61	1.39
方案	汛后过渡期			相关系数 R^2	斜率 b	容量维数 D
	起止时间/(月-日)	T/d	切割水平/(m^3/s)			
A	08-11—09-10	31	605	0.98	0.69	1.31
B	08-11—09-25	46	625	1.00	0.65	1.35
C	08-11—10-10	61	579	1.00	0.68	1.32
D	08-11—10-25	76	485	1.00	0.60	1.40

由图 2-6 和表 2-5 可知：黄渡站汛前分期过渡期方案 A、B、C 属于同一分期，即汛前分期过渡期为 4 月 15 日至 6 月 15 日；主汛期方案 A、B 属于同一分期，即主汛期为 6 月 16 日至 8 月 10 日；汛后过渡期方案 A、B、C 属于同一分期，即汛后过渡期为 8 月 11 日至 10 月 10 日。

2.3.2.3　岧口站

岧口站不同汛期分期容量维数计算结果见图 2-7 和表 2-6。

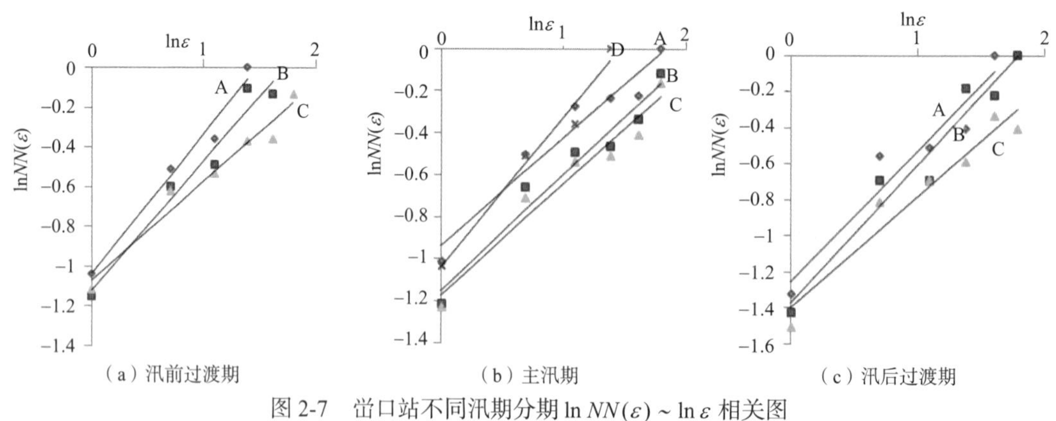

（a）汛前过渡期　（b）主汛期　（c）汛后过渡期

图 2-7　岧口站不同汛期分期 $\ln NN(\varepsilon) \sim \ln\varepsilon$ 相关图

表 2-6 岜口站不同汛期分期容量维数计算结果

方案	汛前过渡期			相关系数 R^2	斜率 b	容量维数 D
	起止时间/(月-日)	T/d	切割水平/(m^3/s)			
A	04-15—05-15	31	566	0.98	0.71	1.29
B	04-15—05-25	41	647	0.96	0.65	1.35
C	04-15—06-05	52	714	0.96	0.49	1.51
方案	主汛期			相关系数 R^2	斜率 b	容量维数 D
	起止时间/(月-日)	T/d	切割水平/(m^3/s)			
A	05-26—08-10	77	984	0.94	0.51	1.49
B	05-26—09-10	108	1197	0.95	0.55	1.45
C	05-26—09-25	123	1193	0.95	0.53	1.47
D	05-26—10-10	138	1145	0.98	0.71	1.29
方案	汛后过渡期			相关系数 R^2	斜率 b	容量维数 D
	起止时间/(月-日)	T/d	切割水平/(m^3/s)			
A	09-26—10-10	15	751	0.92	0.72	1.28
B	09-26—10-20	25	777	0.94	0.76	1.24
C	09-26—10-31	36	638	0.94	0.62	1.39

由图 2-7 和表 2-6 可知：岜口站汛前分期过渡期方案 A、B 属于同一分期，即汛前分期过渡期为 4 月 15 日至 5 月 25 日；主汛期方案 A、B、C 属于同一分期，即主汛期为 5 月 26 日至 9 月 25 日；汛后过渡期方案 A、B 属于同一分期，即汛后过渡期为 9 月 26 日至 10 月 20 日。

2.3.2.4 双塔底站

双塔底站不同汛期分期容量维数计算结果见图 2-8 和表 2-7。

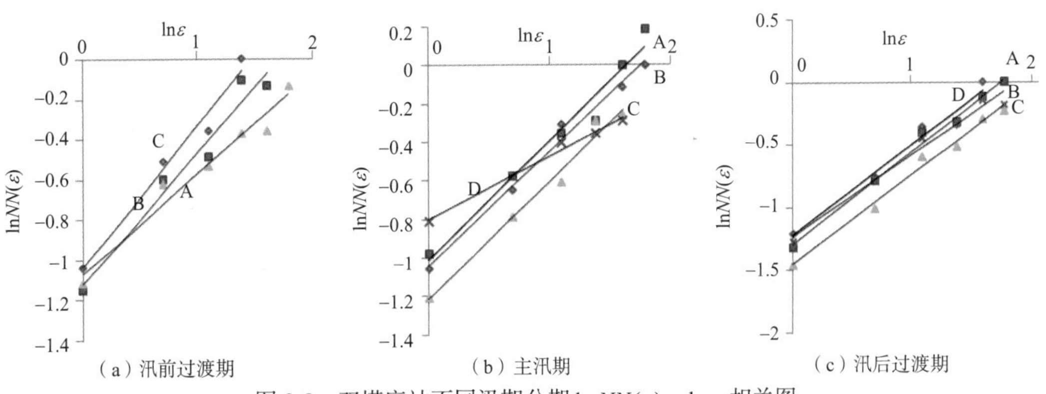

图 2-8 双塔底站不同汛期分期 $\ln NN(\varepsilon) \sim \ln\varepsilon$ 相关图

表 2-7　双塔底站不同汛期分期容量维数计算结果

方案	汛前过渡期			相关系数	斜率 b	容量维数 D
	起止时间/(月-日)	T/d	切割水平/(m^3/s)	R^2		
A	04-15—05-15	31	605	0.95	0.60	1.40
B	04-15—05-25	41	644	0.92	0.62	1.38
C	04-15—06-05	52	692	0.95	0.51	1.49
方案	主汛期			相关系数 R^2	斜率 b	容量维数 D
	起止时间/(月-日)	T/d	切割水平/(m^3/s)			
A	05-26—06-26	32	1123	0.99	0.62	1.38
B	05-26—07-10	46	1126	0.99	0.59	1.41
C	05-26—08-01	68	899	0.98	0.61	1.39
D	05-26—08-16	83	783	0.99	0.33	1.67
方案	汛后过渡期			相关系数 R^2	斜率 b	容量维数 D
	起止时间/(月-日)	T/d	切割水平/(m^3/s)			
A	08-02—08-31	30	331	0.97	0.72	1.28
B	08-02—09-15	45	292	0.99	0.74	1.26
C	08-02—09-30	60	260	0.99	0.71	1.29
D	08-02—10-15	75	233	0.98	0.64	1.36

由图 2-8 和表 2-7 可知：双塔底站汛前分期过渡期方案 A、B 属于同一分期，即汛前分期过渡期为 4 月 15 日至 5 月 25 日；主汛期方案 A、B、C 属于同一分期，即主汛期为 5 月 26 日至 8 月 1 日；汛后过渡期方案 A、B、C 属于同一分期，即汛后过渡期为 8 月 2 日至 9 月 30 日。

2.3.2.5　洪家塔站

洪家塔站不同汛期分期容量维数计算结果见图 2-9 和表 2-8。

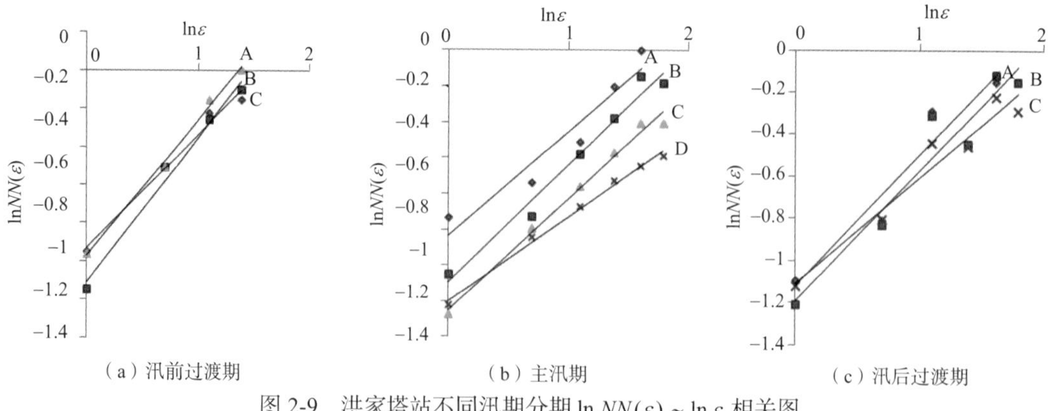

图 2-9　洪家塔站不同汛期分期 $\ln NN(\varepsilon) \sim \ln \varepsilon$ 相关图

表 2-8 洪家塔站不同汛期分期容量维数计算结果

方案	汛前过渡期			相关系数 R^2	斜率 b	容量维数 D
	起止时间/(月-日)	T/d	切割水平/(m^3/s)			
A	04-15—05-05	21	43	0.98	0.58	1.42
B	04-15—05-15	31	40	0.99	0.60	1.40
C	04-15—05-25	41	44	0.99	0.75	1.25
方案	主汛期			相关系数 R^2	斜率 b	容量维数 D
	起止时间/(月-日)	T/d	切割水平/(m^3/s)			
A	05-16—07-15	46	68	0.92	0.58	1.42
B	05-16—07-31	77	83	0.98	0.65	1.35
C	05-16—08-15	92	95	0.99	0.62	1.38
D	05-16—08-31	108	112	0.99	0.47	1.53
方案	汛后过渡期			相关系数 R^2	斜率 b	容量维数 D
	起止时间/(月-日)	T/d	切割水平/(m^3/s)			
A	08-16—09-10	26	195	0.93	0.50	1.50
B	08-16—09-20	36	200	0.93	0.53	1.47
C	08-16—10-01	47	191	0.92	0.62	1.38

由图 2-9 和表 2-8 可知：洪家塔站汛前分期过渡期方案 A、B 属于同一分期，即汛前分期过渡期为 4 月 15 日至 5 月 15 日；主汛期方案 A、B、C 属于同一分期，即主汛期为 5 月 16 日至 8 月 15 日；汛后过渡期方案 A、B 属于同一分期，即汛后过渡期为 8 月 16 日至 9 月 20 日。

2.3.2.6 嵊县站

嵊县站不同汛期分期容量维数计算结果见图 2-10 和表 2-9。

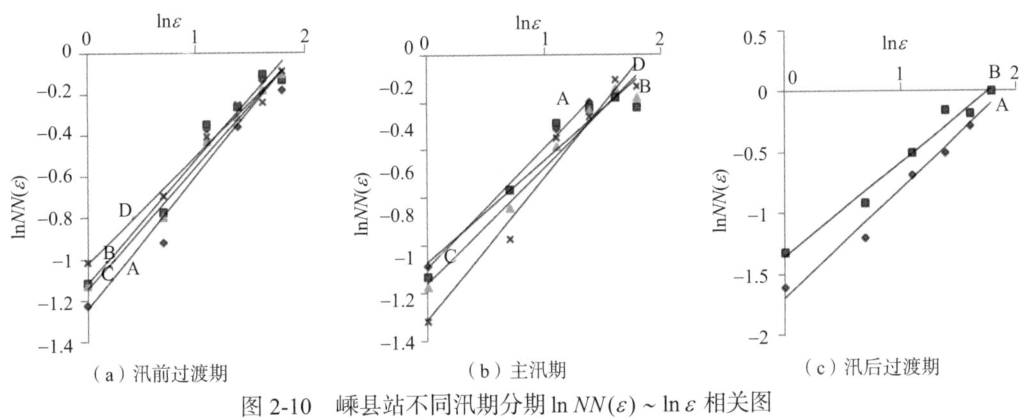

图 2-10 嵊县站不同汛期分期 $\ln NN(\varepsilon) \sim \ln \varepsilon$ 相关图

表 2-9　嵊县站不同汛期分期容量维数计算结果

方案	汛前过渡期			相关系数 R^2	斜率 b	容量维数 D
	起止时间/(月-日)	T/d	切割水平/(m³/s)			
A	04-15—05-25	41	495	0.94	0.65	1.35
B	04-15—06-05	52	534	0.97	0.60	1.40
C	04-15—06-15	62	528	0.99	0.59	1.41
D	04-15—06-25	72	582	0.99	0.52	1.48
方案	主汛期			相关系数 R^2	斜率 b	容量维数 D
	起止时间/(月-日)	T/d	切割水平/(m³/s)			
A	06-16—07-31	46	663	0.99	0.50	1.50
B	06-16—08-15	61	642	0.92	0.43	1.57
C	06-16—08-31	77	648	0.97	0.48	1.52
D	06-16—09-15	92	656	0.97	0.60	1.40
方案	汛后过渡期			相关系数 R^2	斜率 b	容量维数 D
	起止时间/(月-日)	T/d	切割水平/(m³/s)			
A	09-01—09-20	20	699	0.98	0.89	1.11
B	09-01—09-30	30	663	0.98	0.77	1.23

由图 2-10 和表 2-9 可知：嵊县站汛前分期过渡期方案 A、B、C 属于同一分期，即汛前分期过渡期为 4 月 15 日至 6 月 15 日；主汛期方案 A、B、C 属于同一分期，即主汛期为 6 月 16 日至 8 月 31 日；汛后过渡期为 9 月 1—20 日。

2.3.2.7　莲塘口站

莲塘口站不同汛期分期容量维数计算结果见图 2-11 和表 2-10。

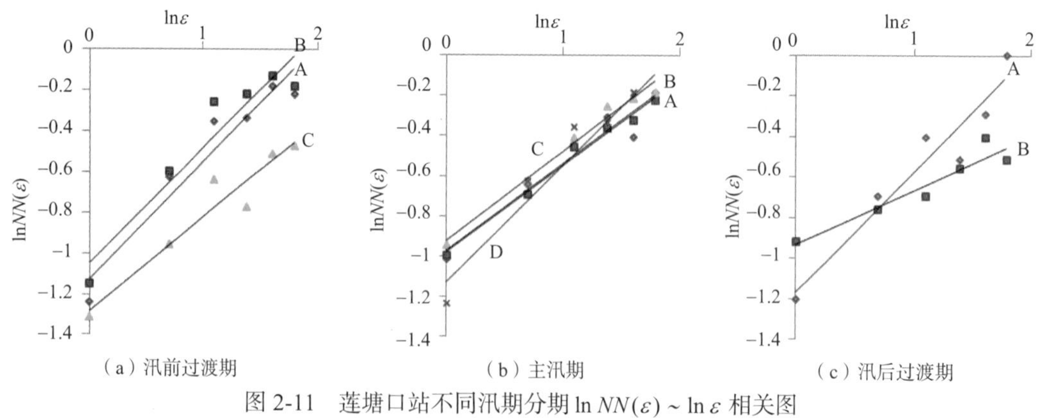

图 2-11　莲塘口站不同汛期分期 $\ln NN(\varepsilon) \sim \ln \varepsilon$ 相关图

表 2-10　莲塘口站不同汛期分期容量维数计算结果

方案	汛前过渡期			相关系数 R^2	斜率 b	容量维数 D
	起止时间/(月-日)	T/d	切割水平/(m^3/s)			
A	04-15—05-15	31	321	0.93	0.58	1.42
B	04-15—05-25	41	365	0.92	0.56	1.44
C	04-15—06-05	52	405	0.92	0.46	1.54
方案	主汛期			相关系数 R^2	斜率 b	容量维数 D
	起止时间/(月-日)	T/d	切割水平/(m^3/s)			
A	05-26—08-10	77	441	0.94	0.43	1.57
B	05-26—08-25	92	410	0.99	0.43	1.57
C	05-26—09-10	108	395	0.98	0.45	1.55
D	05-26—09-25	123	389	0.97	0.58	1.42
方案	汛后过渡期			相关系数 R^2	斜率 b	容量维数 D
	起止时间/(月-日)	T/d	切割水平/(m^3/s)			
A	09-11—09-30	20	302	0.93	0.59	1.41
B	09-11—10-10	30	245	0.91	0.27	1.73

由图 2-11 和表 2-10 可知：莲塘口站汛前分期过渡期方案 A、B 属于同一分期，即汛前分期过渡期为 4 月 15 日至 5 月 25 日；主汛期方案 A、B、C 属于同一分期，即主汛期为 5 月 26 日至 9 月 10 日，汛后过渡期为 9 月 11 日至 9 月 30 日。

2.3.2.8　长潭水库站

长潭水库站不同汛期分期容量维数计算结果见图 2-12 和表 2-11。

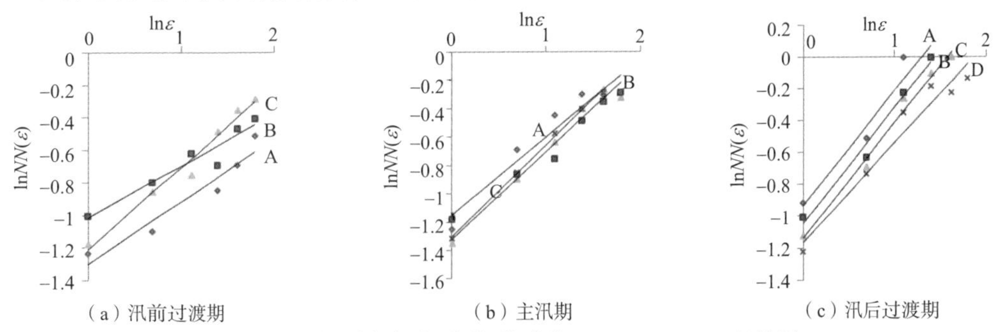

图 2-12　长潭水库站不同汛期分期 $\ln NN(\varepsilon) \sim \ln \varepsilon$ 相关图

表 2-11　长潭水库站不同汛期分期容量维数计算结果

方案	汛前过渡期			相关系数 R^2	斜率 b	容量维数 D
	起止时间/(月-日)	T/d	切割水平/(m^3/s)			
A	04-15—05-15	31	23	0.93	0.38	1.62
B	04-15—05-25	41	26	0.92	0.32	1.68
C	04-15—06-05	52	32	0.98	0.51	1.49

续表

方案	主汛期			相关系数 R^2	斜率 b	容量维数 D
	起止时间/(月-日)	T/d	切割水平/(m^3/s)			
A	05-26—08-10	77	59	0.93	0.55	1.45
B	05-26—08-25	92	70	1	0.51	1.49
C	05-26—09-10	108	76	0.98	0.62	1.38
方案	汛后过渡期			相关系数 R^2	斜率 b	容量维数 D
	起止时间/(月-日)	T/d	切割水平/(m^3/s)			
A	08-26—09-30	36	96	1	0.72	1.28
B	08-26—10-10	46	93	0.98	0.73	1.27
C	08-26—10-20	56	80	0.99	0.73	1.27
D	08-26—10-31	67	65	0.95	0.63	1.37

由图 2-12 和表 2-11 可知：莲塘口站汛前分期过渡期方案 A、B 属于同一分期，即汛前分期过渡期为 4 月 15 日至 5 月 25 日；主汛期方案 A、B 属于同一分期，即主汛期为 5 月 26 日至 8 月 25 日；汛后过渡期方案 A、B、C 属于同一分期，即汛后过渡期为 8 月 26 日至 10 月 20 日。

综上分析，各代表性径流站汛期分期计算结果见表 2-12。

表 2-12　各代表性径流站汛期分期计算结果

站点	起讫时间/(月-日)		
	汛前过渡期	主汛期	汛后过渡期
瓶窑	04-15—06-10	06-11—08-20	08-21—10-05
黄渡	04-15—06-15	06-16—08-10	08-11—10-10
岀口	04-15—05-25	05-26—09-25	09-26—10-20
双塔底	04-15—05-25	05-26—08-01	08-02—09-30
洪家塔	04-15—05-15	05-16—08-15	08-16—09-20
嵊县	04-15—06-15	06-16—08-31	09-01—09-20
莲塘口	04-15—05-25	05-26—09-10	09-11—09-30
长潭水库	04-15—05-25	05-26—08-25	08-26—10-20

2.4　浙江省汛期分期过渡期空间分布规律研究

2.4.1　模糊统计法与分形理论计算结果对比

将采用模糊统计法和分形理论计算得到的各站点汛期分期过渡期进行对比，结果见表 2-13。

表 2-13　模糊统计法与分形理论计算结果对比

站点	方法	汛前过渡期			汛后过渡期		
		起始日期/(月-日)	终止日期/(月-日)	持续时间/d	起始日期/(月-日)	终止日期/(月-日)	持续时间/d
黄渡	分形	04-15	06-15	62	08-11	10-10	61
	模糊	04-30	05-20	20	09-05	09-25	20
岀口	分形	04-15	05-25	41	09-26	10-20	25
	模糊	04-20	05-10	20	09-15	09-30	15
双塔底	分形	04-15	05-25	41	08-02	09-30	60
	模糊	04-15	04-30	15	08-20	09-20	31
洪家塔	分形	04-15	05-15	31	08-16	09-20	36
	模糊	04-30	05-20	20	09-15	09-30	15
嵊县	分形	04-15	06-15	62	09-01	09-20	20
	模糊	05-05	05-25	20	08-25	09-15	21
莲塘口	分形	04-15	05-25	41	09-11	09-30	20
	模糊	04-25	05-10	15	08-30	09-20	21
长潭水库	分形	04-15	05-25	41	09-11	10-20	40
	模糊	04-30	05-20	20	09-15	10-05	20

由表 2-13 可以看出：两种方法计算得到的各站点汛期分期过渡期结果与传统分期基本一致，说明两种方法均可应用于汛期分期过渡期研究中；分形理论计算得到的汛前过渡期和汛后过渡期持续时间较模糊统计法计算结果偏长，而为了与实际调度运行相结合，过渡期时间不宜过长，因此，从增强研究结果实用性出发，推荐模糊统计法计算得到的汛期分期过渡期作为最终成果。

2.4.2　浙江省汛期分期过渡期空间分布规律

根据模糊统计法计算得到的 9 个代表性雨量站汛期分期过渡期计算结果，分析浙江省汛期分期过渡期空间分布规律，结果如下：

（1）从汛前过渡期起始时间成果分析，双塔底站率先进入过渡期（时间为 4 月 15 日），其次是岀口站（时间为 4 月 20 日），最晚进入汛前过渡期的是嘉兴站和嵊县站（时间为 5 月 5 日）。表明浙西丘陵区、浙南山区率先进入过渡期，其次为浙中金衢盆地区，而最后进入汛前过渡期的是杭嘉湖、萧绍平原区。

（2）从汛前过渡期持续时间成果分析，莲塘口与双塔底站持续时间较短，为 15d，其他各站大多为 20d，而闸口站持续时间为 25d。说明浙西和浙中地区从过渡期进入汛期速度较快，而其他地区稍慢。

（3）从汛后过渡期起始时间成果分析，率先进入过渡期的同样是双塔底站（时间为 8 月 20 日），嵊县站（时间为 8 月 25 日），以及嘉兴站、莲塘口站和闸口站（时间为 8 月 30

日），最晚进入汛后过渡期的是洪家塔站、峃口站和长潭水库站（进入时间为 9 月 15 日）。说明：浙西丘陵区率先进入汛后过渡期，其次为浙中金衢盆地区，以及杭嘉湖、萧绍平原区，最后进入过渡期的为浙东南沿海区（主要受台风控制与影响）。

（4）从汛后过渡期持续时间分析，各站持续时间差异明显，最短的是洪家塔站和峃口站（15d），而最长的为双塔底站（31d）。表明浙东南沿海区从主汛期过渡到非汛期速度较快，而浙西丘陵区最慢。

各站汛前过渡期与汛后过渡期持续时间对比图见图 2-13，其中圆柱高度表示各站汛前过渡期持续时间，方柱高度表示各站汛后过渡期持续时间。

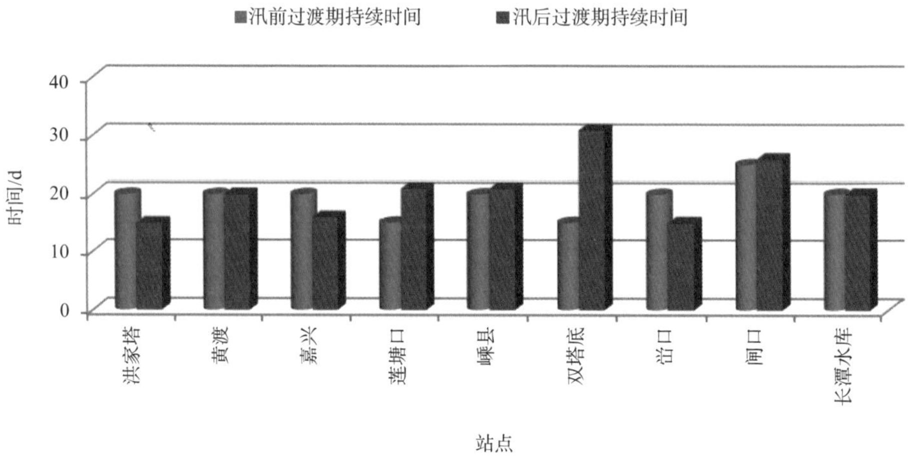

图 2-13　各站汛前过渡期与汛后过渡期持续时间对比图

第二篇

周公宅-皎口梯级水库优化调度研究

第3章　项目区概况

3.1　自然概况

3.1.1　自然地理

浙江省宁波市位于我国海岸线中段，浙江宁绍平原东端。东有舟山群岛为天然屏障，北濒杭州湾，西接绍兴市的嵊县、新昌、上虞，南临三门湾，并与台州的三门、天台相连。市辖海曙、江东、江北、镇海、北仑、鄞州六个区，余姚、奉化、慈溪三个市及宁海、象山两个县共11个县（市、区），土地总面积9365km^2。

宁波市东北部属于滨海冲积平原，西南部地处天台山脉及支流四明山区。地形上处在天台山脉及其支脉四明山向东北方向倾没入海的地段，地势西南高东北低。境内500m以上的中、低山占陆域面积的6.3%，50m以上的高、低丘陵面积占陆地面积的40.9%，50m以下的平原占52.8%。最高峰为余姚市四明山镇的青虎湾岗，海拔979m；其次为奉化市溪口镇的黄泥浆岗，海拔978m。

地质构造上处于闽浙隆起带的东北端，形成本市以多丘陵、岛屿、港湾、峡谷为基调的地貌形态。地表上大多为侏罗纪陆相火山岩系，其次是白垩系火山-沉积岩以及零散的下泥盆系变质岩、上三迭-下侏罗纪浅变质碎屑岩和上新统-下更新统玄武岩等。

本区气候四季分明，温暖湿润，属典型的亚热带季风气候。宁波水系由甬江流域和象山港、三门港等独流入海水系组成。主要河流有甬江及独流入海的大嵩江、白溪、凫溪等。甬江由姚江、奉化江两大支流及其干流河段组成，流域面积4518km^2。

鄞江为奉化江的主要支流，自它山堰起，至横涨入奉化江。鄞江它山堰以上称为樟溪，皎口水库位于樟溪干流上。周公宅水库位于樟溪主流大皎溪上，大皎溪流域面积169km^2，至龙山前与小皎溪汇合入樟溪。研究区域如图3-1所示。

3.1.2　水文气象

宁波市地处亚热带季风气候区，冬夏季风交替显著，四季分明，雨量充沛，日照充足。降水主要为春雨、梅雨、台风雨及局部雷阵雨，其中台风雨是形成区域大洪水的主要因素。

（1）日照：年日照时数1900～2000h，最多的8月为264.8h，最少的2月仅118.5h，年日照百分率为43%～48%。

（2）气温：年平均气温16.1～16.5℃，最热的7月为27.5～28.2℃，最冷的1月为3.9～4.9℃。根据气候（5d）均温，小于10℃的冬季历时129d；大于22℃的夏季历时96d；介于10～22℃之间的春季历时77d、秋季63d。总的特点是冬、夏季长，春、秋季短。

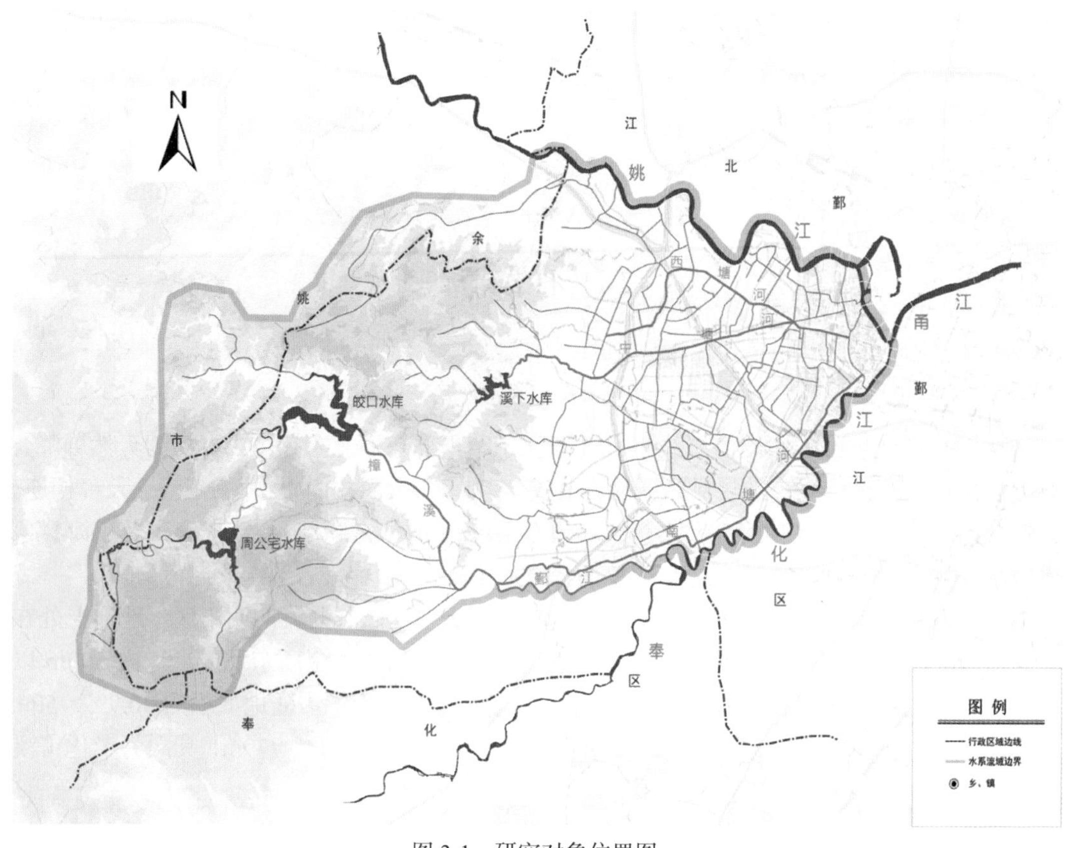

图3-1　研究对象位置图

（3）降水：全市多年平均降水量1517mm，年际变化较大，年内分配不均，年初、年末6个月的降水量仅占年降水量的29.8%，而4—9月则占年降水量的70.2%。地区分布不平衡，山区大于平原，西南大于东北。

（4）蒸发：全市多年平均水面蒸发量的分布趋势为沿海向内陆山区递减，但相差不大，各站多年平均水面蒸发量在800～850mm之间，陆面蒸发随下垫面情况不同而异，但年际变化相对较为稳定，变化不大。全年水面蒸发量年内变化7月、8月为最大，最大月蒸发量占全年的17%左右；1月、2月的蒸发量最小，最小的月蒸发量只占全年总量的3%～4%。而年际间最大、最小水面蒸发量的比值在1.3左右。

3.2　社会经济

宁波市是浙江省仅次于杭州市的第二大城市，是国务院批准的计划单列市和全国首批对外开放的14个沿海港口城市之一，有着良好的工业基础和深水良港，已形成以轻工机械、石油化工和电力工业为主体，电子、食品、医药、冶金、建材等行业协调发展的工业体系。农业在结构调整中稳步发展，种植业结构进一步多样化，粮、棉、油等传统作物播种面积减少较多，与此同时经济作物迅猛发展，宁波草席、镇海金柑成为著名的土特产。

渔业生产稳定发展，海产品有鱼、虾、蟹、贝、藻类等300多种。

宁波自古以来就是我国对外贸易的重要口岸，现在的宁波港由北仑港、镇海港和宁波老港三大港区组成，共有500t至25万t级泊位59座，与65个国家和地区的200多个港口有运输往来，并已成为我国四大国际中转港之一。

改革开放以来，宁波市经济快速发展，并取得了巨大成就。2008年，宁波市户籍人口568.1万人，其中市区人口220.1万人。全年实现国内生产总值3964.1亿元，其中第一产业实现增加值167.4亿元，第二产业实现增加值2196.7亿元，第三产业实现增加值1600.0亿元。 全市完成财政一般预算收入810.9亿元，比上年增长12.0%。

3.3 工程概况

3.3.1 皎口水库

皎口水库建于1975年，位于奉化江支流樟溪上游大、小皎溪两条溪流汇合口处，水库集雨面积259km^2，总库容1.20亿m^3。按原设计定位是一座具有防洪、灌溉、供水、发电等综合功能的大（二）型水利枢纽。皎口水库特征参数见表3-1。皎口水库水位-库容关系曲线如图3-2所示，泄洪设备泄流曲线如图3-3所示。

表3-1 皎口、周公宅水库主要特征参数表

项目	单位	皎口水库	周公宅水库	合计
一、水文				
流域面积	km^2	259	132	259
多年平均径流量	亿m^3	2.81	1.49	2.86
二、水库				
1. 水库水位[①]				
校核洪水位	m	77.34(P=0.05%)	237.89(P=0.05%)	
正常蓄水位	m	68.08	231.13	
台汛期限制水位	m	60.18	227.13	
发电死水位	m	37.68	174.13	
2. 水库容积				
总库容	万m^3	12005	11180	23185
正常蓄水库容	万m^3	7796	9570	17366
台汛期限制库容	万m^3	4967	8696	13663
死库容	万m^3	247	230	477
3. 泄洪建筑物				
表孔（孔数×单宽）	m	6×10	3×10	
堰顶高程	m	67.58	224.13	

续表

项目	单位	皎口水库	周公宅水库	合计
泄洪洞（宽×高）	m	3.2×4.2		
泄洪洞底高程	m	33.18		
4. 电站				
装机容量	kW	3×1600	2×6300	17400
设计流量	m^3/s	3×6.0	2×6.64	
额定水头	m	32	108	

注　1. 两座水库的高程基准均为宁波 85 高程系统，其中周公宅水库 85 高程＝原吴淞高程−1.87m；皎口水库 85 高程＝原吴淞高程−1.82m。

2. 两水库的特征参数分别为加固初步设计与初步设计数据。

①本报告所用高程为宁波 85 高程系，下同。

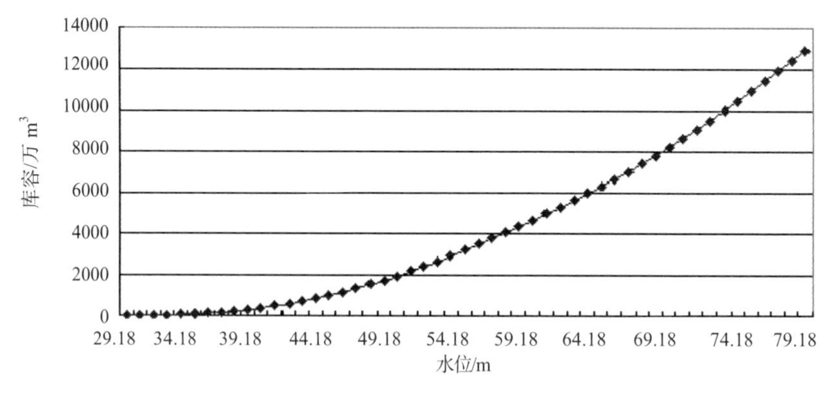

图 3-2　皎口水库水位-库容关系曲线图

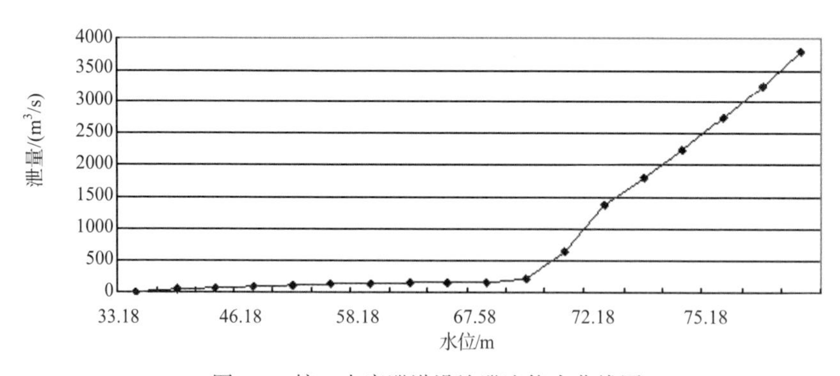

图 3-3　皎口水库泄洪设施泄流能力曲线图

3.3.2　周公宅水库

周公宅水库建于 2004 年，坝址在皎口水库上游 15km 处，位于鄞江上游大皎溪上。周公宅水库集雨面积 $132km^2$，主流长 27.8km，多年平均入库径流量 1.49 亿 m^3，总库容 1.12

亿 m^3。按设计定位是一座具有防洪、供水、发电等综合功能的大（二）型水利枢纽。周公宅水库与皎口水库区间集雨面积 127 km^2。周公宅水库特征参数见表 3-1。周公宅水库水位-库容关系曲线如图 3-4 所示，泄洪设备泄流曲线如图 3-5 所示。

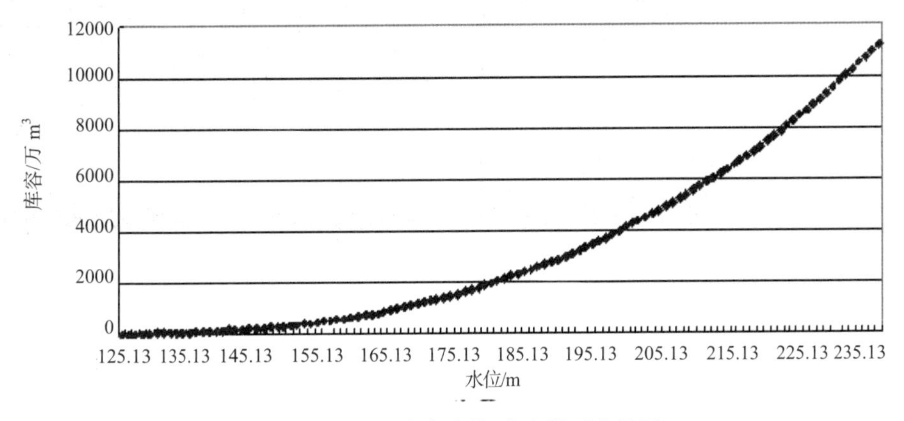

图 3-4 周公宅水库水位-库容关系曲线图

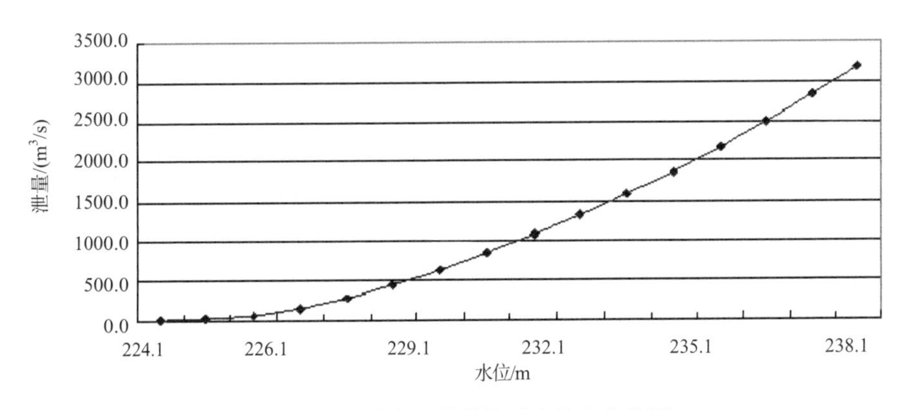

图 3-5 周公宅水库泄洪设施泄流能力曲线图

3.3.3 皎口水库下游河道

鄞江流域在鄞江镇以上集水面积 348.7km^2，河长 69.05km。其中，周公宅水库坝址集水面积 132km^2，河长 27.8km；周公宅水库坝址-皎口水库坝址区间（以下简称周-皎区间）集水面积 127km^2，河长 25.4km（含皎口库区部分）；皎口水库坝址-鄞江桥区间（以下简称皎-鄞区间）集水面积 89.7km^2，河长 15.9km。根据现场实地调查，皎-鄞区间河道现有防洪能力不足 20 年一遇，其中天打岩至晴江桥段现状防洪能力相对较弱。现状情况下，鄞江镇河道过流能力按 400m^3/s 进行调度。鄞江桥下游河道有两个水流方向：一是通过洪水湾控制闸（见图 3-6）进入鄞西平原；二是通过它山堰（见图 3-7）进入鄞江。它山堰是全国重点文物保护单位，世界灌溉工程遗产，它与国内的郑国渠、灵渠、都江堰合称为中国古代四大水利工程。

图 3-6　洪水湾控制枢纽

图 3-7　它山堰

3.4　周公宅-皎口梯级水库系统特点

周公宅–皎口梯级水库系统具有如下特点：

（1）在区域经济社会发展中具有重要地位。周公宅-皎口梯级水库与流域内的河道、水闸、堰坝、堤防及机电排涝站以及其他水库工程共同承担鄞江流域的防洪任务。尤其是在樟溪流域，梯级水库、河道、它山堰、排水闸和部分堤防共同承担鄞江镇防洪标准为 20 年一遇的任务。同时，周公宅-皎口梯级水库是宁波市的主要饮用水源地之一，宁波市人均水资源量为 1285m^3，全省人均水资源量 2100m^3 的 61%，属于资源型缺水地区，根据《宁波市水资源综合规划》，周公宅-皎口水库将承担宁波市约 25%的优质水供水任务。

（2）所在区域的防洪系统复杂。周公宅水库控制樟溪流域 38%的集雨面积，皎口水库控制着樟溪流域 74%的集雨面积，对樟溪流域下游防洪安全起到控制性作用。同时，樟溪流域皎口坝址以上洪水经周公宅、皎口水库调蓄后与区间洪水汇合进入樟溪，洪水至鄞江枢纽后出路有二：一是通过它山堰、泄洪闸排入鄞江，当时受潮水顶托排水不畅；二是通过洪水湾控制闸门进入鄞西平原，现状情况下，洪水进入鄞西平原难度较大。樟溪洪水经鄞江枢纽调控后不同的排水出路及下游边界的影响，使樟溪防洪系统非常复杂。

（3）水资源系统功能众多、结构复杂。皎口水库建于 1975 年，其原定功能是防洪、灌溉、供水、发电等。周公宅水库建于 2004 年，其功能是防洪、供水、发电等。随着鄞西平原和宁波市城镇化进程不断发展对优质水需求的增加及两梯级水库向宁波市城区供水的需要，现状两梯级水库的供水功能逐渐增强。同时，对于以皎口、周公宅水库为主体的水资源系统来说，是个包含有多用户、多水源的复杂水资源系统。

（4）缺少联合调度规则指导梯级水库科学调度运行。现已建成日供水能力达到 50 万 t（日不均匀系数为 1.2，日平均供水量位 41.70 万 t）的毛家坪水厂来满足各用户的用水需求，其取水水源为皎口水库与周公宅水库。为满足毛家坪水厂供水需要，周公宅、皎口水库需要梯级水库联合调度运行原则指导水库兴利调度运行。同时，为满足下游防洪安全要求也迫切需要两库防洪联合优化调度。

第 4 章　项目研究任务和技术路线

4.1　研究任务

随着周公宅水库的建成，原由皎口水库单独承担的防洪、灌溉、供水等任务转由两个水库共同承担。但由于历史沿革形成的体制不同等诸多原因，周公宅-皎口水库目前缺少联合的调度方案和规则，为两库的调度运行带来较多不便。

随着水资源供需矛盾的突出，原以防洪、灌溉功能为主的周公宅-皎口梯级水库系统中城市供水和工业供水任务进一步增强。如何协调周公宅-皎口梯级水库防洪、供水、灌溉等目标，发挥梯级水库的社会效益和经济效益受到各级政府及有关部门的重视。

因此本研究的主要任务为：在分析复核研究区域水文过程、鄞西平原需水要求的基础上，根据周公宅-皎口梯级水库兴利的调度目标，提出梯级水库联合调度方案和规则，为指导梯级水库实际调度服务。主要研究任务包括以下三个方面：

（1）水文计算分析：根据资料收集情况，分析计算水文资料延长到 2007 年后研究区域各计算单元水资源量等成果，为梯级水库调度研究提供基础。

（2）鄞西平原水资源供需平衡分析：由于城镇化和工业化进程的加快，鄞西平原的经济结构及用水结构发生较大变化。同时随着姚江翻水站的扩建，原由皎口水库补充供水的鄞西平原灌溉、环境用水大部分改由姚江翻水补充。皎口水库对下游补水量的变化势必影响周公宅、皎口水库兴利调度方案及规则的确定，因此需对皎口水库下游皎鄞区间和鄞西平原水资源状况进行供需平衡分析，为皎口水库补水提供决策依据。

（3）梯级水库联合调度方案及规则：充分利用周公宅、皎口两座水库联合调度的有利条件，结合水文边界条件、下游用水条件的变化情况，研究梯级水库联合调度的规则及方案，指导梯级水库联合调度运行。

4.2　总体思路与技术路线

为提高周公宅-皎口梯级水库的运行效益和协调两库兴利调度，探索解决多目标优化问题的基本思路和创新方法。本项目研究的总体思路是：从宁波市经济社会发展对周公宅、皎口水库提出的水资源综合利用需求出发，以提高梯级水库社会和经济总效益为目的，将周公宅-皎口梯级水库整体系统分解为发电、灌溉、供水等子系统，以防洪保安为约束条件，以经济、社会和环境效益为目标，构建梯级水库调度规则优化模型，应用多目标免疫遗传算法对其进行求解，提出周公宅-皎口水库联合调度规则和调度方案。再构建梯级水库联合调度模拟模型，分析评估周公宅-皎口水库联合调度规则和调度方案的效果。

依据项目研究的总体思路，确定研究技术路线，如图 4-1 所示。

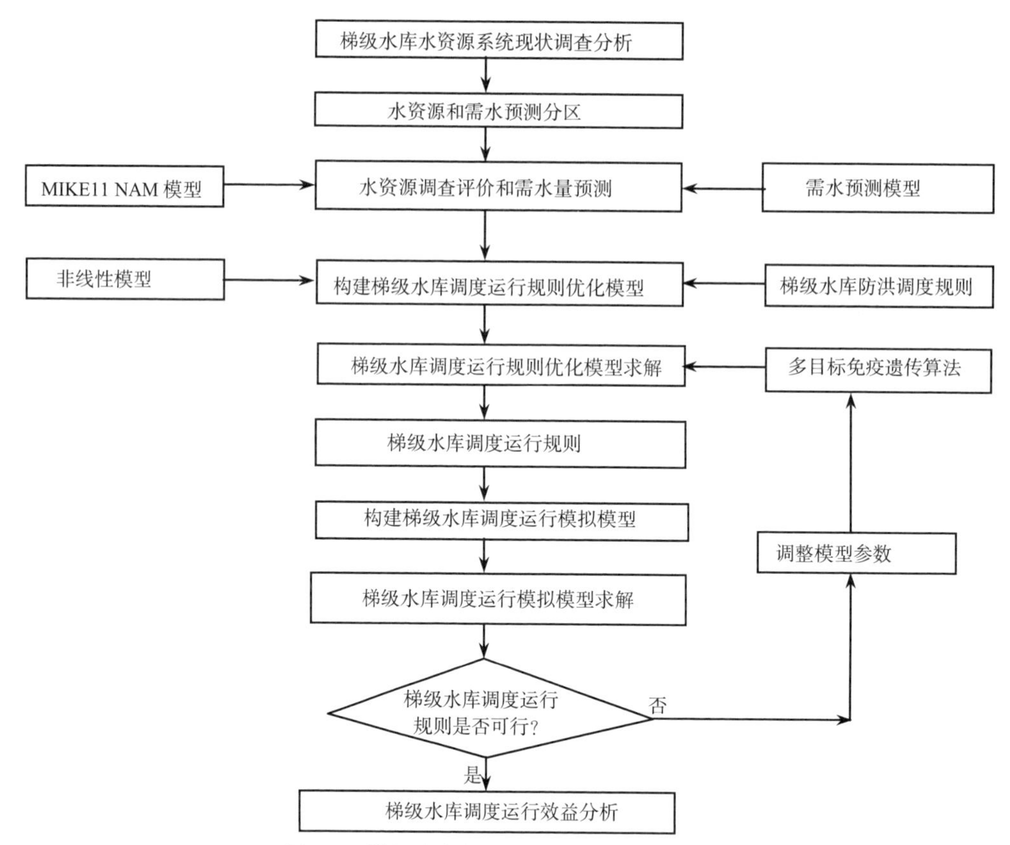

图 4-1　梯级水库优化调度研究技术路线图

第5章　水文模型与水资源调查评价

5.1　NAM 模型原理

本研究选用 NAM 水文模型进行水资源调查评价。

5.1.1　NAM 模型结构

NAM 是丹麦语 Nedbor-Afstromnings-Model 的缩写，即降雨径流模型。1973 年丹麦理工大学水力动力工程学院的 Nielsen 和 Hansen 首次提出此模型，过去的三十多年里，模型在世界各地不同气候类型地区得以应用。NAM 模型是一个由一系列以简单定量关系描述的水文循环中各种陆相特征连接起来的集总参数的概念性水文模型，它模拟的是自然流域的降雨径流过程。模型要求的资料为降水、蒸发能力及气温(考虑融雪径流时需要)；模拟结果包括径流量、地下水位及土壤含水量和地下水补给量。

NAM 模型基于水文循环的物理结构，同时又结合了一些经验、半经验公式，是一个集总式模型。NAM 模型各个参数及变量只是流域的平均值，参数和变量初始值可以根据流域的自然特征初定，然后利用历史水文资料进行率定。NAM 模型将水循环中的土壤状态用数学语言描述成一系列简化的量的形层，分 4 层蓄水体进行流域产汇流模拟计算，4 层蓄水体分别为融雪蓄水层(Snow Storage)、地表蓄水层(Surface Storage)、浅层蓄水层(Lower Zone Storage)和地下水蓄水层(Ground Water Storage)，表示了陆面的水文循环过程，以及其中不同的土壤状态和水分在多种蓄水层中的运动途径(DHI，2003)。NAM 模型结构示意如图 5-l 所示。

5.1.2　产流和蒸散发模拟

地表蓄水层蓄水容量 U_{max} 反映了流域植被截流、洼地蓄水及上层耕作土壤蓄水等特性。地表蓄水层主要提供蒸散发及向浅层和地下蓄水层的下渗，而当地表蓄水层达到蓄水容量后，会有净雨量 P_N 出现，此时部分 P_N 会直接以地表径流的形式汇入河流。浅层蓄水容量 L_{max} 蒸散发所需水分的根系层土壤所能达到的最大含水量，可由野外观测数据初定其取值范围，也可以由流域特性、参数分布规律确定初值，然后通过多年平均总水量平衡试算进行率定。

蒸散发计算采用两层模型。E_1 表示地表蓄水层蒸发量，当地表蓄水层蓄水量 U 大于蒸散发能力 E_P 时，以蒸散发能力 E_P 蒸发。当小于蒸散发能力 E_P 时，蒸发量先从地表蓄水层扣除，不足部分再从浅层蓄水层蒸发，浅层蓄水层实际蒸发量 E_2 与剩余蒸散发能力及根系带相对含水量呈正比，计算公式为

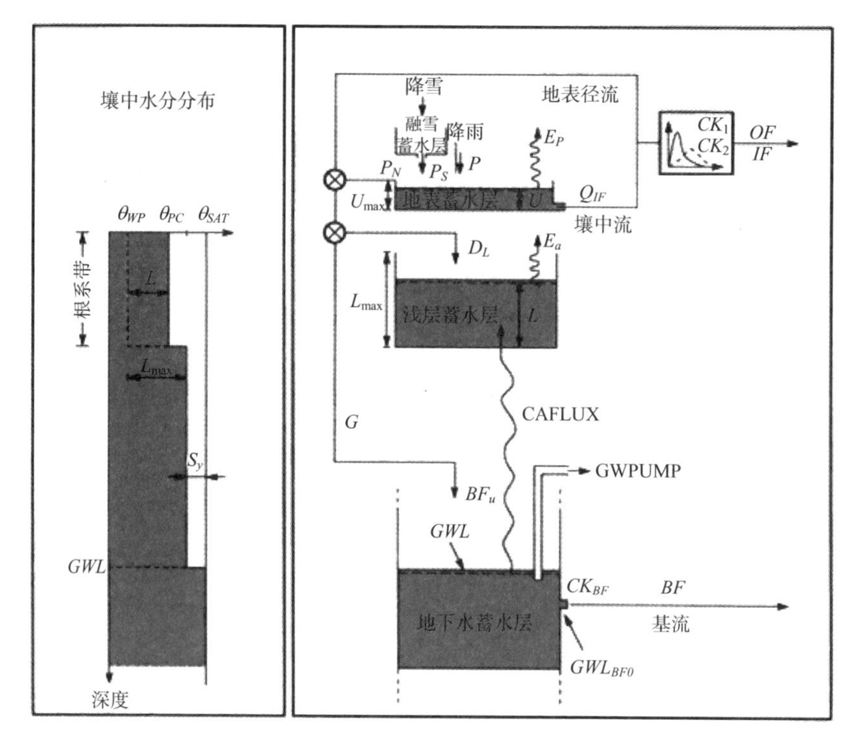

图 5-1　NAM 模型结构图（DHI，2003）

$$E_2 = (E_P - U) \times \frac{L}{L_{max}} \tag{5-1}$$

（1）地表径流。当 U 超过地表蓄水层蓄水能力 U_{max} 时，模型将净雨量 P_N 进行下一次水量分配，一部分生成地表径流 Q_{OF} (overland flow)，一部分为下渗量，假设 Q_{OF} 与 P_N 成正比，并且随下层相对含水量呈线性变化，Q_{OF} 可用下式表示。

$$Q_{OF} = \begin{cases} C_{Q_{OF}} \dfrac{L/L_{max} - T_{OF}}{1 - T_{OF}} PN, L/L_{max} > T_{OF} \\ 0, \qquad\qquad\qquad\qquad L/L_{max} \leqslant T_{OF} \end{cases} \tag{5-2}$$

式中：$C_{Q_{OF}}$ 为地表径流系数($0< C_{Q_{OF}} <1$)；L 为浅层蓄水层的蓄水深度；L_{max} 为浅层蓄水层的蓄水容量；T_{OF} 为地表径流阈值($0< T_{OF} <1$)；P_N 为净雨量，为实际降雨量中扣除蒸发量和地表截留量。

净雨量 P_N 扣除地表径流后由下渗模型再进行一次水量分配，一部分进入地下蓄水层，另一部分进入浅层蓄水层，进入地下蓄水层的水量为（DHI，2003）：

$$G = \begin{cases} (P_N - Q_{OF}) \dfrac{L/L_{max} - TG}{1 - TG}, L/L_{max} > TG \\ 0, \qquad\qquad\qquad\qquad L/L_{max} \leqslant TG \end{cases} \tag{5-3}$$

式中：TG 为地下水补给阈值（$0< TG<1$）。当净雨完成地表径流和地下蓄水层补给的分配后，剩余部分将补给浅层蓄水层，即进入浅层蓄水层的下渗量为（DHI，2003）：

$$DL = P_N - Q_{OF} - G \tag{5-4}$$

（2）壤中流。壤中流 QIF（Interflow）产生于地表蓄水层。假设它与地表蓄水层蓄水量 U 成正比，而且随根系带土壤相对含水量呈线性变化，则 QIF 可用如下公式计算（DHI，2003）：

$$QIF = \begin{cases} \dfrac{1}{CKIF}\dfrac{L/L_{\max} - TIF}{1 - TIF}U, & L/L_{\max} > TIF \\ 0, & L/L_{\max} \leqslant TIF \end{cases} \tag{5-5}$$

式中：$CKIF$ 为壤中流出流时间常数；TIF 为根系带壤中流产流阈值（$0<TIF<1$）。

（3）基流。地下蓄水层水量除生成基流 BF（Base Flow）外，还通过毛管作用与浅层蓄水层进行水分交换。从地下蓄水层上升到浅层土壤的毛管通量取决于地下水位至地表的距离，并与浅层土壤的相对含水量相关（DHI，2003）：

$$CAFLUX = \sqrt{1 - L/L_{\max}}\left(\frac{GWL}{GWL_{FL1}}\right)^{-\alpha} \tag{5-6}$$

$$\alpha = 1.5 + 0.45GWL_{FL1} \tag{5-7}$$

式中：GWL_{FL1} 为当根系带完全干枯时毛管水流为 1mm/d 的地下水深。

对地下蓄水层补给量 G、毛管水流 $CAFLUX$、地下水净抽取量 $GWPUMP$ 以及基流 BF 进行连续演算，可得地下水位。其中参数 $CAFLUX$ 是可选的，可用每月的净抽取率来计算。基流可看成是一个出流时间为 CK_{BF} 的线性水库的出流，用下列公式计算（DHI，2003）：

$$BF = \begin{cases} (GWL_{BF0} - GWL)S^{Y}(CK_{BF})^{-1}, & GWL \leqslant GWL_{BF0} \\ 0, & GWL > GW_{BF0} \end{cases} \tag{5-8}$$

式中：GWL_{BF0} 为地下蓄水层产流的最大水深，其物理意义表示河水位至流域平均地表面的距离；S_F 为地下蓄水层出水系数。

（4）汇流计算。地表径流和壤中流的出流均可用单一的线性水库来模拟，其出流时间分别为 CK_1 和 CK_2。三种径流成分（地表径流、壤中流及基流）计算完成后，分别进行线性水库汇流计算，叠加至流域出口断面，即为其总径流量。

NAM 模型中壤中流和地表径流的汇流模型分别采用两个串联的线性水库和单一线性水库，其中壤中流在两个线性水库中的汇流时间常数采用相同值。从地下蓄水层中产生的基流也可以看成是一个线性水库的出流，汇流时间常数为 CK_{BF}。

5.2　水文站点与资料系列

本研究涉及区域水文、雨量测站布设较多，有东岙、栖霞坑、黎洲、夏家岭、杖锡、上庄、华盖山、皎口（水文站）等 8 站，见表 5-1 和图 5-2。采用的水文、雨量、蒸发站均由浙江省水文局按国家相关标准设立并进行观测。

本研究采用资料系列为 1961—2007 年。其中，栖霞坑、黎洲、夏家岭、杖锡、上庄等站点缺测资料通过与邻近系列较长且相关性较好的测站资料插补延长得到。

表 5-1　选用水文测站一览表

序号	站名	设立时间/（年-月）	资料年限
1	东岙	1955-06	1961—2007
2	栖霞坑	1963-01	1963—1995
3	黎洲	1972-01	1972—2007
4	夏家岭	1962-04	1963—2007
5	杖锡	1976-01	1976—1991
6	上庄	1976-01	1976—1991
7	华盖山	1958-05	1961—2007
8	皎口	1951-05	1961—2007

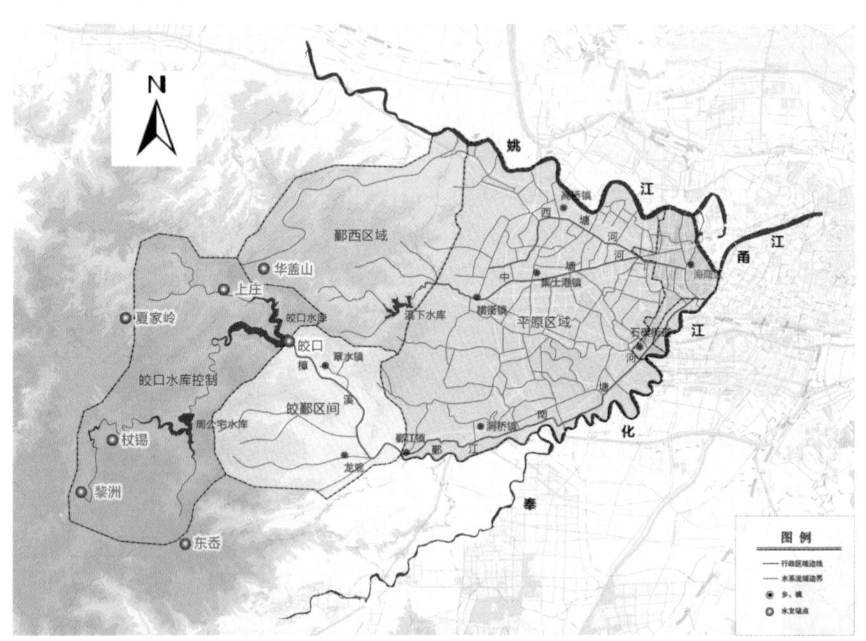

图 5-2　选用水文测站点图

5.3　水资源计算分区

项目研究区为姚江、奉化江和樟溪三条河流所围成的区域，总面积为 702.7km^2，包括宁波市的海曙区、鄞州区和余姚的部分地区，其中鄞州区境内面积最大，为 55.7km^2，如图 5-3 所示。

周公宅-皎口梯级水库兴利功能包括宁波市政供水，皎-鄞区间（即皎口水库至鄞江枢纽之间）生活和工业、农业以及生态环境用水，鄞西平原区工业、农业用水等；同时鄞西山区的中型水库——溪下水库也承担宁波市区的供水任务。为解决周公宅-皎口梯级水库优化调度问题，需要开展鄞西平原河网区水资源供需平衡计算，为满足这些需求这里将研究区分为两部分，即平原区和山丘区。平原区特指鄞西平原河网区，山丘区分为五部分，分别为周公宅坝址以上区、周公宅-皎口区间、皎鄞区间、溪下水库坝址以上区和鄞西非水库控制山区。分区结果见图 5-4 和表 5-2。

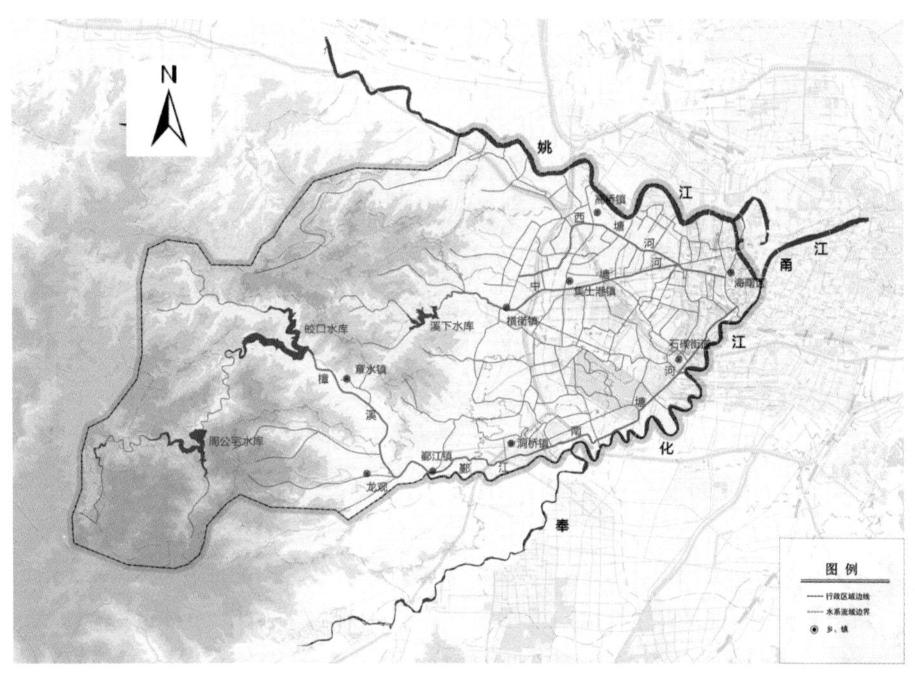

图 5-3　研究区范围示意图

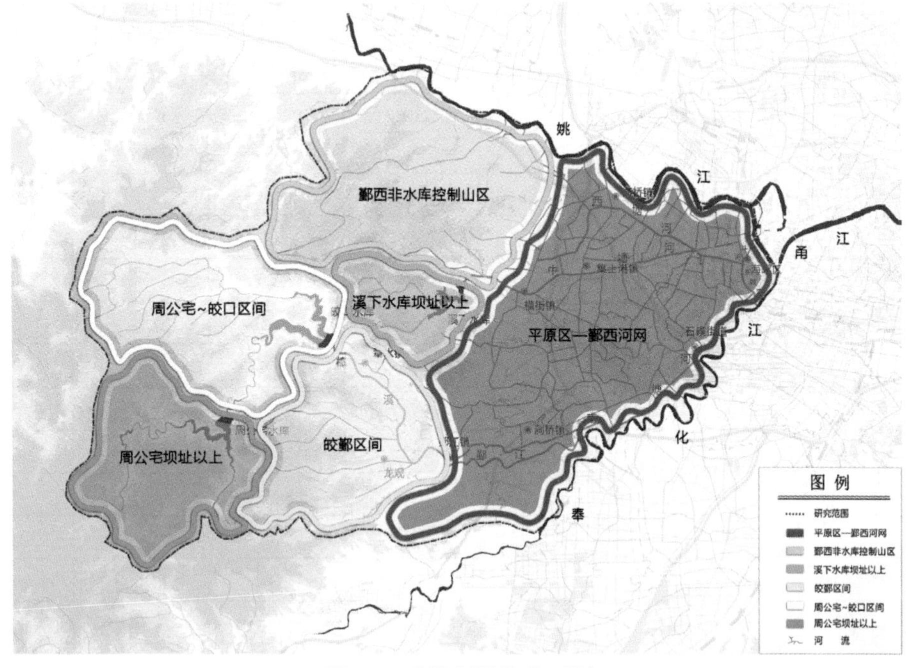

图 5-4　水资源计算分区图

表 5-2　研究区各水资源分区面积表

分区名称	面积/km^2
一、平原区-鄞西河网	226.7
二、山丘区	476
周公宅坝址以上	132
周公宅-皎口区间	127
皎鄞区间	89.7
溪下水库坝址以上	29.9
鄞西非水库控制山区	97.4
合计	702.7

5.4　降水量分析评价

根据选用雨量站位置分布，采用泰森多边形法推求各分区 1961—2007 年面雨量。计算公式为

$$\overline{P}_j = \sum_{i=1}^{n_j} P_{ij} \frac{f_{ij}}{F_j} \tag{5-1}$$

式中：$\overline{P}_j$ 为第 j 区域的面雨量，mm；F_j 为第 j 区域面积，km^2；P_{ij} 为第 j 区域第 i 雨量站的点降水量，mm；f_{ij} 为第 j 区域第 i 雨量站所代表的面积，km^2；n_j 为第 j 单元的雨量站数。

各雨量站流域面积权重系数见表 5-3。根据表 5-3 和各雨量站逐日降水量，计算得出各水资源分区 1961—2007 年长系列逐日面雨量成果，进而分析计算各水资源计算分区不同频率和多年平均面雨量成果见表 5-4。

表 5-3　各雨量站控制流域面积权重系数表

分区 测站	平原区-鄞西河网	周公宅坝址以上	周公宅-皎口区间	皎口坝址以上	皎鄞区间	溪下水库坝址以上	鄞西非水库控制山区
东岙		0.051		0.026	0.216		
栖霞坑		0.068		0.039			
黎洲		0.287		0.14			
夏家岭		0.049	0.167	0.16			0.089
杖锡		0.545	0.055	0.305			
上庄			0.467	0.227			
华盖山			0.048	0.019			
皎口			0.263	0.118			
黄土岭						0.286	0.275
竹丝岚						0.305	0.294
樟村	0.107				0.315	0.156	0.143
黄林古	0.315				0.216	0.123	0.109

续表

分区 测站	平原区-鄞西河网	周公宅坝址以上	周公宅-皎口区间	皎口坝址以上	皎鄞区间	溪下水库坝址以上	鄞西非水库控制山区
姜山	0.210				0.253		
鄞县	0.326						
慈城	0.042					0.130	0.090

表 5-4 各计算区域不同频率面雨量计算成果表 单位：mm

频率	50%	75%	90%	95%	多年平均
平原区-鄞西河网	1602	1386	1208	1164	1589
周公宅坝址以上	1768	1515	1400	1298	1762
周公宅-皎口区间	1678	1449	1301	1265	1668
皎鄞区间	1640	1418	1255	1215	1629
溪下水库坝址以上	1685	1430	1398	1312	1698
鄞西非水库控制山区	1594	1379	1201	1154	1582
皎口库区	1729	1502	1380	1267	1732

5.5 NAM 模型参数率定

周公宅、皎口水库径流量采用 Mike 11 中的 NAM 模型进行计算。作为一个集总模型，NAM 模型将每个子流域看成一个单元，模型参数和变量代表每个子流域的平均值。它是基于水文循环的物理结构和半经验方程，其部分参数可以用实测资料估算，但最后参数必须用同时间序列的输入和输出资料来率定。

根据研究区域实际情况，采用皎口水库水文站实测资料进行参数率定。模型参数率定采用 Mike 11 的 NAM 模型自动率定功能。本研究以皎口水库 1977—1981 年逐日观测资料为输入、输出条件，设定总水量平衡、过程线总体形状、洪峰流量为优先级得到流域的各项参数值，见表 5-5。

表 5-5 NAM 模型参数表

参数	U_{max}	L_{max}	$C_{Q_{OF}}$	$CKIF$	CK_1	CK_2	T_{OF}	TIF	TG	CK_{BF}
参数取值	19.16	213.36	1.0	999.88	25.2	29.2	0.99	0.065	0.989	3951.2

利用率定参数后的 NAM 模型模拟皎口水库 1982—2003 年逐日径流过程。分别选择丰水年（1992 年）、平水年（1998 年）、枯水年（2003 年）实测径流与模拟成果进行比较，见图 5-5 ~ 图 5-7。

从图 5-5 至图 5-7 中可知，NAM 模型逐日径流模拟成果与实测资料基本吻合。根据《水文情报预报规范》（SL250—2000），对模拟成果进行评价，结果见表 5-6。表 5-6 成果表明：本模型模拟精度符合要求，可运用于实际调度。

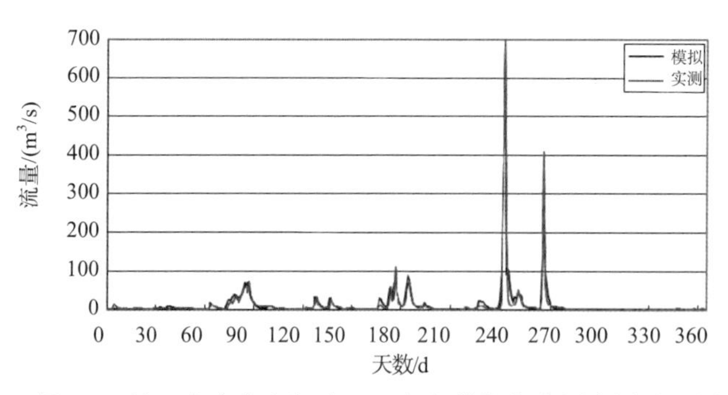

图 5-5　皎口水库丰水年（1992 年）模拟与实测成果对比图

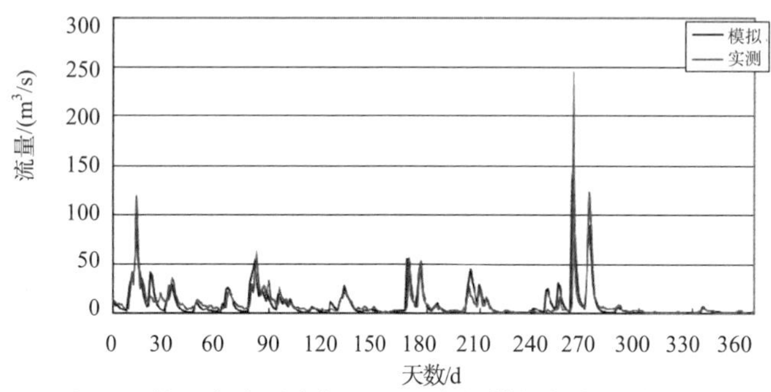

图 5-6　皎口水库平水年（1998 年）模拟与实测成果对比图

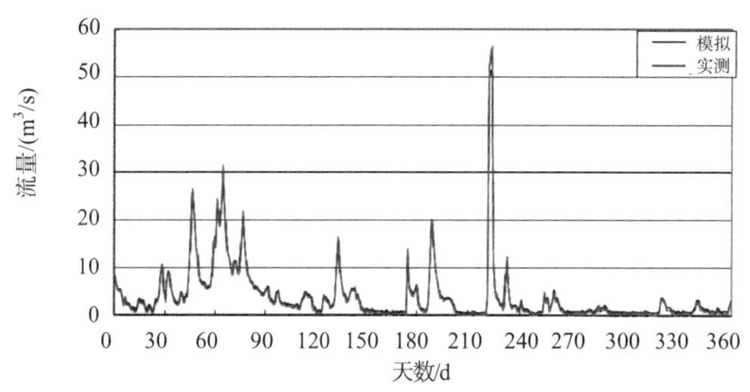

图 5-7　皎口水库枯水年（2003 年）模拟与实测成果对比图

表 5-6　模拟成果评价表

评价指标	数值	精度等级
确定性系数	0.78	乙
合格率指标	84	乙

5.6　水资源量分析评价

采用 NAM 模型计算各水资源分区逐日水资源量，进而分析计算各水资源分区 1961—2007 年长系列逐年水资源量成果，见表 5-7。分析计算各水资源分区不同频率和多年平均径流量成果，见表 5-8。

表 5-7 各水资源分区长系列年径流量成果表 单位：万 m^3

年份	平原区-鄞西河网	周公宅坝址以上	周公宅-皎口区间	皎鄞区间	溪下水库坝址以上	鄞西非水库控制山区
1961	26084	13945	14972	10098	3366	9997
1962	33672	20188	17098	13036	4345	12905
1963	23648	14552	11639	9155	3052	9063
1964	20377	12404	10161	7889	2630	7809
1965	21154	13143	10456	8190	2730	8107
1966	21840	12484	11782	8455	2818	8370
1967	10995	6524	6008	4256	1419	4214
1968	15719	9372	7683	6085	2029	6024
1969	24093	13771	12930	9328	3109	9234
1970	27043	15675	14185	10469	3490	10364
1971	18836	9868	11090	7292	2431	7219
1972	22572	13013	12008	8738	2913	8651
1973	31681	19426	15629	12265	4088	12142
1974	28624	15991	15730	11081	3694	10970
1975	34395	18407	19807	13316	4439	13182
1976	22252	12542	12200	8615	2872	8528
1977	34626	20233	18388	13405	4468	13271
1978	19380	12356	9193	7503	2501	7427
1979	25502	14913	13456	9873	3291	9774
1980	22471	13145	11754	8699	2900	8612
1981	37288	23542	17808	14436	4812	14291
1982	27230	16712	13740	10542	3514	10436
1983	35200	20836	18213	13627	4542	13490
1984	34092	19182	18777	13198	4399	13066
1985	28596	16162	15718	11071	3690	10959
1986	20229	12289	10281	7832	2611	7753
1987	31389	17603	17129	12152	4051	12030
1988	24788	15452	12306	9596	3199	9500
1989	33232	20236	16757	12865	4289	12737
1990	35786	22205	17612	13854	4618	13715
1991	20794	12509	10688	8050	2683	7969
1992	35114	21412	17702	13594	4531	13458
1993	26103	14827	14252	10106	3369	10004
1994	30004	18096	15437	11616	3872	11499
1995	26723	17321	12271	10345	3449	10242
1996	20941	12182	11128	8107	2703	8026

续表

年份	平原区-鄞西河网	周公宅坝址以上	周公宅-皎口区间	皎鄞区间	溪下水库坝址以上	鄞西非水库控制山区
1997	33378	20481	16631	12922	4307	12792
1998	29262	16162	16432	11328	3776	11215
1999	34639	20215	18244	13410	4470	13276
2000	35123	20498	18479	13597	4532	13461
2001	26619	16659	12955	10305	3435	10202
2002	35573	21712	17772	13772	4591	13634
2003	14008	7536	8143	5423	1808	5368
2004	22945	13477	12020	8883	2961	8794
2005	30007	17089	16249	11617	3872	11500
2006	18873	10079	10851	7307	2436	7233
2007	27944	17408	13901	10818	3606	10710

表 5-8　各区域不同频率年径流量成果表　　**单位：万 m^3**

频率	平原区-鄞西河网	周公宅坝址以上	周公宅～皎口区间	皎鄞区间	溪下水库坝址以上	鄞西非水库控制山区
50%	26723	14894	13875	10345	3449	10242
75%	21840	12551	11637	8455	2818	8370
90%	18873	10092	10123	7307	2436	7233
95%	14008	7537	7632	5423	1808	4368
多年平均	26826	14858	13784	10386	3462	10281

5.7　成果合理性分析

根据《宁波市周公宅水库工程初步设计报告》成果，1956—2000 年皎口坝址多年平均径流为 28067 万 m^3，本次计算结果为 28642 万 m^3，增加 575 万 m^3，增加了 2.0%左右。主要原因如下：

（1）采用计算方法不同，本次采用 NAN 模型计算水资源量，原有成果采用水文比拟法计算，计算方法的不同对水资源量计算成果存在一定的偏差。

（2）计算年限不同，本次计算年限为 1961—2007 年共 47 年，原来计算年限为 1956—2000 年共 45 年。由于 1961 年前缺测水文资料较多，因此 1961 年前成果存在一定的误差。

（3）两次同步期（1961—2000 年）的计算结果基本一致（相差 0.3%）。

第 6 章　需水预测模型与需水量预测成果

6.1　需水预测分区

根据研究区用水户分布情况，同时结合水资源分区，需水预测分为两个区域，分别为皎鄞区间分区和鄞西河网分区（其他水资源分区因为用水户很少，本研究忽略其影响），分区成果如图 6-1 所示。

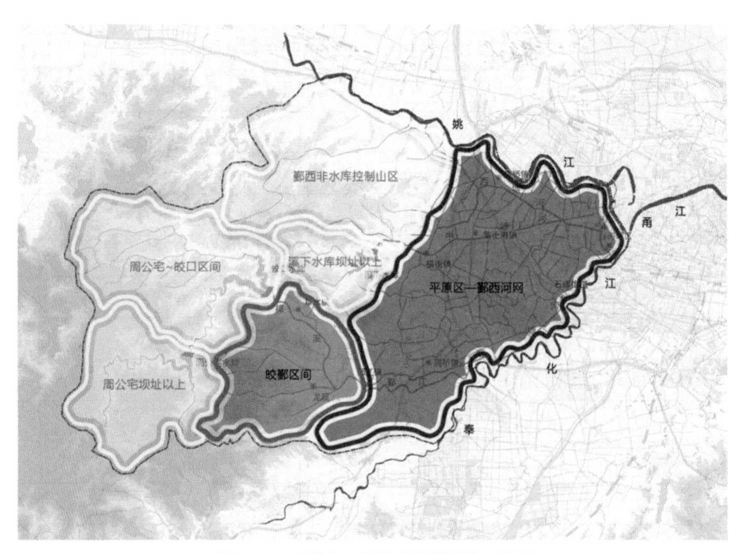

图 6-1　研究区需水预测分区图

6.2　需水预测模型

本项目研究的是周公宅-皎口梯级水库的调度问题，其中：工业和生活用水量以及其他用水采用调查统计方法获得，农业用水量与水文年性有关，需要通过相关模型计算农业灌溉用水量。

农田灌溉需水量计算模型

$$W_{t\text{灌溉}} = w_{t\text{灌溉}} \times A_{t\text{灌溉}} \div \eta_{\text{灌溉}} \tag{6-1}$$

式中：$W_{t\text{灌溉}}$为 t 时段区域农田灌溉需水量，万 m^3；$w_{t\text{灌溉}}$为 t 时段单位面积灌溉需水量，m^3/亩，该参数通过以水面蒸发为参数的需水系数法确定作物需水量，再根据本地区灌溉方式采用浅水湿润灌溉确定作物灌溉制度的方法确定；$A_{t\text{灌溉}}$为农田种植面积，万亩；$\eta_{\text{灌溉}}$为农业灌溉水有效利用系数。

6.3　农田灌溉需水量成果

根据调查统计，鄞西平原地区以种植单季稻、蔺草、蔬菜为主。根据鄞州区、海曙区统计年鉴（2007 年）资料分析确定皎口水库灌区范围内各乡镇农作物种植面积，见表 6-1。

水稻灌溉制度采用以水面蒸发为参数的需水系数法结合浅水湿润灌溉方式，通过田间水量逐日平衡计算获得。其中：土壤日渗漏量按 1mm/d 计，降雨、蒸发资料采用姚江大闸、黄古林站的实测资料，蔺草灌溉定额采用鄞州区农业局相关研究成果，蔬菜灌溉定额采用浙江省农业用水定额成果。计算系列为 1961—2007 年共 47 年。

经分析计算，各需水预测分区农业灌溉用水逐年成果见表 6-2，进一步分析各需水预测分区不同频率农业需水量，见表 6-3。

表 6-1　鄞西地区农作物种植面积表

序号	乡镇	鄞西地区农作物种植面积/万亩		
		单季稻	蔬菜	蔺草
1	高桥镇	2.71	1.23	2.28
2	横街镇	1.84	0.90	1.71
3	集仕港镇	2.31	0.18	2.15
4	古林镇	2.74	0.71	1.85
5	石碶镇	1.40	1.11	0.92
6	洞桥镇	1.51	0.28	1.18
7	鄞江镇	1.18	1.20	0.47
8	龙观乡	0.057	0.461	0
9	章水镇	0.33	0.10	0.15
10	海曙区	0.057	0.203	0.016
	合计	14.13	6.37	10.73

表 6-2　各需水预测分区农业灌溉需水量计算成果

年份	需水量/万 m^3		年份	需水量/万 m^3		年份	需水量/万 m^3	
	皎鄞区间	鄞西河网		皎鄞区间	鄞西河网		皎鄞区间	鄞西河网
1961	610	4887	1977	518	4153	1993	628	5031
1962	648	5198	1978	629	5040	1994	702	5627
1963	638	5114	1979	696	5583	1995	868	6957
1964	596	4782	1980	717	5749	1996	708	5677
1965	804	6447	1981	455	3646	1997	744	5961
1966	757	6068	1982	712	5705	1998	670	5376
1967	877	7028	1983	660	5291	1999	619	4966
1968	792	6350	1984	621	4982	2000	520	4167

续表

年份	需水量/万 m^3		年份	需水量/万 m^3		年份	需水量/万 m^3	
	皎鄞区间	鄞西河网		皎鄞区间	鄞西河网		皎鄞区间	鄞西河网
1969	569	4564	1985	390	3130	2001	701	5620
1970	487	3901	1986	640	5134	2002	643	5155
1971	604	4843	1987	704	5645	2003	748	5998
1972	639	5125	1988	717	5745	2004	772	6192
1973	636	5103	1989	543	4356	2005	737	5913
1974	661	5301	1990	557	4466	2006	890	7132
1975	447	3581	1991	702	5624	2007	678	5432
1976	657	5267	1992	662	5304	平均	659	5283

表 6-3 各需水预测分区不同频率农业需水量成果表

项目	需水预测分区	水文频率			
		50%	75%	90%	95%
需水量/万 m^3	皎鄞区间	628	757	792	877
	鄞西河网	5031	6068	6350	7028

6.4 非农业用水量调查成果

6.4.1 工业与生活用水量调查

（1）鄞西平原河网分区。根据鄞州区水利局水利普查、已审批的工业取水许可数据及海曙区相关资料，现状年从鄞西河网取水的工业用户有 20 户，各工业用水户情况见表 6-4。其他生活及重要工业供水由宁波市自来水公司统一供给（供水水源为周公宅-皎口梯级水库、溪下水库等）。

表 6-4 鄞西河网工业用水户情况

序号	企业名称	取水口	年取水量/万 t	日取水量/万 t
1	宁波中华纸业有限公司	南塘河	1250	3.425
2	宁波郑万利酿酒有限公司	南塘河	12	0.033
3	中国石化镇海炼化分公司	北渡河网	650	1.781
4	浙江镇海发电有限责任公司	鄞江、龙观	660	1.808
5	宁波竹之韵食品有限公司	龙观	2.05	0.0056
6	鄞州五龙潭矿泉水有限公司	五龙潭	1.5	0.0041
7	宁波市阳光特种钢有限公司	中塘河	15	0.041
8	宁波华润混凝土有限公司	后塘河	1.2	0.0033
9	宁波鸿运纸业有限公司	前塘河	90	0.247
10	宁波市尼禾纺织品有限公司	古林河	5	0.014

续表

序号	企业名称	取水口	年取水量/万 t	日取水量/万 t
11	宁波欣捷混凝土制品有限公司	宋严王村河道	1.5	0.0041
12	宁波市鄞州洞桥唐海行沙场	鄞江	10	0.027
13	宁波市鄞州洞桥潘家奋沙场	鄞江	10	0.027
14	宁波市鄞州区洞桥潘沙沙场	沙港	10	0.027
15	宁波恒立混凝土有限公司	南塘河	4	0.011
16	宁波永峰混凝土有限公司	后仓河	5	0.014
17	宁波大丰混凝土有限公司	南塘河	5	0.014
18	宁波宜科科技实业股份有限公司	下陈河	100	0.274
19	宁波雅戈尔日中纺织印染有限公司	南塘河	365	1.000
20	宁波市鄞江镇自来水厂	樟溪	180	0.493
	合计		3377	9.25

由表 6-4 可知，鄞西平原现状工业用水户年取水量为 3377 万 t，日平均取水量为 9.25 万 t。同时，根据《宁波市中心城给水专项规划》（修编）成果，宁波市中心城区域除保留 4 家工业自备水厂（从鄞西河网取水的为 2 家，见表 6-5）外，其他工业用水一律改为由姚江工业水厂、蟹浦工业水厂、鄞东工业水厂等组成的工业供水系统统一供给。

表 6-5　宁波市工业自备水厂（从鄞西河网取水）一览表

序号	厂名	规模/（万 t/d）	水源
1	镇海电厂水厂	2.5	皎口水库、鄞西河网
2	白纸板水厂	4.5	鄞西河网
	合计	7.0	

（2）皎鄞区间工业与生活用水量。皎鄞区间除部分山区乡镇由当地自来水厂供给外，其余地区生活及重要工业供水由宁波市自来水公司统一供给。经现场调查，由皎口水库放水补充的乡镇水厂取水量为 1.2 万 t/d。

6.4.2　河道外其他用水量调查

河道外其他用水量调查包括航运船闸耗水、城镇绿化用水和街面清洁用水。本研究采用《宁波市周公宅水库工程初步设计报告》成果，按 4 万 t/d 计，年用水量 1460 万 m^3。

6.4.3　河道内生态环境用水

鄞西平原河道环境用水与一般河道环境用水有差别，在不排涝的情况下，整个平原河网相当于平原水库来调蓄其集雨面积水资源以及区外调入的水资源。因此，这部分水资源既有生产、生活用水功能，又有环境用水功能。

《水资源供需预测分析技术规范》（SL429—2008）的规定：河道内生态环境用水量一般采用占河道控制节点多年平均径流量的百分数估算，南方河流一般采用 20%～30%。本研究采用 30%，根据鄞西平原水资源供需平衡成果进行复核。

第 7 章　梯级水库水资源系统概化

7.1　周公宅-皎口梯级水库水资源系统组成

项目研究区水资源系统由大中小型水库、山塘、引水堰坝、提水泵站、山区性河道、平原河网、节制闸和外排闸等组成。其中：大中小型水库、山塘和平原河网作为蓄水工程，调蓄其相应集水面积的水资源量；山区性河道和与平原河网为整体水资源系统的排水通道，同时把整体水资源有序连接起来；引水堰坝为山区性河道上的引水节点，提升泵站为平原河网的取水节点，把水资源输送至各类用水户；节制闸和外排闸是整体水资源系统的若干个控制性工程，控制各个分区间水资源配置与调度运行。研究区水资源系统主要工程布局和相关参数见图 7-1 和表 7-1。

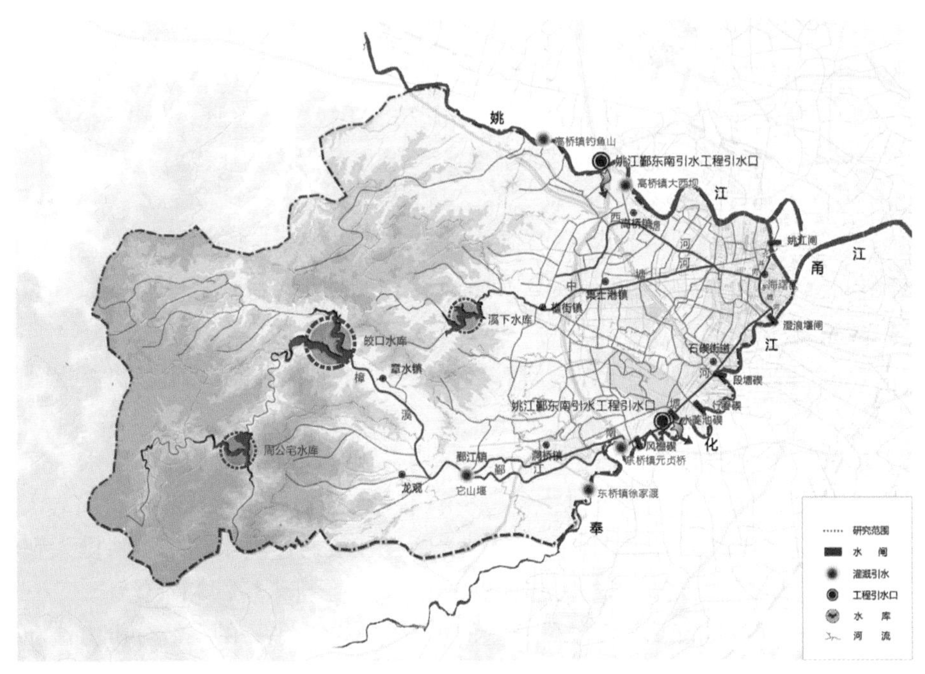

图 7-1　研究区水资源系统主要水利工程图

表 7-1　研究区水资源系统主要水利工程参数表

项目	单位	皎口水库	周公宅水库	合计
流域面积	km^2	259	132	259
多年平均径流量	亿 m^3	2.81	1.49	2.86
正常蓄水位	m	68.08	231.13	

续表

项目	单位	皎口水库	周公宅水库	合计
台汛期限制水位	m	60.18	227.13	
发电死水位	m	37.68	174.13	
总库容	万 m^3	12005	11180	23185
正常蓄水库容	万 m^3	7796	9570	17366
台汛期限制库容	万 m^3	4967	8696	13663
死库容	万 m^3	247	230	477
电站装机容量	kW	3×1600	2×6300	17400
电站设计流量	m^3/s	3×6.0	2×6.64	

7.2　系统运行特点分析

经现场调查、座谈了解，梯级水库水资源系统调度运行特点有：

（1）研究区水资源系统是一个具有多水源多用户的复杂系统。对于鄞西平原分区内用水户来说，其水源有本地产流、西部山区产流、姚江翻水站提水、周公宅-皎口梯级水库和溪下水库补水等；对于皎鄞区间用水户来说，其水源包括皎鄞区间产流、周公宅-皎口梯级水库补水；对于周公宅-皎口梯级水库而言，其功能不仅包括灌溉、发电、供水（为宁波市供水系统供水），还包括皎鄞区间河道外生态环境以及河道内生态环境用水；溪下水库也承担为宁波市供水系统供水任务。

（2）系统运行调度时，鄞西平原分区优先利用本地产流、西部山区产流和姚江翻水，不足部分由周公宅-皎口梯级水库和溪下水库补水。一般情况下，周公宅-皎口梯级水库和溪下水库只在农业用水高峰期补水。

（3）周公宅-皎口梯级水库在保障皎鄞区间、鄞西平原河网区达到设计保证率情况下，其余能力全部用于宁波市供水。

（4）毛家坪水厂取水口位于皎口水库库区内，周公宅和皎口水库的供水都通过该水厂来实现，因此，其取水对周公宅水库发电影响不大，而对皎口水库发电量有较大影响。

（5）樟溪流域多余的水量通过它山堰排入奉化江或通过洪水湾排涝闸排入鄞西平原河网区；鄞西河网地区多余的水量通过外排闸或排涝泵站排入姚江和奉化江。

鉴于研究区水资源系统是一个非常复杂的水资源系统，单一的系统分析方法和简单的优化算法难以描述系统的运行过程，因此本项目采用大系统多目标优化理论进行系统描述。为建立大系统优化调度模型，首先需要建立系统概化模型；然后在此基础上，建立大系统优化调度模型和提供基础资料的辅助模型，该模型体系主要包括三部分，分别为系统概化物理模型、优化调度数学模型和辅助性模型（前面已经叙及，如水文模型、需水预测模型等）。

7.3 水资源系统物理概化模型

根据研究区水资源系统组成、各水利枢纽工程功能以及相互联系，建立水资源系统物理概化模型，如图 7-2 所示。图 7-2 中显示出系统整体结构和各组成单元之间的相互关系，主要如下：

（1）该水资源系统由 4 个蓄水工程（3 个水库与 1 个河网）、3 个用水分区组成，其中：水源工程方面，周公宅-皎口梯级水库与鄞西河网之间通过洪水湾排涝闸相互联系，溪下水库与鄞西河网之间通过河道相互联系，周公宅-皎口梯级水库与溪下水库之间没有直接联系。用水户方面：三个用水分区之间除宁波市市政供水部分外，其他用水相互独立。

（2）各水资源分区和需水预测分区在图 7-2 中以明确标出，并与第 5、第 6 章的分区成果相衔接。

（3）各分区的区间入流和外排水量均以箭头的方式标注于相应的河道上。

（4）各河道水流流向均以→方式表示，外河水流以⇉方式表示。

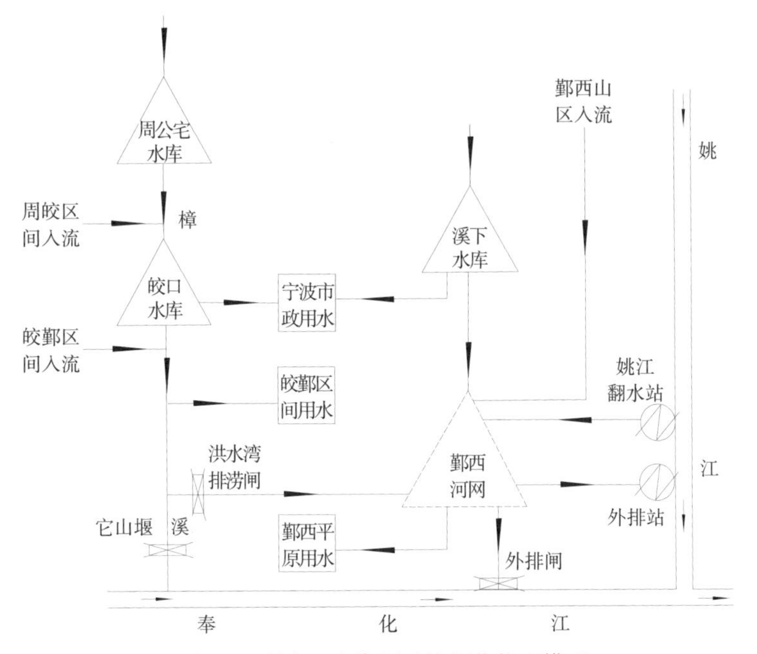

图 7-2 研究区水资源系统概化物理模型

本项目研究任务是解决周公宅-皎口梯级水库的优化调度问题，因此需要对研究区水资源系统进行进一步概化。由于宁波市政供水的用水量远大于周公宅-皎口梯级水库与溪下水库的供水能力，因此概化时将溪下水库作为宁波市政供水的专用水库，其集雨面积的水资源量不参与鄞西平原河网的水资源供需平衡分析计算，简化后的梯级水库水资源系统概化物理模型，如图 7-3 所示。本研究拟采用大系统分解协调办法对模型进行求解，其基本原理见 7.4 节。

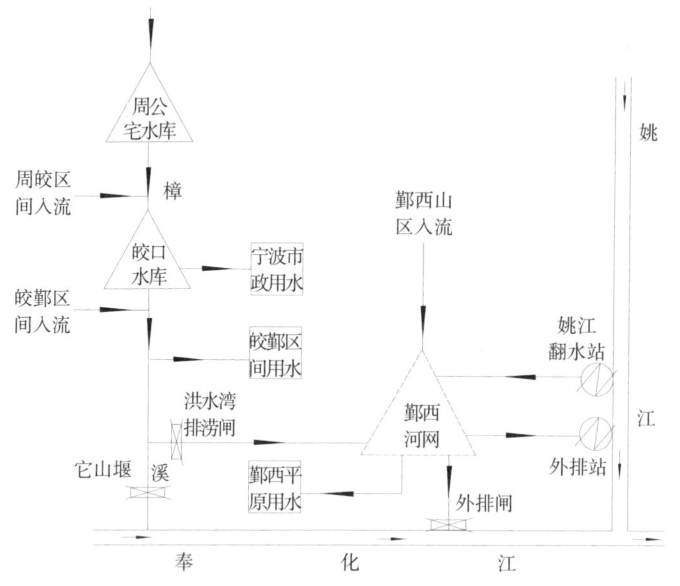

图 7-3　周公宅-皎口梯级水库水资源系统概化物理模型

7.4　大系统分解-协调法原理

大系统一般是指规模庞大、因素众多、结构复杂、功能综合、模型维数高的系统。系统中往往含有很多的变量和约束条件，应用一般的优化技术或单一的模型求解是有困难的，也是不可取的。1960 年 Dantzig 和 Wolfe 为解决具有特殊结构的大型线性问题，最早开展解决大系统问题的初步尝试，从理论上研究了“分解”的概念。大系统分解协调方法原理：把复杂的大系统先分解成若干比较简单的子系统；然后采用一般的优化方法，分别对各子系统择优，实现各子系统的最优化；最后根据整个大系统的总目标，考虑各子系统之间的关联，协调修改各子系统的输入和输出，实现大系统的全局最优化。这种方法既是一种降维技术，即把一个具有多变量、多维的大系统分解为多个变量较小和维数较小的子系统；又是一种迭代技术，即各子系统通过各自优化得到的结果，还要反复迭代计算进行协调修改，直到满足整个系统全局最优为止。

分解和协调是大系统理论中常用的基本概念和寻优手段，在大系统分解-协调方法中要解决的主要问题有两个：一是分解协调的原理，即根据什么原则进行分解-协调，选取什么协调变量对各子系统进行协调控制；二是协调方法，即采用什么具体算法实现协调控制，加速协调过程，保证算法收敛，减少计算工作量。常用的两种协调控制的原理有：

（1）关联平衡原理（Interaction Balance）：在大系统分解-协调求解计算过程中，先进行各子系统独自寻优，而不考虑关联变量约束，将关联变量当做独立寻优变量来处理；然后，通过协调层不断修正各决策单元的优化目标，以保证关联约束得以满足；最终可以获得原目标函数的最优解。由于中间过程不能应用于实际系统，只有最终结果才可施加于实际过程中，故这种方法称为非可行法。

（2）关联预估原理（Interaction Predication）：在大系统分解-协调求解计算过程中，先要通过协调层预估各子系统的关联输入（称为关联变量）和输出变量，即优先考虑关联约束；然后各子系统依据预估的关联输入（成为关联变量）进行求解，并将结果反馈给协调层；协调层再调整修正关联输入（成为关联变量），直到达到总体目标最优为止。由于这中间结果都符合并可应用于实际系统，关联约束总是可以满足的，因此称为可行法。

7.4.1　线性系统的分解-协调法

设有一线性复杂系统已经分解成 N 个子系统，如图 7-4 所示，这是一个两层递阶（谱系）结构。

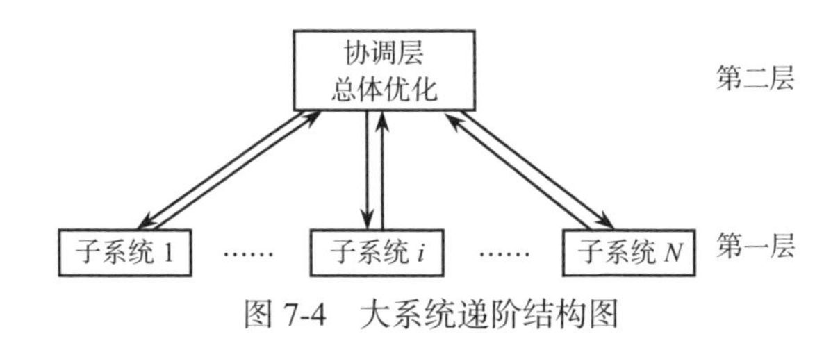

图 7-4　大系统递阶结构图

目标函数：

$$\max z = \sum_{i=1}^{N} a_i x_i \tag{7-1}$$

约束条件：

$$b_i x_i \leqslant c_i \tag{7-2}$$

耦合约束条件

$$\sum_{i=1}^{N} d_i x_i \leqslant e_i \tag{7-3}$$

式中：z 为目标函数；x_i 为决策变量；a_i、b_i、c_i、d_i、e_i 分别为目标函数、约束条件、耦合约束条件方程中的系数项或常数项，$i=1,2,\cdots,N$。

7.4.2　非线性系统的分解协调法

设有一非线性复杂系统已经分解成 N 个子系统，两层递阶（谱系）结构。取其中第 i 个子系统说明其各种变量（向量）之间的关系如图 7-5 所示。

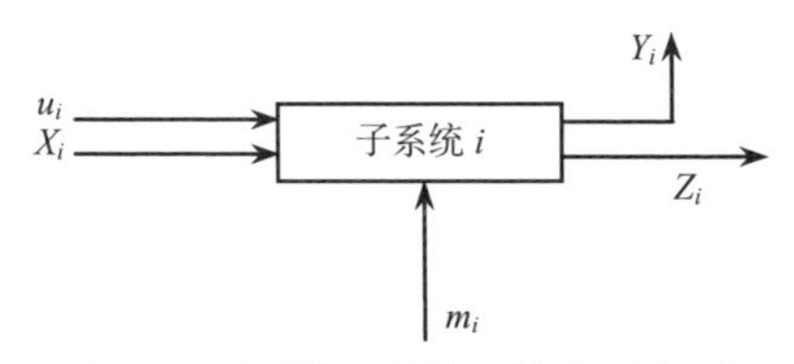

图 7-5　子系统 i 的输入输出示意图

图 7-5 中，U_i 为外界对整个系统中第 i 个子系统的输入，为 m_{u_i} 维向量；X_i 为由其他子系

统所提供的中间输入，为 m_{x_i} 维向量；M_i 为第 i 子系统的控制（决策）变量，为 m_{M_i} 维向量；Y_i 为第 i 子系统和整个子系统的对外输出，为 m_{y_i} 维向量；Z_i 为既是第 i 子系统的对内输出，又是其他子系统的内部输入，为 m_{z_i} 维向量；对于一个给定的系统输入向量 u，任一子系统 i 完全可用以下向量方程描述：

目标函数

$$f_i(M_i, X_i) \tag{7-4}$$

约束条件

$$\begin{aligned} Z_i &= T_i(M_i, X_i) \\ Y_i &= S_i(M_i, X_i) \end{aligned} \tag{7-5}$$

子系统之间的耦合约束为

$$X_i = \sum_{j=1}^{N} c_{ij} Z_j, \qquad i = 1, 2, \cdots, N \tag{7-6}$$

式中：T_i 和 S_i 分别为第 i 子系统的对内输出和对外输出函数，各为 m_{z_i} 和 m_{y_i} 维；c_{ij} 为 m_{x_i} 行、m_{z_j} 列的耦合矩阵。

整个系统的目标函数设为“加性可分的”，即它是各子系统目标函数之和。

$$F = \sum_{j=1}^{N} f_i(M_i X_i) \tag{7-7}$$

由此可见，上述问题便是在约束下使整个系统的目标函数达到最优。该问题可以采用拉格朗日乘子法求解，下面写出整个系统的拉格朗日函数。考虑到系统对外输出函数，Y_i 是应变量，故不必列入拉格朗日函数。

$$L = \sum_{i=1}^{N} f_i(M_i, X_i) + \sum_{i=1}^{N} \mu_i^{\mathrm{T}} (T_i - Z_i) + \sum_{i=1}^{N} \rho_i^{\mathrm{T}} (X_i - \sum_{j=1}^{N} c_{ij} Z_j) \tag{7-8}$$

式中：μ_i、ρ_i 分别为 m_{z_i} 维和 m_{x_i} 维的拉格朗日乘子向量。

如果这一系统的等式约束是独立的，同时函数 f_i 和 T_i（i=1,2,⋯,N）是连续和一阶连续可微的，则最优解一定会满足下列必要条件，即

$$\left.\begin{aligned} &\frac{\partial L}{\partial X_i} = \frac{\partial f_i}{\partial X_i} + \left(\frac{\partial T_i}{\partial X_i}\right)^{\mathrm{T}} \mu_i + \rho_i = 0 \\ &\frac{\partial L}{\partial M_i} = \frac{\partial f_i}{\partial M_i} + \left(\frac{\partial T_i}{\partial M_i}\right)^{\mathrm{T}} \mu_i = 0 \\ &\frac{\partial L}{\partial Z_i} = -\mu_i - \sum_{j=1}^{N} c_{ji} \rho_i = 0 \\ &\frac{\partial L}{\partial \mu_i} = T_i - Z_i = 0 \\ &\frac{\partial L}{\partial \rho_i} = -X_i - \sum_{j=1}^{N} c_{ji} Z_i = 0 \\ &i = 1, 2, \cdots, N \end{aligned}\right\} \tag{7-9}$$

当子系统数目（N）和变量维数（m）较大时，式（7-9）将难于直接求解。为此，可应用前述大系统分解-协调原理，建立两层递阶优化模型进行求解。在求解中，如果采用不同的协调变量，相应就有不同的分解协调方法。

7.5 梯级水库水资源系统分解-协调结构模型

根据大系统分解-协调原理，建立周公宅-皎口梯级水库水资源系统分解-协调法结构模型，如图 7-6 所示。图 7-6 中：将梯级水库系统分解为 4 个子系统，分别为宁波市政供用水系统（与梯级水库系统有关部分）、皎鄞区间供用水系统、鄞西平原供用水系统和梯级水库发电用水系统，GS^j，j=1,2,3,4 分别为梯级水库各子系统供水量，f^j（j=1,2,3,4）分别为各子系统对于供水量 GS^j 反馈函数。梯级水库整体目标函数 $F=g(f^j)$（j=1,2,3,4）。需要说明的是：由于梯级水库是供水和发电功能相结合的运行方式，因此 GS^j（j=1,2,3,4）之间存在关联性，不相互独立。

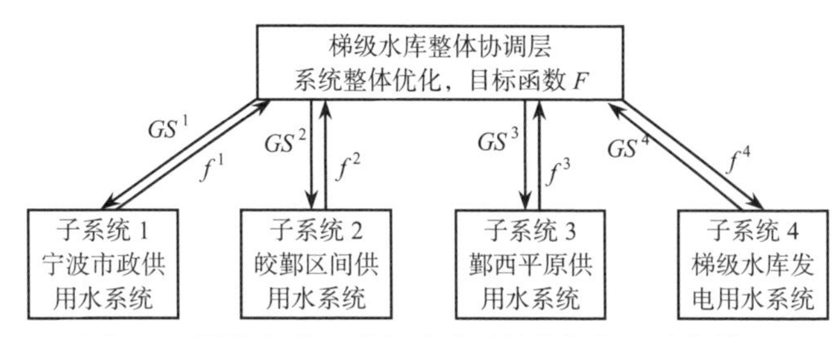

图 7-6 周公宅-皎口梯级水库系统分解协调结构模型

7.6 梯级水库水资源系统分解-协调数学模型

7.6.1 子系统模拟数学模型

7.6.1.1 目标函数

目标函数使系统内各类用水户达到设计保证率情况下，周公宅-皎口梯级水库的补充水量，计算公式为

$$GS^j = \sum_{t=1}^{365T} gs^j(t), j = 2,3 \tag{7-10}$$

7.6.1.2 约束条件

（1）水位约束：

$$Z_{\min}^j \leqslant Z_t^j(t) \leqslant Z_{\max}^j \tag{7-11}$$

式中：$Z_{\min}^j(t)$、$Z_{\max}^j(t)$ 分别为第 j 子系统第 t 时段蓄水位下限和上限值。

（2）水量平衡约束：

$$V^j(t+1) = V^j(t) + \sum_{k=1}^{nk} Q_k^j(t) - \sum_{m=1}^{nm} q_m^j(t) - EF^j(t) \tag{7-12}$$

式中：$V^j(t+1)$、$V^j(t)$ 分别为第 j 子系统第 t+1 和第 t 时段初蓄水量；$Q_k^j(t)$ 为第 j 子系统第 k 水源第 t 时段入河网（或河道）水量；$q_m^j(t)$ 为第 j 子系统第 m 用水户第 t 时段用水量；$EF^j(t)$ 为第 j 子系统第 t 时段蒸发渗漏量；nk 为水源总数量；nm 为用水户数量。

（3）工程能力约束：

$$gs^j(t) \leqslant QS_{\max}^j \tag{7-13}$$

式中：$gs^j(t)$ 为第 j 子系统第 t 时段梯级水库补水量；$QS_{\max}^j$ 为第 j 子系统梯级水库补水工程最大能力。

（4）证率约束：

$$p(m) \geqslant p_0(m) \tag{7-14}$$

式中：$p(m)$、$p_0(m)$ 分别为第 k 行业供水计算保证率和设计保证率。

（5）非负约束：上述各式中的各决策变量大于等于零。

7.6.2　整体协调层模拟数学模型

7.6.2.1　目标函数

根据研究区水资源系统功能，目标函数分为两类：一类是对于梯级水库整体目标的，包括供水能力和发电量两项指标；另一类是对各子系统的，即各行业用水保证率，包括生活、重要工业、一般工业和农业。

供水目标函数：在优先满足各子系统 2、子系统 3 补水量情况下子系统 1 的供水能力，表达式为

$$F_1 = F[gs_{zgz}(t)、gs_{jk}(t)、gs^j(t)] \tag{7-15}$$

发电目标函数：

$$F_2 = \sum_{t=1}^{nt}\left\{fd\left[gs_{zgz}(t), gs_{jk}(t)\right] + gd\left[gs_{zgz}(t), gs_{jk}(t)\right]\right\} \tag{7-16}$$

用水保证率目标函数：

$$Z(k) = g\left(f^1, f^2, f^3\right) = \frac{n(k)}{nt+1} \tag{7-17}$$

式中：$gs_{zgz}(t)$、$gs_{jk}(t)$ 分别为周公宅水库和皎口水库第 t 时段供水量（包括各子系统补水和发电用水）；$gs^j(t)$ 为第 j 子系统第 t 时段补水量；$fd[gs_{zgz}(t), gs_{jk}(t)]$、$gd[gs_{zgz}(t), gs_{jk}(t)]$ 分别为梯级水库峰电和谷电发电收益，发电量计算模型为 $N = 9.81\eta QH$，Q 为流量(m^3/s)，H 为水头(m)，N 为水电站出力(W)；η 为水轮发电机的效率系数；nt 为模拟计算总年数；$n(k)$ 为第 k 行业用水得到保证的年数。

7.6.2.2　约束条件

（1）水量平衡约束：

$$V_{zgz}(t+1) = V_{zgz}(t) + Q_{zgz}(t) - \left[gs_{zgz}(t) + r_{zgz}(t)\right] - EF_{zgz}(t) \tag{7-18}$$

$$V_{jk}(t+1) = V_{jk}(t) + Q_{jk}(t) - \left[gs_{jk}(t) + r_{jk}(t)\right] - EF_{jk}(t) \tag{7-19}$$

式中：$V_{zgz}(t+1)$、$V_{zgz}(t)$分别为周公宅水库第 t+1 和第 t 时段初蓄水量；$V_{jk}(t+1)$、$V_{jk}(t)$分别为皎口水库第 t+1 和 t 时段初蓄水量；$Q_{zgz}(t)$、$Q_{jk}(t)$分别为周公宅水库和皎口水库第 t 时段入库水量；$gs_{zgz}(t)$、$gs_{jk}(t)$分别为周公宅水库和皎口水库第 t 时段供水量（包括各子系统补水和发电用水）；$r_{zgz}(t)$、$r_{jk}(t)$分别为周公宅水库和皎口水库第 t 时段泄水量；$EF_{zgz}(t)$、$EF_{jk}(t)$分别为周公宅水库和皎口水库第 t 时段蒸发渗漏量。

（2）调度运行规则约束：$gs_{zgz}(t)$取值根据面临时段梯级水库总蓄水量、周公宅水库蓄水水位按照调度运行规则模块规定来确定；$gs_{jk}(t)$取值根据面临时段梯级水库总蓄水量、皎口水库蓄水水位按照调度运行规则模块规定来确定。有两个工况：工况一（正常工况），取值等于四个子系统补水量之和；工况二（非常工况），当梯级水库总蓄水量很多或很少时，按照调度运行规则可以加大或限制供水。

（3）水力联系约束：该约束与水资源系统具体结构有关，本项目计算公式为

$$Q_{jk}(t)=Q_{zj}(t)+gs_{zgz}(t)+r_{zgz}(t) \tag{7-20}$$

式中：$Q_{zj}(t)$为周公宅与皎口水库区间入流。

（4）工程状态约束：水库各时段蓄水量应大于或等于死库容，小于或等于兴利库容（或汛限库容），即

$$V_{\min}^{i}(t)\leqslant V^{i}(t)\leqslant V_{\max}^{i}(t) \tag{7-21}$$

式中：$i=1$为周公宅水库；$i=2$为皎口水库。

（5）工程能力约束：各类工程的能力不大于其最大能力，即

$$gs(i,t)\leqslant G_{\max}(i) \tag{7-22}$$

式中：$gs(i,t)$分别为第 i 工程第 t 时段输配水量；$G_{\max}(i)$为第 i 工程最大输配水能力。

（6）非负约束：上述各式中的各决策变量大于等于零。

7.7 梯级水库水资源系统主要参数

（1）梯级水库水资源系统各类用水设计保证率。生活用水保证率为 95%，重要工业用水保证率为 95%；一般工业用水保证率 90%，农业用水保证率 90%。

（2）周公宅水库和皎口水库汛期分析。为分析不同汛期分期对水库调度的影响，根据本项目研究成果以及《周公宅-皎口水库综合调度研究》（浙江省水利河口研究院，2009 年 12 月）成果，这里设置 3 个汛期方案，具体内容见表 7-2。关于汛期分期方案 3 的说明：根据第 2 章洪家塔站（代表研究区域）研究成果，模糊统计法确定的汛前过渡期为 4 月 15 日至 5 月 15 日、汛后过渡期为 8 月 16 日至 9 月 20 日；分形理论确定的汛前过渡期为 5 月 1—20 日、汛后过渡期为 9 月 15—30 日。洪家塔代表性雨量站 90d 降水集中期分析成果为 6 月 6 日至 9 月 3 日。综合以上分析成果，结合水库实际调度管理工作，确定汛前过渡期为 5 月 15—30 日、汛后过渡期为 9 月 16—30 日。

表 7-2　梯级水库汛期分期方案

序号	主汛期	汛前过渡期	汛后过渡期	非汛期
汛期分期方案 1	7 月 15 日至 10 月 15 日	无	无	10 月 16 日至次年 7 月 14 日
汛期分期方案 2	8 月 1 日至 9 月 30 日	7 月 15—31 日	10 月 1—15 日	7 月 15 日至 10 月 15 日
汛期分期方案 3	6 月 1 日至 9 月 15 日	5 月 15—30 日	9 月 16—30 日	10 月 1 日至次年 4 月 30 日

（3）周公宅水库和皎口水库水量损失。水库水量损失包括蒸发和渗漏损失，蒸发损失由实测蒸发量及水库水面面积计算得到，渗漏损失由经验公式推求，并利用水库实际运行过程资料进行验证。

（4）鄞西平原河网相关参数。水域面积 12.33km^2，最高控制蓄水位 1.70m，正常蓄水位 1.40 m，低控蓄水位 1.00 m，警戒水位 2.00 m。鄞西河网水位-蓄水量关系如图 7-7 所示。

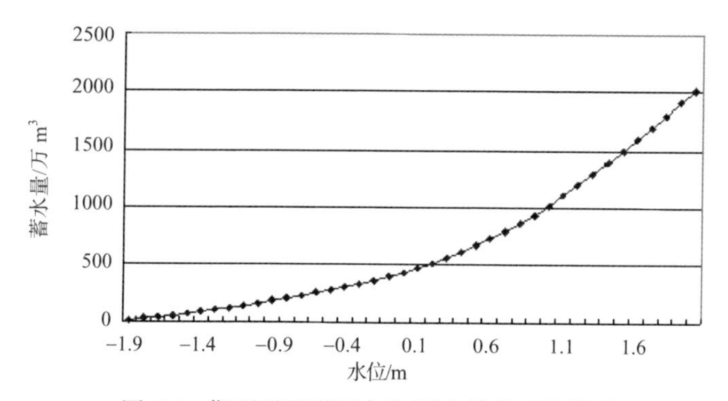

图 7-7　鄞西平原河网水位-蓄水量关系曲线图

（5）其他相关参数见表 3-1。

7.8　子系统模拟计算

7.8.1　子系统模拟计算任务与原则

对于图 7-6 中的 4 个子系统，子系统 1 是本项目研究的总体目标之一，子系统 4 可以根据数学模型直接计算出反馈函数值，因此需要模拟有子系统 2 和子系统 3。子系统 2 和子系统 3 则需要根据子系统结构、水力联系和水资源供需关系进行模拟计算，进而确定反馈函数值。根据本研究项目特点，子系统 2 和子系统 3 的反馈目标函数值为不同行业的用水保证率，子系统模拟计算的任务是使各行业用水达到设计保证率情况下，计算周公宅-皎口水库的补充水量。

为此需要进行子系统物理概化，子系统概化图如图 7-8 所示。子系统模拟计算时，水资源供需平衡分析原则如下：

（1）供水优选顺序，即首先满足居民生活用水，统筹兼顾工业、农业、其他用水。

（2）多种水源用水优先顺序为：①河网水，②外区域引水，③水库补水。

（3）对于鄞西河网用水的控制原则：当河网水位高于低水位时，由河网供水；当河网水位低于低水位时，河网停止供水；当河网水位高于高水位时，河网弃水。

（4）模拟计算系列为 1961—2007 年，计算时段长度为日。

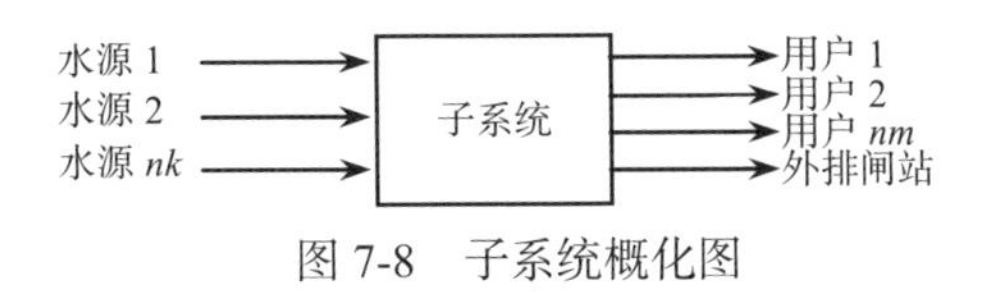

图 7-8　子系统概化图

7.8.2　鄞西平原区边界条件分析

根据《姚江干流水量配置调度方案及管理制度》，姚江干流水量分配分 4 种工况，在 4 种工况条件下鄞西平原水量分配见表 7-3。

表 7-3　不同工况条件下鄞西平原水量分配成果表

序号	现状	规划工况 1	规划工况 2	规划工况 3
分配水量/（万 m^3/a）	1700	1173	1778	1683

由表 7-3 可以看出：姚江干流水量分配方案分配鄞西平原生产（农业）水量介于 1173 万～1778 万 m^3/a 之间，本研究取 1700 万 m^3/a 进行鄞西平原水资源供需分析计算。

7.8.3　子系统模拟计算成果

根据以上两种方案进行各子系统水资源供需分析模拟计算，每年梯级水库补水量成果见表 7-4。各方案年均补水量计算成果见表 7-5。

表 7-4　各子系统梯级水库逐年补水量成果表

年份	梯级水库补水量/万 m^3		年份	梯级水库补水量/万 m^3	
	皎鄞区间	鄞西河网		皎鄞区间	鄞西河网
1961	293	3005	1973	219	1919
1962	235	2213	1974	289	2221
1963	413	3401	1975	67	409
1964	252	1936	1976	369	2720
1965	478	3745	1977	143	987
1966	343	2882	1978	274	2210
1967	824	6813	1979	411	3436
1968	621	5079	1980	417	3620
1969	221	2093	1981	59	257
1970	155	1186	1982	397	3397
1971	462	3697	1983	356	2792
1972	175	1522	1984	181	1438

续表

年份	梯级水库补水量/万 m^3		年份	梯级水库补水量/万 m^3	
	皎鄞区间	鄞西河网		皎鄞区间	鄞西河网
1985	33	0	1997	270	2119
1986	419	2950	1998	290	2504
1987	296	2692	1999	200	1788
1988	467	3826	2000	81	521
1989	317	2694	2001	132	972
1990	143	1063	2002	70	391
1991	357	2950	2003	453	3716
1992	398	3380	2004	321	2648
1993	187	1387	2005	173	1352
1994	317	2439	2006	585	4741
1995	597	4945	2007	221	1912
1996	312	2537	平均	304	2478

表 7-5　各子系统梯级水库补水量分析计算成果表

项目	梯级水库多年平均补水量/万 m^3			河道内生态环境用水			
	皎鄞区间	鄞西河网	合计	年控制水量/万 m^3		占来水量比重/%	
				皎鄞区间	鄞西河网	皎鄞区间	鄞西河网
数值	304	2478	2782	15806	25923	40.5	40.7

由表 7-4 和表 7-5 可知：

（1）各方案条件下，皎鄞区间和鄞西河网控制水量占多年平均径流量都大于 30%，满足《水资源供需预测分析技术规范》（SL429—2008）规定的河道内生态环境用水要求。

（2）方案梯级水库多年平均补水量分别为 4478 万 m^3 和 2872 万 m^3。

（3）进一步分析表明，在各子系统用水户都达到设计供水保证率的要求下，各方案需梯级水库年均补水量为 4238 万 m^3 和 2543 万 m^3。

第 8 章　梯级水库联合调度规则模型及其求解

8.1　梯级水库兴利调度规则说明

对于周公宅-皎口梯级水库调度系统，采用不同优化准则，将会产生不同的优化结果。毛家坪水厂建成供水后，皎口水库功能以防洪、供水、灌溉为主，周公宅水库功能以防洪、发电、供水为主。因此，周公宅-皎口梯级水库兴利优化调度目标见表 8-1。

表 8-1　周公宅-皎口梯级水库优化调度目标

序号	水库功能	目标	具体控制目标
1	发电	梯级水库放电效益最大	充分利用水资源减少弃水；在不产生弃水前提下，仅发峰电
2	灌溉	满足灌区正常灌溉用水要求	灌溉保证率达到灌溉设计保证率
3	供水	满足各供水对象正常供水要求	供水保证率达到供水设计保证率
4	生态用水	满足下游生态用水需求	生态用水量不少于径流总量 30%

根据上述目标，周公宅-皎口梯级水库兴利优化调度准则为：在保障防洪安全的前提下，协调梯级水库的供水、灌溉、发电以及生态环境用水需求下，减少梯级水库弃水量，实现梯级水库综合效益最大化。

在表现形式上，根据周公宅、皎口水库功能的不同，将水库汛限水位以下区域分为 4 个区进行控制运用，如图 8-1 和图 8-2 所示。

（1）电站加大出力区：水库水位在该区域内时，电站满负荷发电。

（2）电站峰荷出力区：水库水位在该区域内时，电站只发峰电。

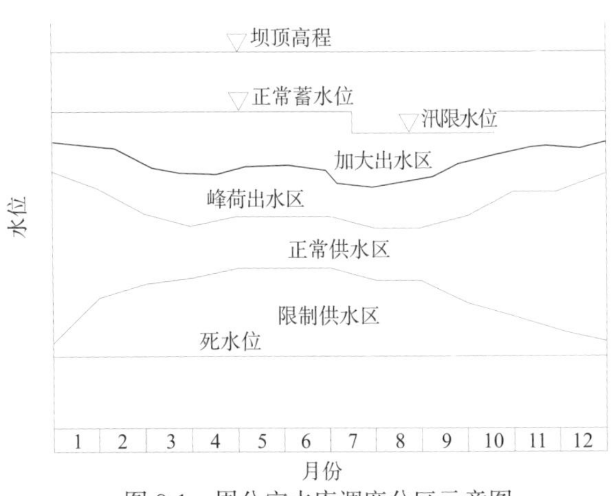

图 8-1　周公宅水库调度分区示意图

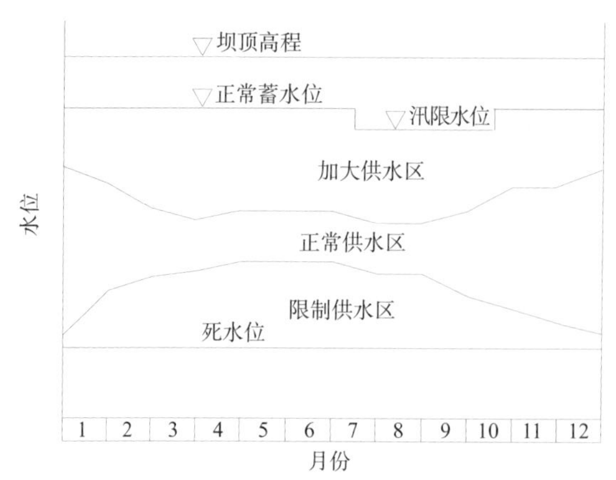

图 8-2　皎口水库调度分区示意图

（3）加大供水区：水库水位在该区域内时，加大对下游补水。

（4）正常供水区：水库水位在该区域内时，电站调度服从灌溉、供水调度。即当不需要灌溉、供水时，不发电；即当需要灌溉、供水时，通过发峰电向下游补水。

（5）限制供水区：水库水位在该区域内时，限制供水。

对于周公宅、皎口梯级水库调度，水库水位不同组合将决定着调度方式的不同，调度水位组合及规则见表 8-2。

表 8-2　水库综合调度组合水位及调度规则表

水库水位所处区域		调度规则
周公宅	皎口	
加大出力区	加大供水区	皎口水库在满足毛家坪水厂用水情况下，按下游农业灌溉、一般工业需水量和 1.3 倍生态环境需水量之和供水，周公宅电站满负荷发电；周公宅水库该时段下泄水量不大于皎口水库该时段供水总量
加大出力区	正常供水区	皎口水库对毛家坪水厂和下游正常供水，周公宅电站满负荷发电；周公宅水库该时段下泄水量不大于皎口水库该时段供水总量
加大出力区	限制供水区	皎口水库对毛家坪水厂和下游正常供水，周公宅电站满负荷发电
峰荷出力区	加大供水区	皎口水库在满足毛家坪水厂用水情况下，按下游农业灌溉、一般工业需水量和 1.2 倍生态环境需水量之和供水，周公宅电站发峰电；周公宅水库该时段下泄水量不大于皎口水库该时段供水总量
峰荷出力区	正常供水区	皎口水库对毛家坪水厂和下游正常供水，周公宅电站发峰电；周公宅水库该时段下泄水量不大于皎口水库该时段供水总量
峰荷出力区	限制供水区	皎口水库对毛家坪水厂和下游正常供水，周公宅电站发峰电
正常供水区	加大供水区	皎口水库在满足毛家坪水厂用水情况下，按下游农业灌溉、一般工业需水量和 1.1 倍生态环境需水量之和供水，周公宅水库不发电不放水
正常供水区	正常供水区	皎口水库对毛家坪水厂和下游正常供水，周公宅水库不发电不放水
正常供水区	限制供水区	皎口水库对毛家坪水厂和下游正常供水，周公宅水库根据下游供水情况发电
限制供水区	加大供水区	皎口水库在满足毛家坪水厂用水情况下，按下游农业灌溉、一般工业需水量和 1.05 倍生态环境需水量之和供水，周公宅水库不发电不放水
限制供水区	正常供水区	皎口水库对毛家坪水厂和下游正常供水，周公宅水库不发电不放水
限制供水区	限制供水区	毛家坪水厂和下游用水户限制供水

8.2　数学模型

由于周公宅-皎口梯级水库水资源系统结构复杂,尤其是其下游鄞西平原地区来水和用水情况较为复杂，为提高模型优化速度，本研究先完成了各子系统补水量分析计算，将各子系统需要补充水量作为一个参数，参与梯级水库调度规则优化，在此基础上构建本研究数学模型。

8.2.1　目标函数

根据周公宅-皎口梯级水库调度实际，以两库供水量和发电效益最大为目标：

（1）供水目标：

$$F_1 = \max \sum_{i=1}^{2} \sum_{t=1}^{TN} gs_i[q^i(t), g^i(t)]/T_a \tag{8-1}$$

（2）发电目标：

$$F_2 = \max \sum_{i=1}^{2} \sum_{t=1}^{TN} \{fd_i[q^i(t), r^i(t)]/T_a \times a + gd_i[q^i(t), r^i(t)]/T_a \times b\} \tag{8-2}$$

式中：gs_{it}、gd_{it}、fd_{it}分别为水库t时段的供水量、谷电量和峰电量；$q^i(t)$、$g^i(t)$、$r^i(t)$分别为第i水库第t时段的入库量、供水量和下泄量；i=1为皎口水库，i=2为周公宅水库；$TN = Ta \times T_0$，TN为分析计算的总时段数，T_a为分析计算年数（1961—2007年共47年），T_0为每年内的时段数，以天为计算时段；a为峰电单价，0.54元/(kW·h)；b为谷电电价，0.18元/(kW·h)。

8.2.2　约束条件

（1）水位约束：

$$Z_{\min}^i(t) \leqslant Z_t^i(t) \leqslant Z_{\max}^i(t) \tag{8-3}$$

$$Z_{\min}^i(t) \leqslant Z_{xz}^i(t) \leqslant Z_{gd}^i(t) \leqslant Z_{\max}^i(t) \tag{8-4}$$

式中：$Z_{\min}^i(t)$、$Z_{\max}^i(t)$分别为第i水库第t时段水位取值下限（死水位或发电限制水位）和上限（非汛期为正常蓄水位，汛期为汛限水位）；$Z_t^i(t)$、$Z_{xz}^i(t)$、$Z_{gd}^i(t)$分别为第i水库第t时段水位取值、限制水位、加大水位。

（2）水电站出力约束：

$$N_{\min}^i \leqslant N^i(t) \leqslant N_{\max}^i \tag{8-5}$$

式中：$N_{\min}^i$、$N_{\max}^i$分别为第i水库保证出力和预想出力。由于毛家坪水厂直接从皎口水库取水，因此皎口电站不设保证出力和预想出力，其发电量根据皎口水库下游供水情况决定。

（3）水量平衡约束：

$$V^i(t+1)=V^i(t)+Q^i(t)-\left[g^i(t)+r^i(t)\right]-EF^i(t) \quad (8\text{-}6)$$

$$Q^1(t)=q^1(t)\text{；}\quad Q^2(t)=q^2(t)+r^1(t) \quad (8\text{-}7)$$

式中：$V^i(t+1)$、$V^i(t)$分别为第 i 水库第 t+1、t 时段蓄水量；$Q^i(t)$、$EF^i(t)$分别为第 i 水库第 t 时段入库总水量、蒸发渗漏量。蒸发损失由坝址以上流域蒸发及水库水面面积求得，渗漏损失采用经验公式求得。

（4）保证率约束：

$$p(k)\geqslant p_0(k) \quad (8\text{-}8)$$

式中：$p(k)$、$p_0(k)$分别为第 k 行业供水计算保证率和设计保证率。

（5）工程能力约束：

$$g^i(t)\leqslant G^i_{\max} \quad (8\text{-}9)$$

式中：$G^i_{\max}$为第 i 水库供水工程最大供水能力。

（6）非负约束：上述各式中的各决策变量大于等于零。

8.3　求解方法

以上模型为一个多目标决策模型，采用多目标遗传算法进行求解。遗传算法是模拟生物界的遗传和进化过程而建立起来的一种搜索算法，体现着“生存竞争、优胜劣汰、适者生存”的竞争机制。随着多目标进化遗传算法（MOEAs）的发展，基于 MOEAs 的多目标优化调度体现了巨大的优越性。而多目标遗传算法（MultiObjective Genetic Algorithm，MOGA）比经典方法更实用和高效，成为求解复杂多目标问题的有效工具。

8.3.1　相关基本概念

（1）染色体：又称个体。通常用一个串来表示，例如染色体：$X=x_1,x_2,\cdots,x_n$，其中 x_i 是串 X 的基本单元，称为基因。

（2）群体：个体的集合称为群体。在使用遗传算法解决问题时，首先随机选择若干个体，即构成一个群体。

（3）群体大小：在群体中个体的数量称为群体的大小。

（4）选择算子：是从群体中选择出较适合环境的个体。这些个体用于繁殖下一代。

（5）交叉算子：通常作用在两个基因串上，是把两个基因串的某一部分以某一概率相互转换，产生两个新的个体。

（6）变异算子：是在遗传算法中用来模拟生物在自然界的遗传环境中由于各种耦合因素引起的基因突变而引入的一个算子。变异算子可以对交叉算子起辅助作用以增加算法的全局性，保证了算法能搜索到整个解空间中的每一个个体。

（7）免疫算子：是在适应度改进个体或适应度为改进的父代个体所构成群体中，利用选择算子择其优质基因作为疫苗植入下一代部分群体，提高算法寻优能力。

（8）适应度和适应度函数：适应度表示遗传空间中每一个个体 X 对环境的适应程度。适应度函数 $f(X)$ 在遗传算法中占有重要地位，类似于优化问题的目标函数。

8.3.2 模型求解技术路线图

多目标免疫遗传算法求解技术路线如图 8-3 所示。

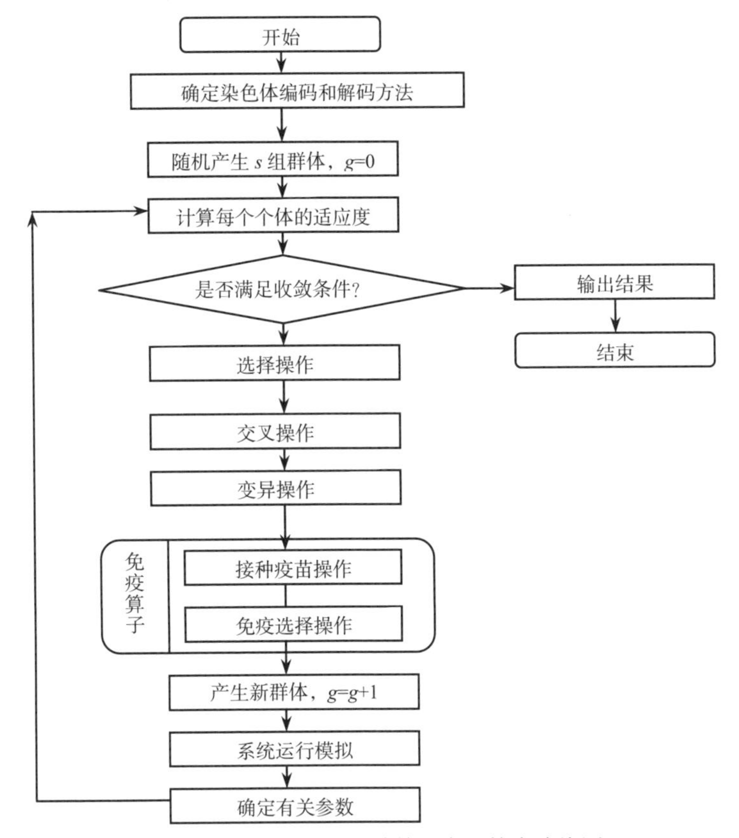

图 8-3 多目标免疫遗传算法求解技术路线图

8.3.3 遗传算法设计

8.3.3.1 个体编码

编码方式采用浮点数编码，即个体的每个基因值用某一范围内的一个浮点数来表示，个体编码长度等于其决策变量的个数。由于这种编码方法使用的是决策变量的真实值，所以浮点数编码方法也叫做真实值编码方法。

本部分优化目标是在水库汛限水位确定情况下，优化周公宅、皎口水库的调度图即确定其限制水位线和加大水位线。以每个月末水库水位为决策变量，设皎口水库加大水位和限制水位为 $Z_{jk1}^{gd},Z_{jk2}^{gd},\cdots,Z_{jk12}^{gd}$ 、 $Z_{jk1}^{xz},Z_{jk2}^{xz},\cdots,Z_{jk12}^{xz}$ ，周公宅加大水位和限制水位分别为

$Z_{zg1}^{gd},Z_{zg2}^{gd},\cdots,Z_{zg12}^{gd}$ 、$Z_{zg1}^{xz},Z_{zg2}^{xz},\cdots,Z_{zg12}^{xz}$，则个体编码为[$Z_{jk1}^{gd},Z_{jk2}^{gd},\cdots,Z_{jk12}^{gd}$，$Z_{jk1}^{xz},Z_{jk2}^{xz},\cdots,Z_{jk12}^{xz}$，$Z_{zg1}^{gd},Z_{zg2}^{gd},\cdots,Z_{zg12}^{gd}$，$Z_{zg1}^{xz},Z_{zg2}^{xz},\cdots,Z_{zg12}^{xz}$]，共有 48 个基因位。

8.3.3.2　群体产生

运用式（8-10）进行线性变换，将 Z_t^i 与[0，1]区间上的实数 X_t^i 相对应，搜索区间映射到[0，1]区间内。设初始群体规模为 n，随机产生 n 组 X_t^i。各种遗传操作直接在各个优化变量的基因形式上进行。

$$Z^i(t)=Z_{t\min}^i+X_t^i\left(Z_{t\max}^i-Z_{t\min}^i\right),\quad t=1,2,\cdots,T\ ,\ \ i=1,2,\cdots,n \tag{8-10}$$

式中：Z_t^i 、$Z_{t\min}^i$ 、$Z_{t\max}^i$ 分别为第 i 个体 t 时段水位取值及其取值范围的下限和上限；X_t^i 为[0，1]之间的随机数。在随机数生成时，一次同时生成两个，其中的大者作为加大水位的确定依据，小者作为限制水位的确定依据；初步考虑群体规模 n=500 ~ 800。

注意生成的每一个个体要做合理性检验，即满足约束 8.2.2 节中的“（1）水位约束”，否则重新生成。

8.3.3.3　个体适应度计算

个体适应度是每个个体综合表现优劣的量度。其确定原则是使综合表现优良的个体获得较大的适应度。对于个体适应度的确定，可以采用基于表现矩阵排序的方法。针对每一个目标 i，所有个体都会依据该目标的函数之优劣生成一个可行解的排序序列 N_i。对每个目标都排序后，可以得出个体对全部目标函数的总体表现。根据个体排序依据式（8-11）计算其适应度。

$$f_i(X_j)=\begin{cases}\left[n-N_i(Z_j)\right]^2, & N_i(Z_j)>1\\ kn^2, & N_i(Z_j)=1\end{cases}\quad i=1,2\ ,\ \ j=1,2,\cdots,n \tag{8-11}$$

$$F(Z_j)=\sum_{i=1}^{m}f_i(Z_j) \tag{8-12}$$

式中：i 为目标序号；n 为个体总数；Z_j 为种群的第 j 个体；$N_i(Z_j)$ 为种群个体 Z_j 在种群所有个体中对目标 i 的优劣排序后所得的序号；$f_i(Z_j)$ 为种群个体 Z_j 对目标 i 所得的适应度；$F(X_j)$ 为种群个体 Z_j 对全部目标所得的综合适应度；k 为[1，2]区间上的常数，用于加大个体函数值表现最优时的适应度，可以取 1.50。

由以上可以看出，对于总体表现较优的个体能得到更大的适应度，获得更多地参与进化的机会。

8.3.3.4　选择操作

在生物遗传和自然进化过程中，对生存环境适应程度较高的物种将有更多的机会传到下一代，而对生存环境适应程度较低的物种遗传到下一代的机会则相对较小。模仿这个过程，遗传算法使用选择算子来对群体中的个体进行优胜劣汰操作：适应度高的个体遗传到下一代的概率较大，而适应度较低的个体遗传到下一代群体中的概率较小。选择操作的任务就是确定如何从父代群体中选取个体遗传到下一代群体中。目前常用方法有轮盘赌法、最佳个体保存法、期望值法、排序选择法、排挤法等。

本研究采用轮盘赌法。其基本原理如图 8-4 所示，n 个个体将轮盘分成 n 份，每份所占的比例根据其适应度由下式确定：

$$p_j = F(Z_j) / \sum_{j=1}^{n} F(Z_j) \tag{8-13}$$

式中：p_j、$F(Z_j)$、$\sum_{j=1}^{n} F(Z_j)$ 分别为个体 i 被选中的概率、个体 i 的适应度及群体累加适应度。

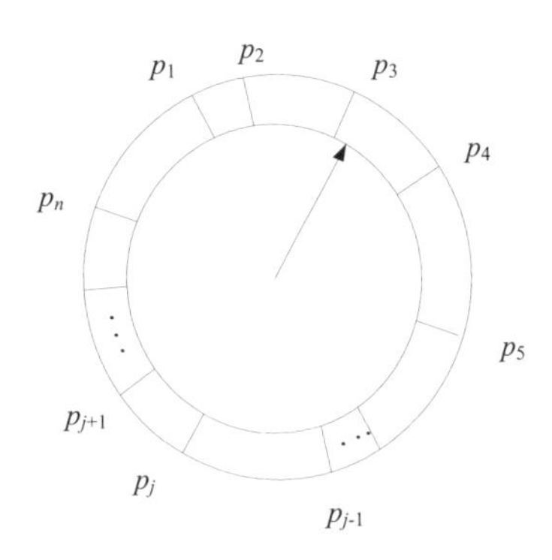

图 8-4 轮盘赌选择原理图

因为要进行 n 次选择，所以要产生 n 个[0，1]之间的随机数，每产生一个随机数，转动轮盘一次，最终指针所指的个体被选择复制到下一代群体中。容易看出，适应度较大的个体因为其所占的比例大，被选中的概率也大；而适应度较小的个体虽然被选中的概率小，但也有可能被选中。

在实际选择中，可以采用轮盘赌选择和最优保存相结合的方法。初步考虑，对于群体中 10%较优的个体直接选择至下一代，剩余的 90%个体从父代群体中用轮盘赌法选择。

8.3.3.5 交叉操作

交叉操作是指对相互匹配的个体（染色体）按某种方式相互交换部分基因，从而形成两个新的个体。交叉操作是遗传算法区别于其他进化算法的主要特征，它在遗传算法中起着关键作用，是产生新个体的主要方法。通过交叉计算，遗传算法的搜索能力得到快速提高。

交叉运算前，要确定交叉概率 P_c[计算方法见式（8-14）]，然后对参与交叉个体进行配对，一般采用随机的方式进行两两配对，交叉计算就是在每对个体之间进行的。初步考虑采用单点交叉和双点交叉两种交叉方法。

$$P_c = \frac{1}{1 + \exp\left(-k_1 \times \varDelta\right)} \tag{8-14}$$

$$\varDelta = f_{\max} - f_{avg}$$

式中：P_c 为交叉概率；$f_{\max}$ 为群体中最佳个体的适应度值；f_{avg} 为群体的平均适应度值；$k_1 = 2$。

单点交叉是指在个体编码传中随机设置一个交叉点，该点前或后的个体部分进行交换，从而生成两个新的个体。例如有两个长度为8的个体进行单点交叉，其交叉过程如下：

$$\text{交叉前：}\begin{cases}\text{个体1：} a_1a_2a_3a_4a_5a_6a_7a_8 \\ \text{个体2：} b_1b_2b_3b_4b_5b_6b_7b_8\end{cases}$$

通过随机数选择交叉基因位，选择到第 5 个基因为作为交叉点，则

$$\text{交叉后：}\begin{cases}\text{个体1：} a_1a_2a_3a_4b_5b_6b_7b_8 \\ \text{个体2：} b_1b_2b_3b_4a_5a_6a_7a_8\end{cases}$$

双点交叉是指在个体编码传中随机设置两个交叉点，将两个交叉点之间的基因互换，从而生成两个新的个体。例如有两个长度为 8 的个体进行双点交叉，其交叉过程如下：

$$\text{交叉前：}\begin{cases}\text{个体1：} a_1a_2a_3a_4a_5a_6a_7a_8 \\ \text{个体2：} b_1b_2b_3b_4b_5b_6b_7b_8\end{cases}$$

通过随机数选择交叉基因位，如选择到第 5 ~ 第 7 个基因为作为交叉点，则

$$\text{交叉后：}\begin{cases}\text{个体1：} a_1a_2a_3a_4b_5b_6b_7a_8 \\ \text{个体2：} b_1b_2b_3b_4a_5a_6a_7b_8\end{cases}$$

注意交叉后的每一个个体要做合理性检验，即满足约束 8.2.2 节的“（1）水位约束”，否则通过调整满足其约束。调整方法有两种：一是令加大水位等于限制水位；二是令限制水位等于加大水位。

8.3.3.6　变异操作

变异操作是指将个体染色体编码传中某些基因位的基因值用其他个体中该基因位上的基因值来替换，从而形成一个新的个体。对于浮点编码的个体，若某一变异处基因值的取值范围为$[Z^i_{i\min}, Z^i_{t\max}]$，变异操作就使用该范围内产生一个随机数去替换原基因值。

变异方案采用基本位变异和自适应变异相结合的方法。

基本位变异：是指对群体中的个体编码串随机挑选一个或多个基因位对这些基因值作变动（以变异概率 P_m 作变动），比如一个长度为8的编码串，随机选择到基因位2和5进行变异，过程如下：

$$a_1a_2a_3a_4a_5a_6a_7a_8 \ \text{基本位变异}\ a_1a_2'a_3a_4a_5'a_6a_7a_8$$

式中：a_2'、a_5'为 2 号、5 号基因位变异后的基因值。

自适应变异：设 A_i 是解空间上的一个个体。f_1 、$f_{\max}$ 分别是其适应值和群体中的最大适应值。A_i 的第 t 个基因值为 a_{1t}，其定义区间为$[Z^i_{i\min}, Z^i_{t\max}]$，则变异操作为

$$a_{1t}' = \begin{cases} a_{1t}, & p \geqslant P_m \\ a_{1t} - [a_{1t} - Z^i_{t\min}](1-\beta^{T\lambda}), & p < P_m,\ \beta > 0.5 \\ a_{1t} + [Z^i_{t\max} - a_{1t}](1-\beta^{T\lambda}), & p < P_m,\ \beta < 0.5 \end{cases} \tag{8-15}$$

$$P_m = \frac{-1}{1+\exp(-k_2 \times \varDelta)} + 1 \tag{8-16}$$

$$\varDelta = f_{\max} - f_{avg} \tag{8-17}$$

式中：a_{1t}'' 为下一代基因值；P_m 为变异概率；f_{max} 为群体中最佳个体的适应度值；f_{avg} 为群体的平均适应度值；$k_2 = 4$；p、β 为[0，1]区间上的一个随机数，随机数模型随机生成；λ 为决定变异程度的一个参数，其取值一般为 2 ~ 5，初定取 4；$T = 1 - f_1 / f_{max}$ 为变异温度。

8.3.3.7 免疫操作

免疫操作由提取疫苗、接种疫苗和免疫选择三个步骤完成。接种疫苗是为了提高个体的存活能力，免疫选择是为了防止群体退化。

提取疫苗：选取进化群体中最好的个体（即适应度最高的个体），然后再次个体中随机截取一段长度为 t_1 的片断作为疫苗。t_1 时段长度初定为 8 ~ 10 个时段。

接种疫苗：在群体中随机抽取部分个体接种疫苗，即用先前得到的疫苗替换所抽取个体的相应部分，其余部分维持不变。具体操作过程如下：

最优个体 $A = a_1a_2a_3a_4a_5a_6a_7a_8$，随机提取其中"$a_2a_3a_4$"为疫苗，对选中个体 B、C 进行接种，过程如下：

$$\text{接种前：}\begin{cases}\text{个体}B\text{：} & b_1b_2b_3b_4b_5b_6b_7b_8 \\ \text{个体}C\text{：} & c_1c_2c_3c_4c_5c_6c_7c_8\end{cases}$$

$$\text{接种后：}\begin{cases}\text{个体}B\text{：} & b_1a_2a_3a_4b_5b_6b_7b_8 \\ \text{个体}C\text{：} & c_1a_2a_3a_4c_5c_6c_7c_8\end{cases}$$

注意：接种后的每一个个体要做合理性检验，即满足约束 8.2.2 节的（1）水位约束，否则通过调整满足其约束。调整方法有两种：一是令加大水位等于限制水位；二是令限制水位等于加大水位。

免疫检验：对接种疫苗后的个体进行适应度检测，如果接种后个体的适应度不如接种前的，则取消疫苗接种；否则保留接种后的个体进入下一代。

8.3.3.8 终止条件

设置两个条件：条件 1 为达到最大迭代次数；条件 2 为完成每次迭代后，计算种群中前 $NT(<n)$ 个最好个体的适应度总和，若连续 m 次迭代，其总和均保持不变，则迭代终止。最后一代中的适应度值最高的个体，即为所求。

8.4 模型参数率定

8.4.1 初始基因编码和模型参数的设定

根据梯级水库兴利调度规则，以每个月末水库调度线控制水位为优化因子。其中皎口水库包括加大供水水位、限制供水水位，周公宅水库包括加大供水水位、峰荷供水水位和限制供水水位。依据周公宅、皎口水库特征水位，初步设置包括 60 个基因位的基因编码。

同时，参考遗传算法的相关研究成果，结合初始基因编码的设置情况，初步提出周公宅、皎口梯级水库联合调度规则模型相关参数，见表 8-3。

表 8-3　免疫遗传算法相关参数初步取值

进化代数	群体规模	表现矩阵	交叉率	变异率
50	500	1.5	0.7	0.2

8.4.2　相关运算及参数率定

根据初始基因编码和模型求解有关参数的初步设定成果，进行选择操作、交叉操作、变异操作、免疫操作等。在进行相关运算时，如果运算操作后基因编码不满足约束条件的，采取构建退火罚函数进行约束处理。在此基础上，当达到最大迭代次数或完成每次迭代后计算种群中前 $NT(<n)$个最好个体的适应度总和均保持不变，则迭代终止。

根据上述的相关运算，梯级水库联合调度规则模型在经过 40 次的迭代计算后，梯级水库联合调度的计算结果趋于平稳，搜索到模型的最优适应度值。梯级水库联合调度规则模型的求解的寻优过程如图 8-5 所示。

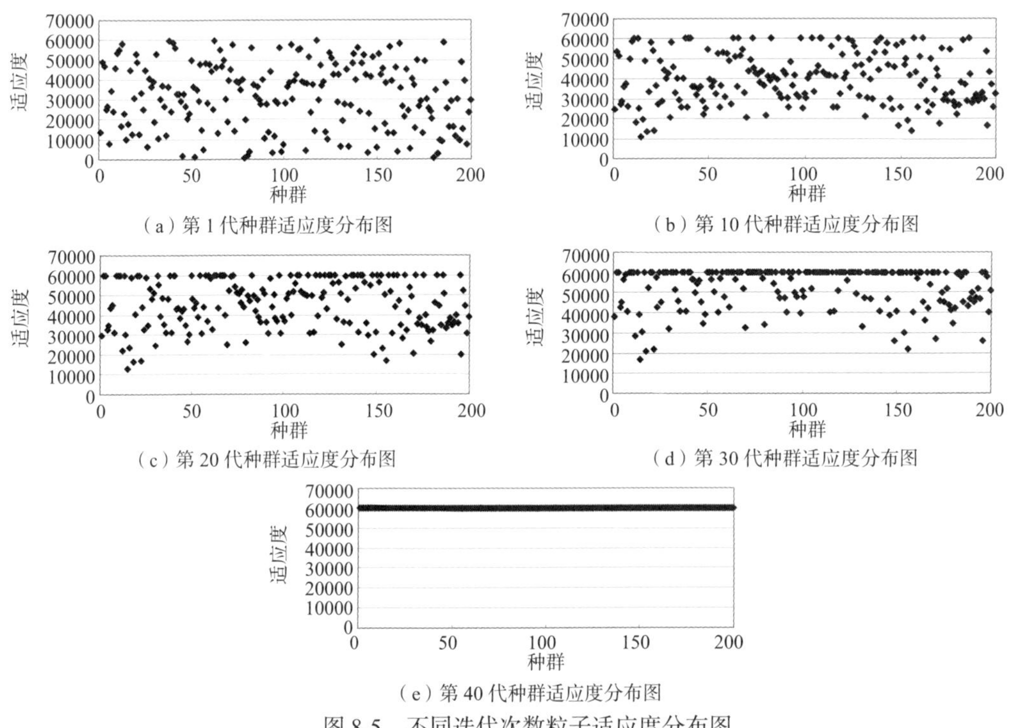

（a）第 1 代种群适应度分布图

（b）第 10 代种群适应度分布图

（c）第 20 代种群适应度分布图

（d）第 30 代种群适应度分布图

（e）第 40 代种群适应度分布图

图 8-5　不同迭代次数粒子适应度分布图

8.5　梯级水库兴利调度图

8.5.1　汛期分期方案 1 梯级水库兴利调度图

不考虑汛期分期过渡方案，结合梯级水库联合调度模型参数率定成果及梯级水库水资源系统的主要参数，推求梯级水库兴利调度图如图 8-6 和图 8-7 所示。

表 8-4 周公宅水库兴利调度水位控制

月份	1	2	3	4	5	6	7	8	9	10	11	12
正常水位/m	231.1	231.1	231.1	231.1	231.1	231.1	231.0	227.1	227.1	227.1	231.1	231.1
加大水位/m	226.2	226.2	226.1	226.2	226.1	223.3	221.4	224.0	225.8	223.0	226.1	226.2
峰荷水位/m	225.0	224.5	225.4	225.7	224.8	214.2	198.3	193.0	205.7	210.0	224.9	225.0
限制水位/m	223.7	208.1	212.4	214.1	218.7	204.0	187.6	192.1	196.5	202.2	220.3	223.7
死水位/m	145.1	145.1	145.1	145.1	145.1	145.1	145.1	145.1	145.1	145.1	145.1	145.1

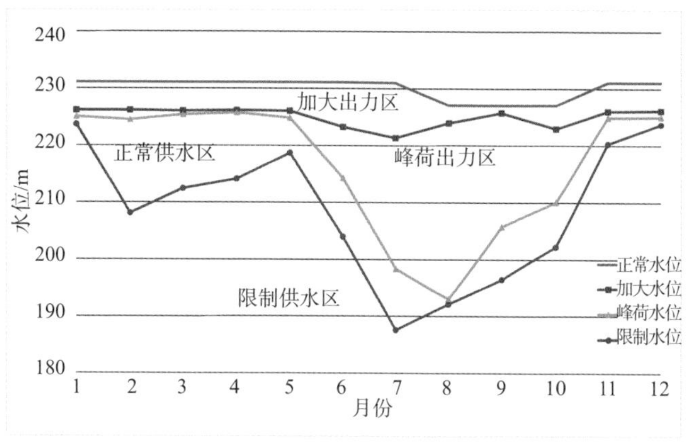

图 8-6 周公宅水库兴利调度图

表 8-5 皎口水库兴利调度水位控制

月份	1	2	3	4	5	6	7	8	9	10	11	12
正常水位/m	68.1	68.1	68.1	68.1	68.1	68.1	68.1	62.2	62.2	62.2	68.1	68.1
加大水位/m	67.5	67.9	67.5	67.5	66.5	63.6	55.4	54.4	58.5	58.1	67.1	67.5
限制水位/m	59.7	50.3	50.7	50.1	55	49.4	39.2	41.3	45.8	49.9	57.3	59.7
死水位/m	37.7	37.7	37.7	37.7	37.7	37.7	37.7	37.7	37.7	37.7	37.7	37.7

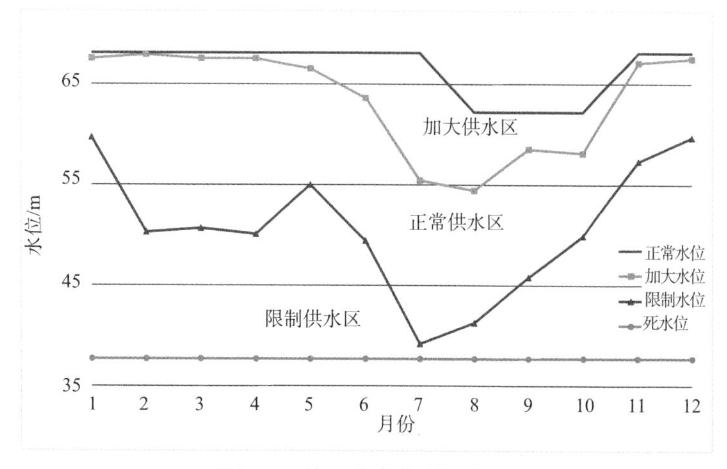

图 8-7 皎口水库兴利调度图

8.5.2　汛期分期方案 2 梯级水库兴利调度图

根据梯级水库联合调度模型参数率定成果及梯级水库水资源系统的主要参数，推求梯级水库兴利调度图如图 8-8 和图 8-9 所示。

表 8-6　周公宅水库兴利调度水位控制

月份	1	2	3	4	5	6	7	8	9	10	11	12
正常水位/m	231.1	231.1	231.1	231.1	231.1	231.1	231.0	227.1	227.1	227.1	231.1	231.1
加大水位/m	226.2	226.2	226.1	226.2	226.1	223.3	221.4	224.0	225.8	223.0	226.1	226.2
峰荷水位/m	225.0	224.5	225.4	225.7	224.8	214.2	198.3	193.0	205.7	210.0	224.9	225.0
限制水位/m	223.7	208.1	212.4	214.1	218.7	204.0	187.6	192.1	196.5	202.2	220.3	223.7
死水位/m	145.1	145.1	145.1	145.1	145.1	145.1	145.1	145.1	145.1	145.1	145.1	145.1

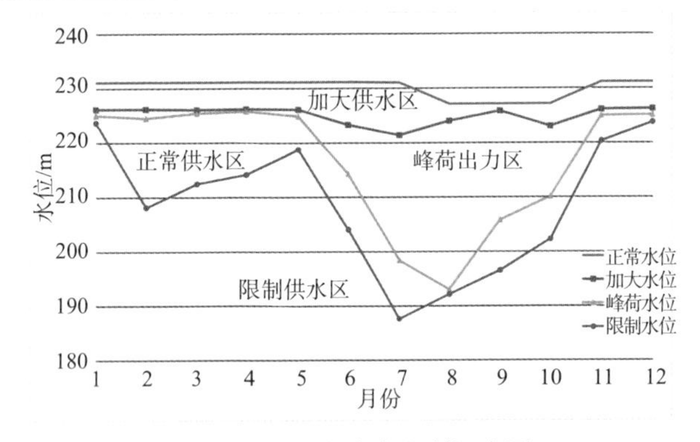

图 8-8　周公宅水库兴利调度图

表 8-7　皎口水库兴利调度水位控制

月份	1	2	3	4	5	6	7	8	9	10	11	12
正常水位/m	68.1	68.1	68.1	68.1	68.1	68.1	68.1	62.2	62.2	62.2	68.1	68.1
加大水位/m	67.5	67.9	67.5	67.5	66.5	63.6	55.4	54.4	58.5	58.1	67.1	67.5
限制水位/m	59.7	50.3	50.7	50.1	55.0	49.4	39.2	41.3	45.8	49.9	57.3	59.7
死水位/m	37.7	37.7	37.7	37.7	37.7	37.7	37.7	37.7	37.7	37.7	37.7	37.7

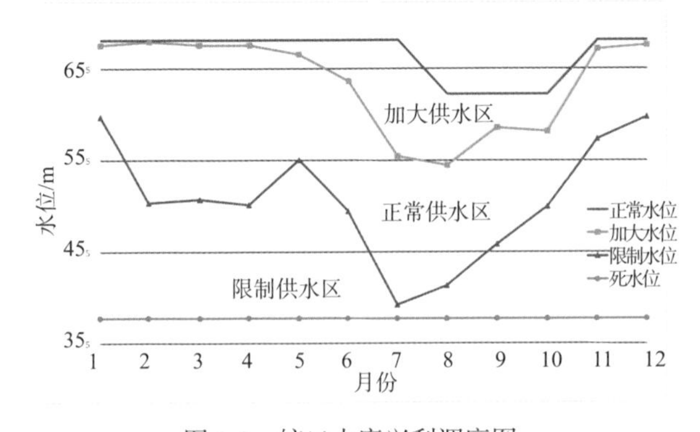

图 8-9　皎口水库兴利调度图

8.5.3 汛期分期方案 3 梯级水库兴利调度图

根据梯级水库联合调度模型参数率定成果及梯级水库水资源系统的主要参数，推求梯级水库兴利调度图见图 8-10 和图 8-11 所示。

表 8-8 周公宅水库兴利调度水位控制

月份	1	2	3	4	5	6	7	8	9	10	11	12
正常水位/m	231.1	231.1	231.1	231.1	231.1	227.1	227.1	227.1	227.1	231.1	231.1	231.1
加大水位/m	226.2	226.2	226.1	226.2	226.1	223.3	221.4	224.0	225.8	223.0	226.1	226.2
峰荷水位/m	225.0	224.5	225.4	225.7	224.8	214.2	198.3	193.0	205.7	210.0	224.9	225.0
限制水位/m	223.7	208.1	212.4	214.1	218.7	204.0	187.6	192.1	196.5	202.2	220.3	223.7
死水位/m	145.1	145.1	145.1	145.1	145.1	145.1	145.1	145.1	145.1	145.1	145.1	145.1

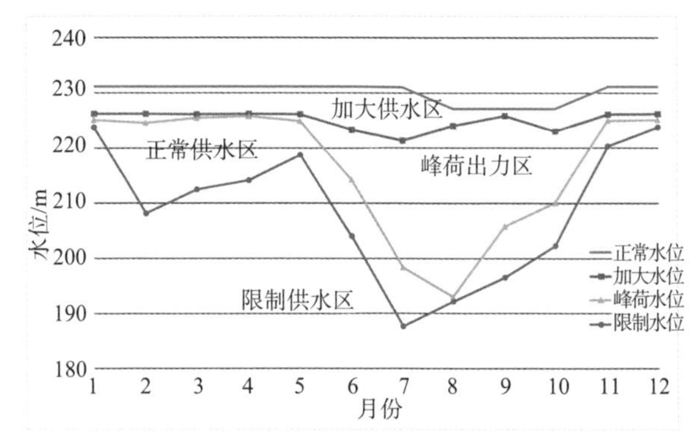

图 8-10 周公宅水库兴利调度图

表 8-9 皎口水库兴利调度水位控制

月份	1	2	3	4	5	6	7	8	9	10	11	12
正常水位/m	68.1	68.1	68.1	68.1	68.1	62.2	62.2	62.2	62.2	68.1	68.1	68.1
加大水位/m	67.5	67.9	67.5	67.5	66.5	63.6	55.4	54.4	58.5	58.1	67.1	67.5
限制水位/m	59.7	50.3	50.7	50.1	55	49.4	39.2	41.3	45.8	49.9	57.3	59.7
死水位/m	37.7	37.7	37.7	37.7	37.7	37.7	37.7	37.7	37.7	37.7	37.7	37.7

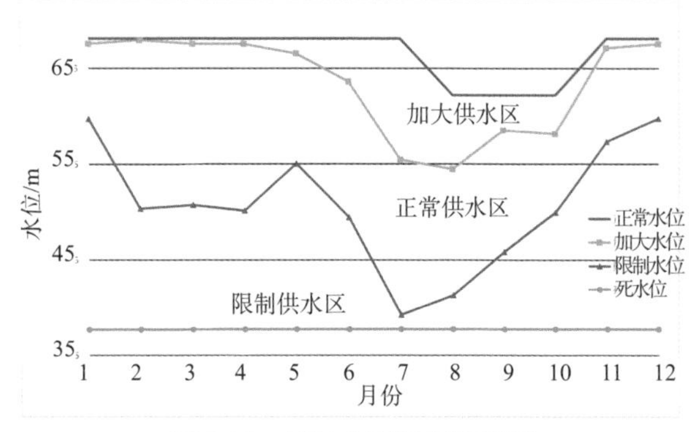

图 8-11 皎口水库兴利调度图

第 9 章　梯级水库联合兴利调度模拟模型及其求解

9.1　梯级水库模拟模型功能

本项目研发模拟模型实现两个方面的功能。功能一：验证调度规则合理性与科学性。对于给定的已知条件和调度规则，利用模拟模型模拟水资源系统调度运行结果，分析其各目标参数的改善程度。功能二：求解系统状态。调度者根据面临时段的降水与产流过程以及系统当前的状态，他们想知道根据调度运行规则采用哪种调度方案，会产生何种结果？这就需要开发一个由已知条件并制定调度操作，求解水资源系统状态结果的模型，即此模拟模型。

9.2　梯级水库联合兴利调度模拟模型

对于前述图 7-3 所示的水资源系统，构建梯级水库水资源系统模拟模型如下。

9.2.1　调度规则验证模拟模型——简称模拟模型（1）

运行该模拟模型的框图如图 9-1 所示。这个模型主要包括 8 个主要模块，分别为：基础数据输入模块、水文模型模块、需水模型模块、子系统模拟模块、子系统补水量计算模型模块、梯级水库调度运行规则模块、梯级水库水量平衡计算模型模块、目标函数计算模型模块等。

9.2.2　求解系统状态模拟模型——简称模拟模型（2）

该模型模拟的框图如图 9-2 所示。该模型包括包括 7 个模块，分别为：基础数据输入模块、水文模型模块、需水模型模块、子系统模拟模块、子系统补水量计算模型模块、梯级水库调度运行规则模块、梯级水库水量平衡计算模型模块。

由图 9-1、图 9-2 可以看出：两个模拟模型的总体结构基本一致，分析计算内容基本相同。主要区别是模拟模型（1）计算时间序列较长，可以计算保证率等目标函数指标；而模拟模型（2）因计算时间序列较短（可能几天或几旬），只需要计算出每一时段末系统状态即可。

关于基础数据输入模块、水文模型模块、需水模型模块、子系统模拟模块、梯级水库调度运行规则模块等内容前面已经叙及，这里重点介绍子系统补水量计算模型模块、梯级水库水量平衡计算模型模块、目标函数计算模型模块。

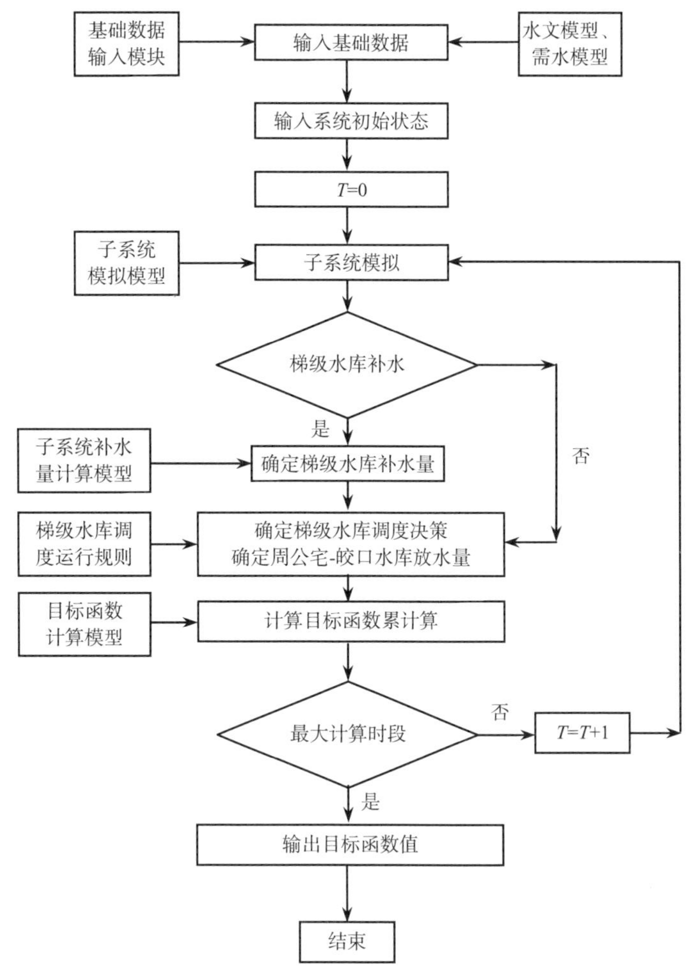

图 9-1 梯级水库调度运行模拟模型（1）框图

（1）子系统补水量计算模型：

$$gs^j(t)=\sum_{m=1}^{nm}q_m^j(t)-[V^j(t)-V_{\min}^j+\sum_{k=1}^{nk}Q_k^j(t)]+EF^j(t) \tag{9-1}$$

式中：$gs^j(t)$ 为第 j 子系统第 t 时段补水量，若 $gs^j(t)>0$，则 $gs^j(t)=gs^j(t)$，若 $gs^j(t)\leqslant 0$，则 $gs^j(t)=0$；$V^j(t)$ 为第 j 子系统第 t 时段初水库或河网等蓄水工程的蓄水量；$V_{\min}^j$ 为第 j 子系统水库或河网等蓄水工程的兴利下限库容；$Q_k^j(t)$ 为第 j 子系统第 k 入流第 t 时段入水库、河网（或河道）水量；$q_m^j(t)$ 为第 j 子系统第 m 用水户第 t 时段用水量；$EF^j(t)$ 为第 j 子系统第 t 时段蒸发渗漏量；nk、nm 为第 j 子系统入流和用水户总数。

（2）梯级水库系统状态计算模型：

$$V_{zgz}(t+1)=V_{zgz}(t)+Q_{zgz}(t)-[gs_{zgz}(t)+r_{zgz}(t)]-EF_{zgz}(t) \tag{9-2}$$

$$V_{jk}(t+1)=V_{jk}(t)+Q_{jk}(t)-[gs_{jk}(t)+r_{jk}(t)]-EF_{jk}(t) \tag{9-3}$$

式中：$V_{zgz}(t+1)$、$V_{zgz}(t)$分别为周公宅水库第 $t+1$ 和第 t 时段初蓄水量；$V_{jk}(t+1)$、$V_{jk}(t)$分别

为皎口水库第 t+1 和第 t 时段初蓄水量；$Q_{zgz}(t)$、$Q_{jk}(t)$分别为周公宅水库和皎口水库第 t 时段入库水量，其中 $Q_{jk}(t)=Q_{zj}(t)+[gs_{zgz}(t)+r_{zgz}(t)]$，$Q_{zj}(t)$为周公宅与皎口水库区间入流；$gs_{zgz}(t)$、$gs_{jk}(t)$分别为周公宅水库和皎口水库第 t 时段供水量（包括各子系统补水和发电用水）；$r_{zgz}(t)$、$r_{jk}(t)$分别为周公宅水库和皎口水库第 t 时段泄水量；$EF_{zgz}(t)$、$EF_{jk}(t)$分别为周公宅水库和皎口水库第 t 时段蒸发渗漏量。

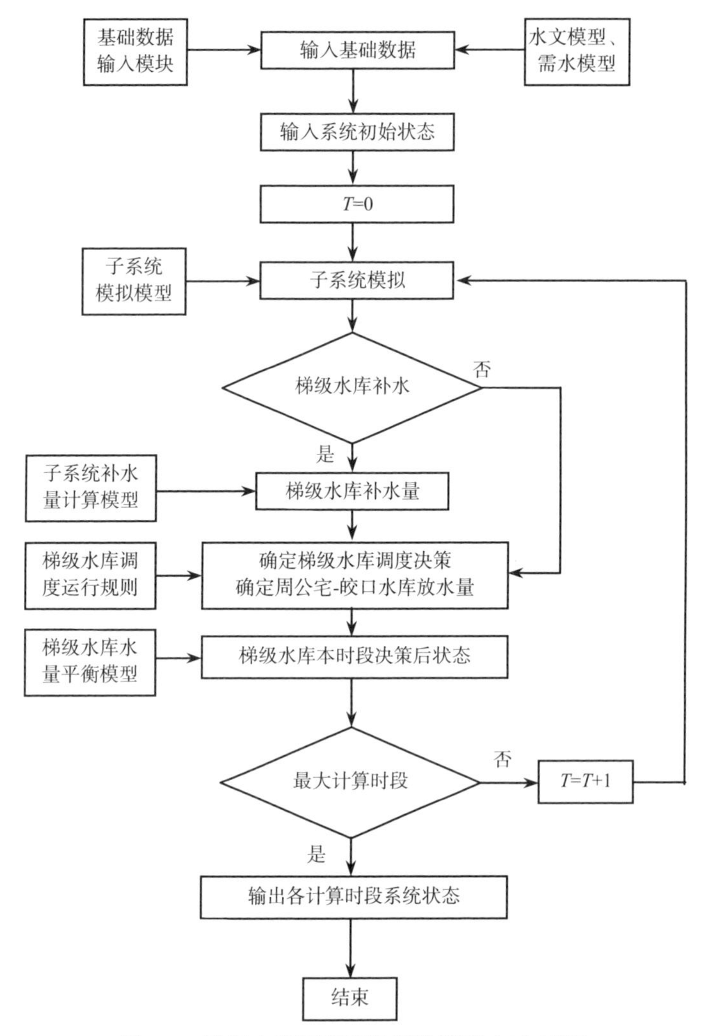

图 9-2　梯级水库调度运行模拟模型（2）框图

$gs_{zgz}(t)$取值根据面临时段梯级水库总蓄水量、周公宅水库蓄水水位按照调度运行规则模块规定来确定，$gs_{jk}(t)$取值根据面临时段梯级水库总蓄水量、皎口水库蓄水水位按照调度运行规则模块规定来确定。有两个工况：工况一（正常工况）为取值等于四个子系统补水量之和；工况二（非常工况）为当梯级水库总蓄水量很多或很少时，按照调度运行规则可以加大或限制供水。

（3）目标函数计算模型。目标函数可以分为两类：一类是对于梯级水库整体目标的，包括供水能力和发电量两项指标；另一类是针对各子系统的，即各行业用水保证率，包括生活、重要工业、一般工业和农业。

供水目标函数：在优先满足各子系统 2、子系统 3 补水量情况下子系统 1 的供水能力，表达式为

$$F_1=F[gs_{zgz}(t)、gs_{jk}(t)、gs^j(t)] \tag{9-4}$$

发电目标函数：

$$F_2=\sum_{t=1}^{nt}\{fd[gs_{zgz}(t),\ gs_{jk}(t)+gd[gs_{zgz}(t),\ gs_{jk}(t)]\} \tag{9-5}$$

式中：$fd[gs_{zgz}(t),\ gs_{jk}(t)]$、$gd[gs_{zgz}(t),\ gs_{jk}(t)]$分别为梯级水库峰电和谷电发电收益，发电量计算模型为

$$N=9.81\eta QH$$

式中：Q 为流量，m^3/s；H 为水头，m；N 为水电站出力，W；η为水轮发电机的效率系数。

用水保证率目标函数：

$$Z(k)=\frac{n(k)}{nt+1} \tag{9-6}$$

式中：nt 为模拟计算总年数；$n(k)$为第 k 行业用水得到保证的年数。

9.3 模型求解

9.3.1 模型求解基础数据

除计算时间序列差别外，两个模拟模型求解所需的基础数据基本一致。主要包括以下几种类型：

（1）工程属性数据：包括水库工程特征水位、水位库容关系曲线、供水工程制水能力等数据，主要通过实际调查结合资料查阅取得。

（2）来水量数据：包括各计算节点长系列来水量数据，通过水文模型模拟求得。

（3）需水量数据：主要包括各需水节点农业灌溉、一般工业、重要工业等用水户需水量，通过需水模型求得。

9.3.2 模型求解方法

水资源系统概化成节点图后，模型的基本运算便是以旬（月）为单位，对系统中的所有节点进行水量分配，模型在所有的水源节点处逐时段地输入径流，并且在整个系统追踪此时段水量，整个模拟期中模型重复这一过程。由此可知，所有的计算工作都是在节点上进行的，而线段仅是节点间联系的桥梁。

模型中主要包括水源节点、用水节点、汇流节点、水库节点和结束节点等 5 种不同类型的节点，各节点根据自己的运行规则（运行方程式）控制操作。

（1）水源节点。水源节点为模拟模型提供入流量，它既可以表示发生的天然流量，

也可以代表区间入流和支流的汇入。水源节点在计算时段末的出流等于时段初由上一节点传递的水量，加上期间本节点的汇入水量，其水量平衡方程是可表示如下：

$$Ds(t,n) = Qs(t,n)+ofs(t,n)$$

式中：$ofs(t,n)$为水源节点在 t 年 n 时段输入的水量；$Qs(t,n)$为水源节点在 t 年 n 时段原有水量。

（2）用水节点。在用水节点内的分水，实行混合分水规则。即在水量不足以满足所有用水户需水要求时，先供给优先级别高的用户，剩余水量再在其它用户之间按比例分配。用水节点所产生的回归水参与下一节点水量的平衡运算。

（3）汇流节点。汇流节点的功能就是把天然河道与支流或人工输水渠道连接起来，本文中为加入回归水的计算，将用水节点产生的回归水用汇流节点连接。控制汇流节点水流的方程是连续方程，即汇流节点时段末出流等于各分支的入流水量。

（4）水库节点。水库节点一般的放水策略分为 3 种情况：①当可利用水量小于本时段的目标放水量时，水库放水量等于可利用水量；②当可利用水量大于本时段的目标放水量，小于本时段的目标放水量与可利用库容之和时，水库放水量等于目标放水量，同时将多余水量蓄入水库之中；③当可利用水量大于本时段的目标放水量与可利用库容之和，水库放水量等于可利用水量减掉可利用库容也就是目标放水量与弃水量之和。

水库运行规则梯级水库调度运行规则为主，根据水量分配的结果再计算相应电站的发电量。因此，水库节点操作的关键是各时段目标放水量的确定。

（5）结束节点。结束节点代表模拟终止的末端边界。它可以入海洋、湖泊或转入其它流域、行政区或其它的边界们构成了模拟模型所考虑的河系系统的边界。

9.4　模拟计算结果

9.4.1　梯级水库调度运行规则验证

为检验梯级水库调度规则的合理性，根据梯级水库调度运行规则，采用上述模拟模型（1）进行梯级水库水资源系统模拟运行。水文资料采用研究区 1961—2007 年长系列资料。经模拟计算，成果见表 9-1 和表 9-2。

由表 9-1 和表 9-2 可知：

（1）在周公宅-皎口水库兴利调度规则指导下，以历史水文资料、现状用水条件模拟水库联合调度，通过两库联合调度能够满足毛家坪水厂、鄞西平原用水要求，说明调度运行规则科学可行。

（2）在推荐规则条件下，姚江翻水补充鄞西平原的水量不超过《姚江干流水量配置调度方案及管理制度》的分配水量。

表 9-1 梯级水库调度运行规则验证模拟计算成果表

方案	宁波市政供水		梯级水库发电		皎鄞区间与鄞西平原用水保证率/%		
	供水量/(万 t/d)	保证率/%	发电效益/万元	发电量/(万 kW·h)	重要工业	一般工业	农业
原方案[①]	39.0	97.8	2058	3702	97.8	93.6	91.4
汛期分期方案 1	41.7	97.8	2214	4289	97.8	93.6	91.4
汛期分期方案 2	41.7	97.8	2245	4376	97.8	93.6	91.4
汛期分期方案 3	41.7	97.8	2284	4456	97.8	93.6	91.4

① 原方案是指周公宅水库初步设计时的方案，以下同此。

表 9-2 各子系统补水量模拟计算成果表

规则名称	皎鄞区间补水/万 m^3			鄞西平原补水/万 m^3			姚江补水量/万 m^3
	生产补水量	生态补水量	合计	生产补水量	生态补水量	合计	
原方案	502	6458	6960	4502	2085	6587	
汛期分期方案 1	495	6206	6701	4452	1754	6206	1480
汛期分期方案 2	486	5857	6343	4182	1675	5857	1045
汛期分期方案 3	486	5913	6399	4208	1705	5913	1121

9.4.2 系统状态模拟

某一时段周公宅水库、皎口水库初始库容分别为 3862.0 万 m^3、4791.3 万 m^3；根据降雨量预报结合水文模型计算得到未来 10d 周公宅水库来水量为 28.1 万 m^3，周公宅–皎口水库区间来水量为 29.0 万 m^3；未来 10d 水库下游需水量为 42.54 万 m^3/d。根据上述初始条件，按照系统状态模拟模型可分析得到面临时段周公宅水库、皎口水库库容变化、放水过程见表 9-3。

表 9-3 系统状态模拟结果

时段/d	皎口水库库容/万 m^3	皎口水库供水量/万 m^3	皎口水库发电量/（万 kW・h）	周公宅水库库容/万 m^3	周公宅水库发电量/（万 kW・h）
0	3862.02			4791.26	
1	3824.18	42.54	0	4795.81	0
2	3784.89	42.54	0	4798.99	0
3	3744.58	42.54	0	4801.18	0
4	3703.74	42.54	0	4802.86	0
5	3662.71	42.54	0	4804.27	0
6	3621.62	42.54	0	4805.62	0
7	3580.63	42.54	0	4807.08	0
8	3539.76	42.54	0	4808.70	0
9	3499.40	42.54	0	4810.57	0
10	3459.14	42.54	0	4812.47	0

按照系统状态模拟模型可知，按照系统初始状态和面临时段的需求，经模型调度后皎口水库、周公宅水库库容达到 3459.14 万 m^3 和 4812.47 万 m^3，面临时段皎口水库共供水 425.4 万 m^3。

第10章　基于缺水深度的梯级水库供水能力研究

用水需求是有一定弹性的，在弹性范围内用户可以通过节水和其他某些措施缓解供水不足，少量的缺水一般不会造成大的损失，但是超出需求弹性范围的深度缺水会造成重大经济损失和较大社会负面影响。因此，在水库调度中，提供一套供水规则，在枯水期和枯水年能够有预见性地限制供水具有现实意义。不仅可以提高供水保证率，而且可以有效避免后期的严重缺水。

10.1　缺水指标与程度划分

10.1.1　农业缺水指标与程度

根据水利行业标准《旱情等级标准》（SL424—2008），农业旱情指标包括土壤相对湿度、降水量距平百分数、连续无雨日数、作物缺水率、断水天数。各种指标试用范围见表10-1。

表10-1　农业旱情指标适用表

农业类别	雨养农业区	灌溉农业区	
		水浇地	水田
适用指标	土壤相对湿度、降水量距平百分数、连续无雨日数	土壤相对湿度作物缺水率	作物缺水率缺水天数

根据本项目研究区特点和表10-1，农业缺水指标选择作物缺水率和缺水天数来衡量。作物缺水率确定方法和程度划分见式（10-1）和表10-2。

$$D_W = \frac{W_r - W}{W_r} \times 100\% \tag{10-1}$$

式中：D_W为作物缺水率，%；W_r为计算期内作物实际需水量，m^3；W为同期可用或实际提供的灌溉水量，m^3。

表10-2　作物缺水率与缺水天数程度划分表

缺水程度		轻度缺水	中度缺水	严重缺水	特别缺水
作物缺水率/%		5～20	20～35	35～50	>50
缺水天数/d	春秋季	7～10	11～20	21～30	>30
	夏季	5～7	8～12	13～20	>20

10.1.2　生活与工业缺水指标与程度

根据水利行业标准《旱情等级标准》（SL424—2008），生活与工业缺水指标一般采用缺水率，其确定方法和程度划分见式（10-2）和表 10-3。

$$P_g = \frac{Q_Z - Q_S}{Q_Z} \times 100\% \tag{10-2}$$

式中：P_g 为生活或工业缺水率，%；Q_z 为生活或工业正常供水量，m^3；Q_s 为因缺水实际供水量，m^3。

表 10-3 生活或工业缺水程度划分表

缺水程度	轻度缺水	中度缺水	严重缺水	特别缺水
缺水率/%	5～10	10～20	20～30	>30

10.2 基于缺水深度的梯级水库供水能力研究

10.2.1 研究思路

研究基本思路为：对于周公宅-皎口水库这一特定的水资源系统，在水资源量、皎鄞区间和鄞西平原补水量、梯级水库调度运行规则等因素不变情况下，分析研究缺水深度、保证率和梯级水库供水能力之间的关系，为挖掘水库供水潜力创造条件。分析计算的逻辑如图 10-1 所示。

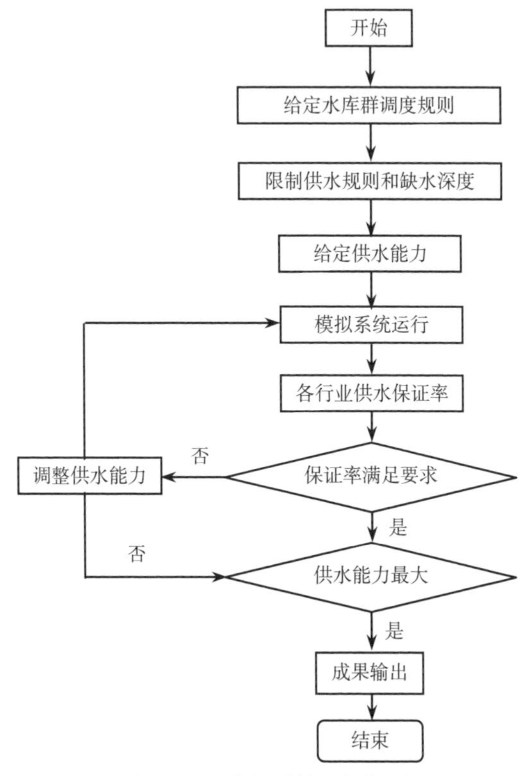

图 10-1 分析计算逻辑框图

10.2.2　梯级水库供水能力影响因素分析

在梯级水库水资源量、其他用水户补水量以及调度运行规则确定的情况下，缺水深度采用允许缺水率和允许缺水天数两个指标来衡量的情况下，其基于缺水深度的梯级水库供水能力可以表述为：

$$GS = f(p, Dw, DT) \qquad (10\text{-}3)$$

式中：*GS* 为梯级水库供水能力；*P* 为供水保证率，%；*Dw* 为允许缺水率，%；*DT* 为允许缺水天数。

式（10-3）中各因素相互关系如下：

（1）梯级水库供水能力受供水保证率和允许缺水深度的影响。供水保证率越高，允许缺水率越小，允许缺水天数越短，则梯级水库的供水能力越低；反之，则梯级水库的供水能力越高。

（2）保证率与允许缺水深度之间也相互影响。允许缺水率越小，允许缺水天数越短，则相应于某一供水能力的保证率越低；反之，则相应于某一供水能力的保证率越高。

（3）允许缺水率和允许缺水天数之间相互影响。一方面，对于用水对象而言，在允许缺水率较小的情况下，允许缺水天数可以适当延长；另一方面，对于梯级水库而言，在时段缺水总量一定的情况下，二者之间也相互影响。

因此，上述各因素之间相互联系，互为条件，相互关系极为复杂。为此，本项目仅开展特定保证率、不同缺水深度情况下的梯级水库供水能力研究。

10.2.3　缺水深度设定

根据表 10-2，设定三个缺水深度，分别为轻微、轻度和中度缺水，其划分标准见表 10-4。

表 10-4　缺水深度划定表

缺水程度	轻微缺水	轻度缺水	中度缺水
允许缺水天数 *DT*/d	7	10	20
允许缺水率 *Dw*/%	5	10	20

10.2.4　研究结果

根据梯级水库水资源系统的相关参数，分别计算不同缺水深度条件下的梯级水库供水能力。经分析计算结果见表 10-5。

表 10-5　不同缺水程度下梯级水库供水能力表

允许缺水深度	供水能力/（万 t/d）	与不允许缺水相比增加量/%
不缺水	41.70	
轻微缺水	43.48	4.26
轻度缺水	44.26	6.13
中度缺水	46.56	11.65

由表 10-5 计算结果可知：

（1）在允许轻微缺水的情况下，梯级水库供水能力由 41.7 万 t/d 增加到 43.48 万 t/d，增加了 4.26%。

（2）在允许轻度缺水的情况下，梯级水库供水能力由 43.48 万 t/d 增加到 44.26 万 t/d，增加了 6.13%。与允许轻微缺水相比，增加能力有限。

（3）在允许中度缺水的情况下，梯级水库供水能力由 41.7 万 t/d 增加到 46.56 万 t/d，增加了 11.65%，增加幅度较大。这一成果对未来供水管网配水过程中，对缺水深度不太敏感的工业企业具有重要参考价值。

10.3 小结

针对目前供水保证率的计算仅考虑缺水天数的实际，基于不同缺水天数和缺水深度，提出了水资源系统不同保证率条件下的可供水量与缺水天数和缺水深度密切相关的思路与方法。并根据多目标梯级水库的复杂调度问题，论证了可供水量与缺水天数、缺水深度、保证率三者之间的关系。为供水区域的水资源有效配置、提高水资源短缺应急处置能力提供的决策依据。

第 11 章　梯级水库优化调度响应评估

本研究分别采用变动范围法（简称 RVA 法）评估梯级水库优化调度对皎鄞区间河道系统的影响、采用灰关联熵方法评估梯级水库优化调度对研究区水资源系统的影响等。这些方法在使用中首先建立指标体系，然后根据各个模型自身的运算规则将数据代入便可以得出评价结果。

11.1　皎鄞区间河道系统响应评估

11.1.1　水库群联合调度的影响和评估范围

周公宅-皎口梯级水库其联合调度包括防洪和兴利两个方面，防洪联合调度影响了下游洪水的脉冲过程，影响了洪峰流量、洪峰水位、洪水历时、洪水过程线、洪水总量和洪水频率等；兴利调度影响了下游河道的流量过程和径流量等，进而影响河流生态系统[1]。为分析水库群联合调度对其下游河道生态系统产生的影响，本节采用 SVA 方法对其影响进行评估。

评估范围：皎口水库大坝下游至它山堰，见图 11-1。

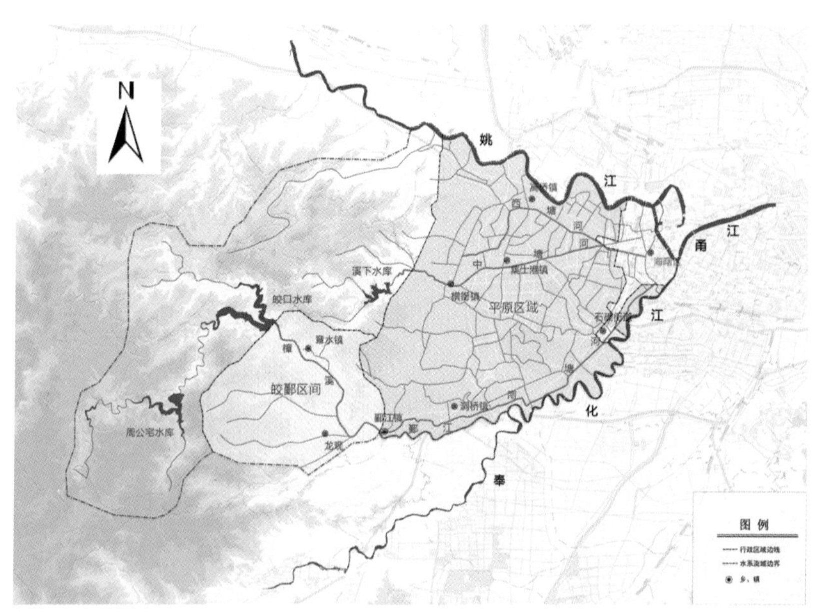

图 11-1　皎鄞区间和鄞西平原河网区示意图

---

[1] 其中防洪方面内容采用《周公宅-皎口水库综合高度研究》成果。

系列长度：1961—2007 年，共 47 年。

根据梯级水库联合调度研究成果，分析确定评价范围联合调度前、调度后长系列逐日流量过程成果，如图 11-2、图 11-3、图 11-4 所示（由于数据系列较长，本节仅列出其中 1963 年、1983 年、2005 年的模拟计算分析成果）。

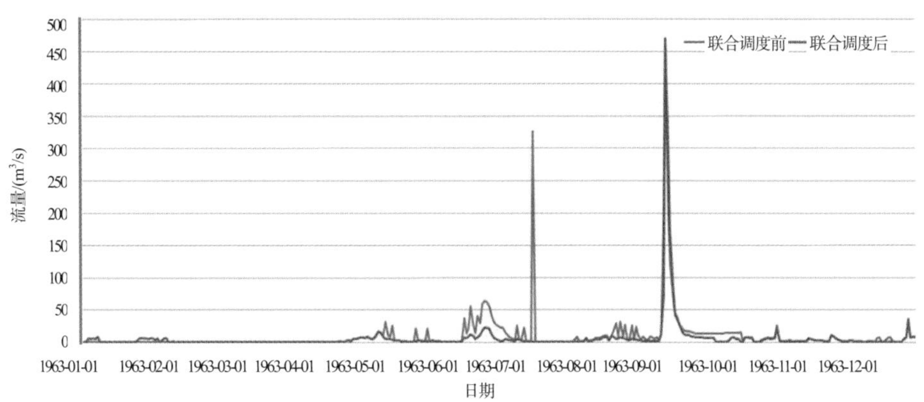

图 11-2　水库群联合调度前后模拟计算 1963 年流量过程对比图

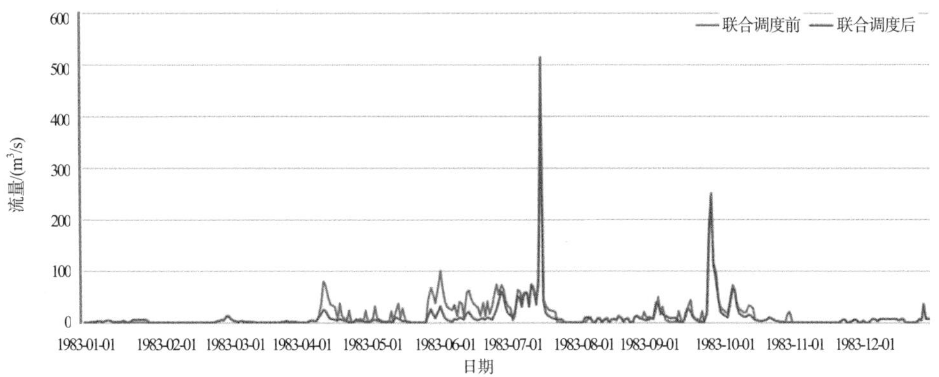

图 11-3　水库群联合调度前后模拟计算 1983 年流量过程对比图

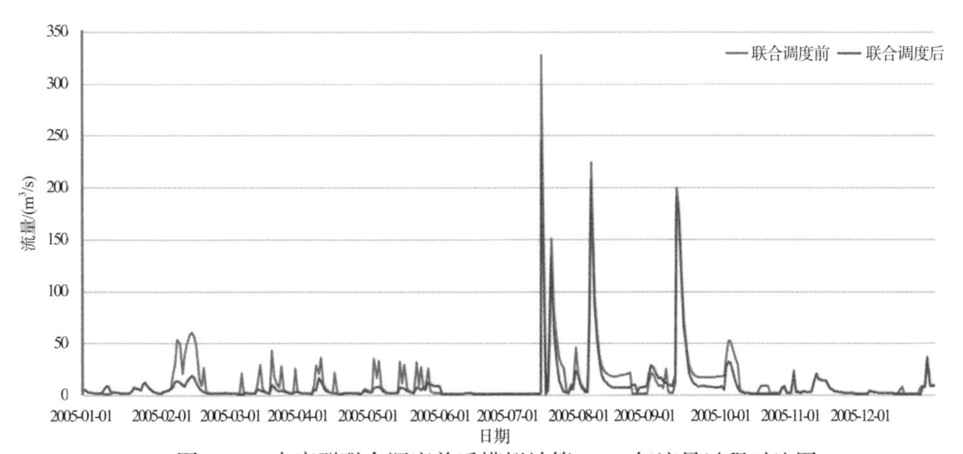

图 11-4　水库群联合调度前后模拟计算 2005 年流量过程对比图

11.1.2 变动范围法（RVA 法）模型

河流是陆地水循环的主要通道，河道内水资源量及其水文过程直接影响这河流功能的发挥。水利枢纽工程建设及其运行管理、流域内土地利用方式变化等都会显著改变河流的流量、流速、枯水流量及其历时、洪峰流量、洪水量、洪水频率等水文参数，而这些河流水文参数对于河流生态系统功能、生物群落组成、河岸植被以及河流水质等具有重要意义。1997 年 Richter 等人提出了采用变化范围法（RVA），并用其评估河流水文情势改变及其影响程度。该方法是以天然且与生态相关的流量特征的统计分析为基础，从量、时间、频率、延时和变化率 5 个方面的水文特征对河流进行描述，通过对比不同条件下的河流水文条件，反映河流流量受水利工程建设及运行的影响程度。其中的水文特征一般用水文改变指标(简称 IHA)来表示。IHA 一般用于分析水文系列(如流量和水位系列)的变化情况，利用长系列的日水文数据，通过将其转换为一种与生态相关的、易采集、表征性强、多参数的水文指标系列，来评价水文系统变化的程度及其对生态系统的影响。

11.1.2.1 水文改变指标(IHA)

水文改变指标(IHA)法以水文情势的量、时间、频率、延时和变化率 5 种基本特征为基础，根据其统计特征划分为 5 组、33 个指标，见表 11-1。

表 11-1 水文改变指标及参数特征

组别	内容	特性	指标序号	HA(水文改变指标)
第 1 组	各月流量	量	1 ~ 12	各月流量平均值
第 2 组	年极端流量	频率	13 ~ 22	年最大、最小（1d、3d、7d、30d、90d）流量平均值
		延时	23 ~ 24	断流天数、基流指数
第 3 组	年极端流量发生时间	时间	25 ~ 26	年最大、最小流量发生时间
第 4 组	高、低流量频率与延时	频率	27 ~ 28	每年发生低流量、高流量的次数
		延时	29 ~ 30	低流量、高流量平均延时
第 5 组	流量变化改变率及频率	频率	31 ~ 32	流量平均减小率、增加率
		变化率	33	每年流量逆转次数

河流水文改变指标主要通过月流量状况、极端水文参数的大小与延时、极端水文现象的出现时间、脉动流量的频率与延时、流量变化的出现频率与变化率 5 个方面描绘河流年内的流量变化特征。然而这些河流水文改变指标与河流生态系统是密切相关的，如月流量均值可以定义栖息环境特征，如湿周、流速、栖息地面积等；极端水文事件的出现时间可作为水生生物特定的生命周期或者生命活动的信号，而其发生频率又与生物的繁殖或死亡有关，进而影响生物种群的动态变化；水文参数的变化率则与生物承受变化的能力有关等。IHA 的各组参数与河流生态系统的相关关系见表 11-2。

表 11-2 IHA 的各组参数及其对河流生态系统的影响

组别	河流生态系统的影响
第 1 组	满足水生生物的栖息地需求、植物对土壤含水量的需求、具有较高可靠度的陆地生物的水需求、食肉动物的迁徙需求以及水温、含氧量的影响
第 2 组	满足植被扩张，河流渠道地貌和自然栖息地的构建，河流和滞洪区的养分交换，湖、池塘、滞洪区的植物群落分布的需要
第 3 组	满足鱼类的洄游产卵、生命体的循环繁衍、生物繁殖期的栖息地条件、物种的进化需要
第 4 组	产生植被所需的土壤湿度的频率和大小、满足滞洪区对水生生物的支持、泥沙运输、渠道结构、底层扰动等的需要
第 5 组	导致植物的干旱、促成岛上、滞洪区的有机物的诱捕、低速生物体的干燥胁迫等行为

11.1.2.2 变动范围法（RVA）

RVA 方法是在分析 IHA 指标的基础上的，以详细的流量数据来评估受水利工程建设（或运行管理）影响前后的河流流量自然变化状态。一般以日流量数据为基础，以未受水利设施影响前的流量自然变化状态为基准，统计 33 个 IHA 指标建库前后的变化，分析河流受人类干扰前后的改变程度。

设置 IHA 指标受影响程度的标准一般需以生态方面受影响的资料为依据，由于资料缺乏，Richter 等(1997)提出以各指标的平均值加减一个标准偏差或各指标发生概率 75%及 25%的值作为各个指标的上下限，称为 RVA 阈值。该方法认为：如果受影响后流量数据的 IHA 值落在 RVA 阈值内的频率与受影响前的频率保持一致，则表示水利工程建设与运行对河流的影响轻微，仍然保有自然的流量变化特征；若受影响后的流量数据统计值落于 RVA 阈值内的频率远大于或小于受影响前的频率，则表明水利工程建设与运行已经改变了原有河流的流量变化特性，此改变将可能进一步对河流生态系统产生严重的负面影响。RVA 法采用水文改变度来衡量河流生态系统这一变化。

RVA 法评估步骤可分为以下四步：

（1）以受影响前的日流量资料计算 33 个 IHA 指标特征值。

（2）依据步骤（1）的计算结果定义各个 IHA 指标的 RVA 阈值范围。选取各指标变化前发生概率 75%及 25%的值作为 RVA 阈值范围。

（3）以受影响后的日流量资料计算 33 个 IHA 指标特征值。

（4）以步骤（2）所得的 RVA 阈值来评判变化后河流水文情势的改变程度，确定其影响，并以整体水文改变度表征。

Richter 等(1998)提出水文改变度的定义如下：

$$D_i = \left| \frac{Y_{0i} - Y_f}{Y_f} \right| \times 100\% \tag{11-1}$$

式中：D_i 为第 i 个 IHA 的水文改变度；Y_{0i} 为第 i 个 IHA 在变化后仍落于 RVA 阈值内的年数；Y_f 为变化后 IHA 预期落于 RVA 阈值内的年数。

水文改变度的评价标准：若 D_i 值介于 0%～33%间属于低度改变；33%～67%间属于中度改变；67%～100%间属于高度改变。

上述的 33 个 IHA 指标对变化前后的响应程度不一样，需对河流的水文情势改变程度进行整体的评估。

整体水文特性改变情况用整体水文改变度 D_0 表示，具体评估方式如下：

$$D_0 = \sqrt{\frac{1}{33}\sum_{i=1}^{33} D_i^2} \times 100\% \tag{11-2}$$

11.1.3　IHA 和 SVA 指标计算

根据基础参数确定成果，按照表 11-1 定义，确定水库群联合调度前、联合调度后 33 个水文改变指标。以各 IHA 的 75%及 25%作为 RVA 阈值范围，计算结果见表 11-3。

表 11-3　水库群联合调度前、后评估对象 IHA 参数计算成果表

指标序号	指标类别	指标	均值		阈值	
			调度前	调度后	25%	75%
1	第 1 组	1 月日均流量/(m^3/s)	1.39	2.77	1.39	1.80
2		2 月日均流量/(m^3/s)	3.67	1.76	1.43	4.55
3		3 月日均流量/(m^3/s)	5.78	1.75	1.74	8.84
4		4 月日均流量/(m^3/s)	7.25	1.98	3.87	10.38
5		5 月日均流量/(m^3/s)	8.03	2.38	4.83	9.72
6		6 月日均流量/(m^3/s)	14.31	4.59	7.74	20.25
7		7 月日均流量/(m^3/s)	22.27	11.61	18.23	24.78
8		8 月日均流量/(m^3/s)	15.50	12.91	8.29	21.30
9		9 月日均流量/(m^3/s)	18.48	14.98	10.33	25.91
10		10 月日均流量/(m^3/s)	7.88	4.97	4.58	9.74
11		11 月日均流量/(m^3/s)	3.19	2.05	1.78	2.74
12		12 月日均流量/(m^3/s)	5.34	3.84	3.90	6.13
13	第 2 组	年最大 1 日流量/(m^3/s)	336.0	275.0	327.6	345.1
14		年最小 1 日流量/(m^3/s)	1.4	1.4	1.4	1.4
15		年最大 3 日流量/(m^3/s)	455.0	403.9	332.5	431.7
16		年最小 3 日流量/(m^3/s)	4.2	4.2	4.2	4.2
17		年最大 7 日流量/(m^3/s)	547.7	492.0	383.1	573.2
18		年最小 7 日流量/(m^3/s)	9.7	9.7	9.7	9.7
19		年最大 30 日流量/(m^3/s)	1087.5	828.8	868.7	1233.3
20		年最小 30 日流量/(m^3/s)	42.4	41.7	41.7	41.7
21		年最大 90 日流量/(m^3/s)	2014.0	1365.3	1609.5	2350.0
22		年最小 90 日流量/(m^3/s)	172.3	129.9	125.9	194.7
23		断流天数/d	0	0	0	0
24		基流指数	0.07	0.07	0.05	0.08

续表

指标序号	指标类别	指标	均值		阈值	
			调度前	调度后	25%	75%
25	第 3 组	年最大流量发生时间/d	231	250	201	257
26		年最小流量发生时间/d	1	1	1	1
27	第 4 组	高频流量次数次	27.7	11.0	22.5	33.5
28		高频流量延时/次	3.5	4.3	2.5	4.2
29		低频流量次数/次	17.8	13.5	15.0	20.5
30		低频流量延时/次	10.3	21.9	7.7	12.7
31	第 5 组	落水率/[m^3/(s·d)]	-37	-16	-41.2	-33.2
32		涨水率/[m^3/(s·d)]	33	15	109.2	139.0
33		涨落次数/次	49	25	41.5	56.0

注 1. 基流指数为年最小连续 7d 流量与年均值流量的比值。
2. 发生时间以公历一年中第几天表示。
3. 低脉冲定义为低于干扰前流量 25%频率的日均流量，高脉冲定义为高于干扰前流量 75%频率的日均流量。
4. 流量变化次数指日流量由增加变为减少或由减少变为增加的次数。

根据长系列流量过程资料，统计 IHA 各参数联合调度后，落入阈值范围的年数 N_i，进而计算各参数的水文改变度。水文改变度的定义如下：

$$D_i = \frac{|(N_i - N_e)|}{N_e} \times 100\% \tag{11-3}$$

式中：D_i 为第 i 个 IHA 参数的水文改变度；N_i 为第 i 个 IHA 参数在联合调度后仍落于 RVA 阈值范围内的年数；N_e 为联合调度后 IHA 参数预期落于 RVA 阈值范围内的年数，用 $r \times N_t$ 来评估，r 为联合调度后 IHA 落于 RVA 目标内的比例，r 取 50%，而 N_t 为联合调度受影响的流量记录总年数，为 47 年。

根据 D_i 计算成果，评价各参数的改变程度。评价标准如下：若 D_i=0～33%，属于低度改变；若 D_i=33%～67%，属于中度改变；若 D_i=67%～100%，属于高度改变；若 D_i=0，则流量过程未改变，为最佳状态。

水库群联合调度前、后各参数水文改变度计算成果及其评价结论见表 11-4。

表 11-4 水库群联合调度前、后评估对象 IHA 参数水文改变度计算成果表

指标序号	指标类别	指标	N_i	N_e	D_i	改变度
1	第 1 组	1 月日均流量/(m^3/s)	15	23.5	36	中
2		2 月日均流量/(m^3/s)	28	23.5	19	低
3		3 月日均流量/(m^3/s)	4	23.5	83	高
4		4 月日均流量/(m^3/s)	4	23.5	83	高
5		5 月日均流量/(m^3/s)	1	23.5	96	高
6		6 月日均流量/(m^3/s)	8	23.5	66	中

续表

指标序号	指标类别	指标	N_i	N_e	D_i	改变度
7	第 1 组	7 月日均流量/(m^3/s)	4	23.5	83	高
8		8 月日均流量/(m^3/s)	18	23.5	23	低
9		9 月日均流量/(m^3/s)	14	23.5	40	中
10		10 月日均流量/(m^3/s)	21	23.5	11	低
11		11 月日均流量/(m^3/s)	17	23.5	28	低
12		12 月日均流量/(m^3/s)	19	23.5	19	低
13	第 2 组	年最大 1 日流量/(m^3/s)	9	23.5	62	中
14		年最小 1 日流量/(m^3/s)	23.5	23.5	0	最佳
15		年最大 3 日流量/(m^3/s)	18	23.5	23	低
16		年最小 3 日流量/(m^3/s)	23.5	23.5	0	最佳
17		年最大 7 日流量/(m^3/s)	16	23.5	32	低
18		年最小 7 日流量/(m^3/s)	23.5	23.5	0	最佳
19		年最大 30 日流量/(m^3/s)	10	23.5	57	中
20		年最小 30 日流量/(m^3/s)	23.5	23.5	0	最佳
21		年最大 90 日流量/(m^3/s)	16	23.5	32	低
22		年最小 90 日流量/(m^3/s)	5	23.5	79	高
23		断流天数/d	23.5	23.5	0	最佳
24		基流指数	24	23.5	2	低
25	第 3 组	年最大流量发生时间/d	31	23.5	32	低
26		年最小流量发生时间/d	28	23.5	19	低
27	第 4 组	高频流量次数/次	23.5	23.5	0	最佳
28		高频流量延时/次	23.5	23.5	0	最佳
29		低频流量次数/次	10	23.5	57	中
30		低频流量延时/次	5	23.5	79	高
31	第 5 组	落水率/[m^3/(s·d)]	1	23.5	96	高
32		涨水率/[m^3/(s·d)]	1	23.5	96	高
33		涨落次数/次	4	23.5	83	高

根据表 11-4 计算河道生态系统整体改变程度，采用水文综合改变度 D_0：

$$D_0 = \sqrt{\frac{1}{33}\sum_{i=1}^{33} D_i^2} \times 100\% = 52.6\% \tag{11-4}$$

因此，研究区河道生态系统的水文综合改变度为 52.6%，属于中度改变。

11.1.4　评估结论

综合以上分析成果，可以得出如下结论：

（1）本研究对象的水库群联合调度，调度运行方式和用水过程的改变对水库下游河道水文过程造成了影响，进而对河道生态系统产生了影响。采用 SVA 方法评估其影响程度为中度改变，其主要原因是第 5 组参数（即涨落水率和涨落次数）以及第 1 组部分参数的高改变度的贡献和影响。

（2）从各组参数的水文改变度计算成果表明：

第 1 组参数：汛期为中改变度或高改变度，非汛期为低或中改变度，表明水库群的调蓄能力和调节作用得到了充分的发挥。表明水库群联合调度对水生生物的栖息地、陆地生物的水需求以及水温、含氧量等产生了不同程度的影响。

第 2 组参数：一半参数为理想状态，未发生改变，其余参数大多为低或中改变度；而且短历时参数基本未受影响，长历时参数影响稍大。表明水库群联合调度对洪水脉冲未产生影响，对河流渠道地貌和自然栖息地的构建、河流和滞洪区的养分交换、植物群落分布等基本未产生影响。

第 3 组参数：均为低改变度。表明水库群联合调度对鱼类游产卵、生命体的循环繁衍、生物繁殖期的栖息地条件、物种进化等影响很小。

第 4 组参数：高频流量相关参数为理想状态；低频流量相关参数影响较大，为中、高改变度。表明水库群联合调度对泥沙运输、渠道结构、底层扰动等基本未产生影响；对水生生物等有一定影响。

第 5 组参数：三个参数均为高改变度。表明水库群联合调度对植物干旱、干燥胁迫等行为影响较大。

11.2　研究区水资源系统响应评估

11.2.1　区域水资源量及用水量

根据相关研究成果，通过 1961—2007 年长系列分析计算成果，得出本区域水资源量及用水量分析计算成果。周公宅水库、皎口水库和其他区域不同水文年份水资源量调查评价成果见表 11-5。根据调查统计分析，研究区各类取水户用水量成果见表 11-6。

表 11-5　各区域水资源量成果表　　单位：万 m^3

频率	50%	75%	95%	多年平均
周公宅水库	14894	12551	7537	14858
皎口水库	28769	24188	15169	28642
其他区域	32452	27285	17112	32309

表 11-6　研究区各类取水户用水量成果表　　单位：万 m^3

频率	50%	75%	95%	备注
农业用水量	5659	6825	7905	
工业用水量	2555			
其他用水量	1460			航运船闸、城镇绿化和街面清洁用水
河道内生态环境用水	多年平均径流量的 30%			

11.2.2　水库群联合调度的响应评估对象与方法

由于本区域及周边区域经济社会快速发展，对优质水资源需求量不断增加，需要周公宅水库和皎口水库提供更多的优质水资源，而通过水库群联合调度将区域内水资源量的向外调出，必将对区域产生一定的影响，因此有必要对此影响进行评估。

评估对象：整个区域水资源经济社会生态复合系统。

评价方法：水资源经济社会生态复合系统是一个开放的、远离平衡态的、非线性系统，属于耗散结构，遵从耗散结构的规律，因此本节采用灰关联熵方法水库群联合调度对区域产生的影响进行评估。

11.2.3　灰关联熵评价模型

系统科学中常用有序、无序来描述客观事物的状态或具有多个子系统组成的系统的状态。水资源生态经济复合系统是耗散结构，遵从耗散结构的规律，因此，可以利用耗散结构中熵变与系统有序性的关系对系统的发展方向进行判别。

11.2.3.1　熵的基本概念与性质

德国物理学家克劳修斯(R.　Clausius)把可逆过程中物质吸收的热与温度之比值称为熵(Entropy)，同时他发现熵有一个重要性质，即：其改变量的大小仅与研究对象的起始状态和终止状态有关，而与其经历的热力学路径无关，也就是说熵是一个状态函数，系统的状态一旦确定，其熵值就保持不变。

1948 年，香农（Shannon）将熵的概念引入信息论，用以表示系统的不确定性、稳定程度和信息量。信息是系统有序程度的一个度量，熵是系统无序程度的一个度量，二者绝对值相等，符号相反。当系统可能处于几种不同状态，每种状态出现的概念为 P_i (i=1,2,⋯,m)时，该系统的熵定义为

$$H(x) = -C\sum_{i}^{m} P(x_i)\log P(x_i) \tag{11-5}$$

由式（11-5）可知，熵有如下主要性质：

（1）可加性：系统的熵等于其各个状态的熵之和。

（2）非负性：根据概率的性质，$P \in [0,1](i = 1,2,\cdots,m)$，因而系统的熵是非负的。

（3）极值性：当系统状态概率为等概率，$P_i = 1/m(i = 1,\cdots,m)$时，其熵达到最大。

（4）与状态编号无关性：系统的熵与其状态出现概率 P_i 的排列次序无关。

熵与有序度之间存在一定的关系，即系统的信息熵大，其有序程度低；反之，系统的

有序程度高，则其熵小。这样，就能利用熵与有序度的关系，用物理量熵来描述系统演化方向。

11.2.3.2　灰关联熵

灰关联分析是贫信息系统分析的有效手段，是灰色系统方法体系中一类重要方法。

（1）灰关联分析原理。一般来说，进行灰关联分析都要把原始因子转化为关联因子集。设序列 $X=\left(x_1,x_2,\cdots,x_r\right)$，$F$ 为 X 的数值映射集，称 X 的象集 χ 为灰关联因子集。$F=\{$初值化，平均值化，最大值化，最小值化，区间值化，正因子化$\}$。

X 为灰关联因子集，$X_0\in\chi$ 为参考列，$X_j\in\chi$ 为比较列，则

$$\xi_k\left[x_0(k),x_j(k)\right]=\frac{\min\left|x_0\left(k\right)-x_j\left(k\right)\right|+\rho_{\max}\left|x_0\left(k\right)-x_j\left(k\right)\right|}{\left|x_0\left(k\right)-x_j\left(k\right)\right|+\rho_{\max}\left|x_0\left(k\right)-x_j\left(k\right)\right|}，\ 1\leqslant k\leqslant r \tag{11-6}$$

$$\xi\left(X_0,X_j\right)=\frac{1}{r}\sum_{k=1}^{r}\xi_k\left[x_0\left(k\right),x_j\left(k\right)\right] \tag{11-7}$$

其中

$$X_0=\left\{x_0\left(k\right)\middle|k=1,\cdots,r\right\},\quad X_j=\left\{x_j\left(k\right)\middle|k=1,\cdots,r\right\}$$

式中：$\xi_k\left[x_0(k),x_j(k)\right]$ 为灰关联度；$\xi(X_0,X_j)$ 为灰关联系数，灰关联系数实质是两点间距离的反映。

（2）灰熵。设灰内涵序列[1] $X=\left(x_1,x_2,\cdots,x_r\right)$，$\forall i,x_i\geqslant 0$，且 $\sum_{i=1}^{r}x_i=1$，称函数 $S\left(X\right)=-\sum_{i=1}^{r}x_i\log x_i$ 为序列 X 的灰熵，x_i 为属性信息。

序列 X 的灰熵与 Shannon 熵函数具有相同的结构，因此，序列 X 的灰熵具有 Shannon 熵的全部性质：对称性、非负性、可加性、上凸性和极值性。

由灰熵函数的上凸性和极值性可知灰熵必有极大值。对灰熵函数及其约束条件，应用拉格朗日极值法有：

$$L=-\sum_{i=1}^{r}x_i\log x_i+\lambda\left(\sum_{i=1}^{r}x_i-1\right) \tag{11-8}$$

对式（11-8）取极值可得：$S_{\max}(X)=\log r$，因此，灰熵在各属性值相等时获得最大值，且与序列 X 的属性值 x_i 无关，只与属性元素的个数有关。

（3）熵关联度。设 χ 为灰关联因子集，$X_0\in\chi$ 为主行为列，$X_j\in\chi$ 为参考列，$j=1,2,\cdots,m$，$R_j=\left\{\xi\left[x_0\left(k\right),x_j\left(k\right)\right],k=1,2,\cdots,r\right\}$，则映射 Map：$R_j\rightarrow P_i$。

[1] 信息不完全不确定的序列为灰内函序列，后边所叙的灰序列都是指满足条件 $\sum_{i=1}^{r}x_i=1$ 的灰序列。

$$p_i = \xi\left[x_0(i), x_j(i)\right] / \sum_{i=1}^{n} \xi\left[x(i), y(i)\right],\ p_i \in P_j, i = 1,2,\cdots,n$$

上式称为灰关联系数分布映射，映射值 p_i 称为分布的密度值。

设函数 $S(R_j) = -\sum_{i=1}^{n} p_i \log p_i$ 为 X_j 的灰关联熵。由灰关联分布映射可知 $p_i \geqslant 0$，且 $\sum p_i = 1$，故灰关联熵是一种灰熵，因此灰熵的熵增定理对灰关联熵也是适用的。

灰关联熵定理：χ 为灰关联子集，S 为参考列的熵集 $S = \left\{S(R_j) \middle| j = 1,2,\cdots,m\right\}$，则 S_j^* 为最强列的充分条件是 $S_j^* = \max\left\{S(R_j)\right\}$。

根据上述定理对灰关联因子集进行灰关联分析，可以用下面定义的熵关联度：

设 χ 为灰关联因子集，$\chi = \left\{X_i \middle| i = 0,1,\cdots,m\right\}, X_i = \left\{x_k \middle| k = 1,2,\cdots,n\right\}$，$X_0$ 为主行列，X_j 为参考列，R_j 为关联系数列，$j \neq 0$，$S(R_j)$ 为关联熵，$S_{\max}$ 代表由 n 个属性元素构成的差异信息列的最大熵，则称 $E(X_j) = S(R_j) / S_{\max}$ 为序列 X_j 的熵关联度。

由灰关联熵定理可知定灰关联序的熵关联度准则：比较列的熵关联度越大，则比较列与参考列的关联性越强。

11.2.4　基于灰关联熵方法的水资源系统有序性分析

11.2.4.1　基础资料分析整理

水资源序列分析：以本区域 1961—2007 年共 47 年的长系列降水资料为基础，分析水库群联合调度前、后历年逐月的水资源过程，形成两个水资源序列，每个序列有 47 个数值，供分析计算使用。图 11-5 ~ 图 11-7 给出了其中部分年份的水资源过程计算成果。

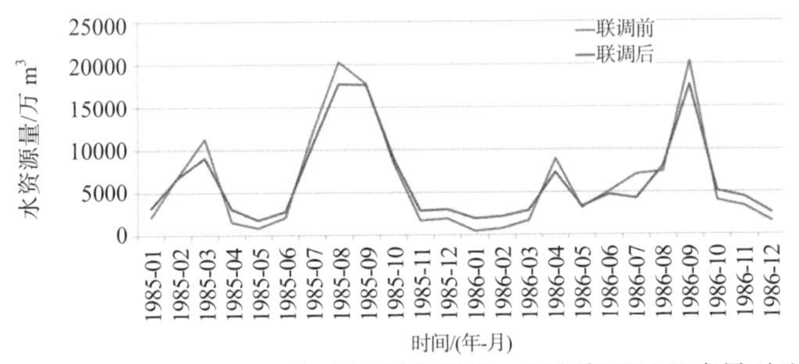

图 11-5　1985—1986 年水库群联调前、后水资源过程成果对比图

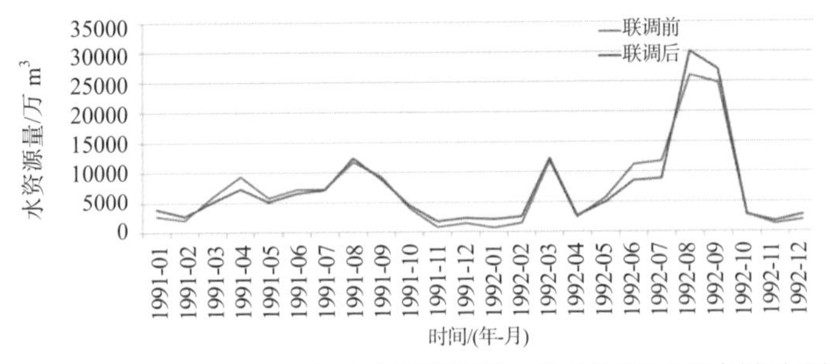

图 11-6　1991—1992 年水库群联调前、后水资源过程成果对比图

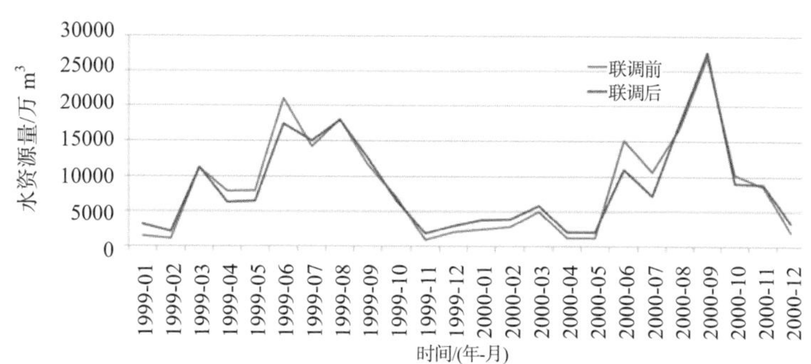

图 11-7　1999—2000 年水库群联调前、后水资源过程成果对比图

用水量序列分析：以本区域 1961—2007 年共 47 年的长系列降水、蒸发资料为基础，结合区域外用水需求，在分析生活、工业、农业和其他行业需水量的基础上，计算其历年逐月需水量，形成用水量序列，该序列有 47 个降水蒸发数值。图 11-8 ~ 图 11-10 给出了其中部分年份的用水过程计算成果。

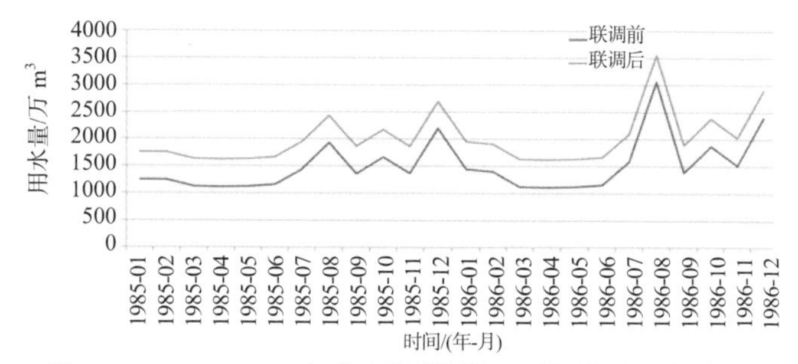

图 11-8　1985—1986 年水库群联调前、后用水过程成果对比图

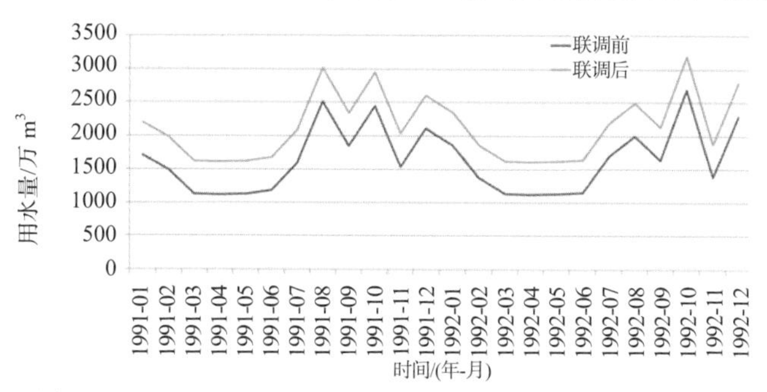

图 11-9　1991—1992 年水库群联调前、后用水过程成果对比图

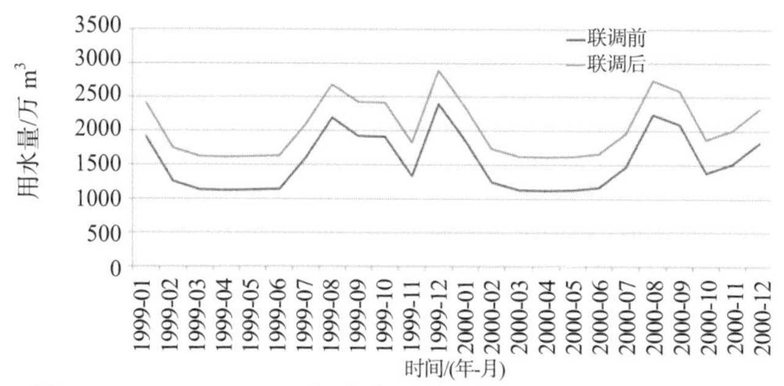

图 11-10　1999—2000 年水库群联调前、后用水过程成果对比图

11.2.4.2　灰关联熵计算方法

以历年的水资源序列、用水量系列为基本参数，计算逐年的灰关联熵。步骤如下：

（1）设 $x=(x_1,x_2,\cdots,x_{12})$ 为某年的水资源量系列，x_i（$1\leqslant i\leqslant 12$）为给第 i 个月的水资源量；$y=(y_1,y_2,\cdots,y_{12})$ 为相应年的需水量系列，y_i ($1\leqslant i\leqslant 12$)为给第 i 个月的需水量。首先按下式对系列 x_i 和 y_i 进行无量纲化。

$$x_i'=\frac{x_i}{\frac{1}{m}\sum_{i=1}^{m}x_i},\quad y_i'=\frac{y_i}{\frac{1}{m}\sum_{i=1}^{m}y_i},\quad 1\leqslant i\leqslant 12 \tag{11-9}$$

（2）按下式计算两个无量纲系列中各对应值绝对差的最大和最小值。

$$\varDelta(\min)=\min\left\{\left|x_i'-y_i'\right|\right\},\quad \varDelta(\max)=\max\left\{\left|x_i'-y_i'\right|\right\},\quad 1\leqslant i\leqslant 12 \tag{11-10}$$

（3）计算灰关联系数。x_i' 和 y_i' 的灰色关联系数为

$$\xi_i(t)=\frac{\varDelta(\min)+\rho\varDelta(\max)}{\left|x_i'-y_i'\right|+\rho\varDelta(\max)},\quad 1\leqslant i\leqslant 12 \tag{11-11}$$

式中：$\rho\ (0<P<1)$为分辨系数，这里取 0.5；t 为年份序号，$t=1,2,\cdots,47$。

（4）计算灰关联熵。灰关联熵计算公式为

$$S(t)=-\sum_{i=1}^{12}\left[\xi_i(t)\log\left(\frac{\xi_i(t)}{\sum_{i=1}^{12}\xi_i(t)}\right)\right]_i \tag{11-12}$$

11.2.4.3　计算成果

计算水库群联合调度前、后区域历年的月灰关联熵，如图 11-11 ~ 图 11-13 所示，进而计算历年年灰关联熵见表 11-17，并绘制其变化曲线如图 11-14 所示。

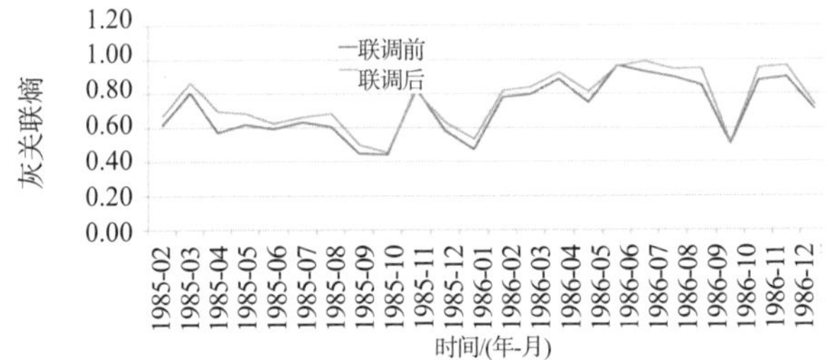

图 11-11　1985—1986 年水库群联调前、后月灰关联熵成果对比图

图 11-12　1991—1992 年水库群联调前、后月灰关联熵成果对比图

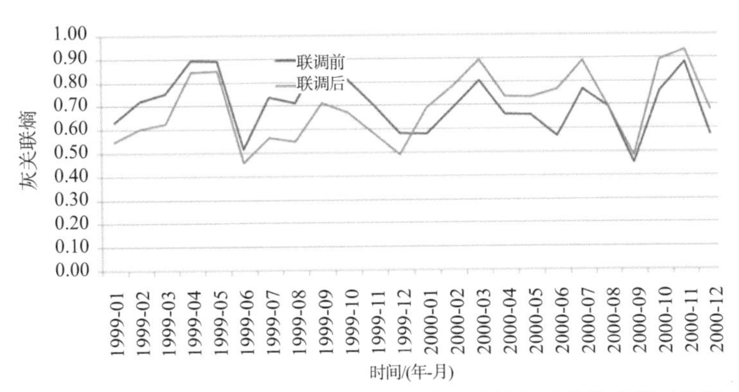

图 11-13 1999—2000 年水库群联调前、后月灰关联熵成果对比图

表 11-7 水库群联合调度前、后区域系统历年灰关联熵对照表

年份	联调前	联调后	年份	联调前	联调后	年份	联调前	联调后
1961	7.73	8.51	1977	9.15	8.49	1993	9.70	8.03
1962	8.28	9.38	1978	8.99	8.60	1994	9.91	10.56
1963	9.41	10.00	1979	10.14	10.15	1995	7.66	8.08
1964	8.12	8.76	1980	8.45	8.22	1996	8.94	8.85
1965	9.00	9.28	1981	9.66	10.39	1997	9.41	9.13
1966	7.02	8.23	1982	8.43	9.59	1998	8.12	8.21
1967	7.15	8.49	1983	8.55	7.12	1999	8.87	7.52
1968	8.93	8.11	1984	9.21	9.24	2000	8.08	9.19
1969	8.00	8.40	1985	7.19	7.82	2001	9.40	9.31
1970	8.27	9.50	1986	9.83	10.41	2002	7.66	8.17
1971	8.49	8.33	1987	8.60	8.80	2003	7.96	8.36
1972	9.53	9.62	1988	7.60	7.54	2004	9.63	9.90
1973	7.40	8.09	1989	7.86	8.75	2005	7.50	7.87
1974	8.36	8.66	1990	8.85	9.26	2006	7.87	7.62
1975	7.90	7.90	1991	9.77	8.88	2007	7.66	9.15
1976	8.86	9.37	1992	7.40	8.25	均值	8.28	8.79

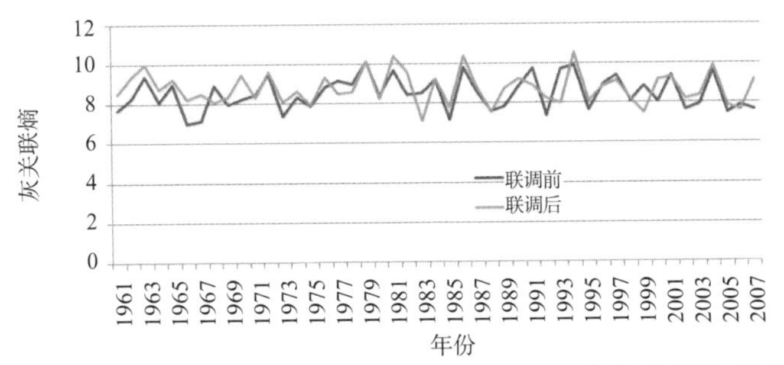

图 11-14 水库群联合调度前、后区域系统历年灰关联熵对照图

11.2.5　评价结论

由上述分析可以看出：

由于水资源系统是一个耗散结构，系统与外界进行能量交换，进而引起水资源系统中水资源过程以及用水量的随机动态变化，导致水资源系统总熵有增有减。从各月灰关联熵对比成果分析，水库群联合调度前后，水资源系统灰关联熵值有的增加，有的减小；从各年灰关联熵对比成果分析，水库群联合调度前后，水资源系统灰关联熵值部分增加，也有部分减小。由于熵值增大，系统无序性增强，向恶性演化；熵值减小，系统有序性增加，向良性演化。说明水库群联合调度前后，部分月份、部分年份水资源系统向恶性演化；而另一部分月份和年份水资源系统向良性演化。

从月灰关脸熵值和年灰关联熵值的变化趋势分析，尽管水资源系统总熵随月份和年份呈增、减变化，但是系统熵值基本稳定，基本界于 7 ~ 10 之间；从多年灰关联熵平均值分析，水库群联合调度前后，系统熵值从 8.28 增加到 8.79。说明该区域水资源系统总体稳定。

第三篇

白水坑-峡口梯级水库联合调度研究

第12章　江山市基本情况

12.1　自然概况

江山市位于浙江省西南部，为浙、闵、赣三省交界地。东北面衢州市柯城区，东邻衢江区、遂昌县，南毗福建省浦城县，西部与江西省玉山县、广丰县接壤，北连常山县，总面积 2019km^2。

江山素有“东南锁钥、入闽咽喉”之称，是浙江省的西南门户和钱江源头之一，浙赣铁路复线和已建成通车的黄衢南高速公路贯穿全境。连接浙闽皖的 205 国道和 617 省道以及通往玉山、广丰等公路干线均经境内，通车里程 655km。

全市气候属亚热带季风气候区，年平均气温 17.1℃，年降水量 1650～2200mm，年平均日照时数 2063.3h，无霜期 253d 左右。地势南高北低，仙霞岭斜贯东南，怀玉山支脉盘亘西北，最高处为南部大龙岗，海拔 1500.3m，最低处北部渡船头，海拔 73m。主要河流为钱塘江水系的江山港，境内流长 105km。水力发电可开发量 8.81 万 kW。地下矿产资源有石灰石、萤石、白云石等 20 余种。

12.2　社会经济情况

江山市域面积 2019km^2，下辖 12 个镇 6 个乡 2 个街道、295 个行政村 13 个社区，总人口 60.13 万人。2011 年，全市实现地区生产总值 201.04 亿元，财政总收入 16.03 亿元，城镇居民人均可支配收入 22704 元、农民人均纯收入 10887 元。

江山是浙江省农业大县，先后被命名为中国白菇之乡、中国蜜蜂之乡、中国白鹅之乡、中国猕猴桃之乡、全国粮食高产示范县、全国粮食生产先进县。近年来，白菇产量与出口量均居国内县（市）之首；蜂群数 23 万箱，蜂产业规模和效益连续 20 年居全国第一；生猪饲养量 205 多万头，被评为全国生猪调出大县。江山是浙江省老工业基地，目前已形成以机电、电光源、木业加工、消防器材及高新技术等浙江特色产业和建材、化工两个传统产业为主要支撑的产业体系以及“一体两翼、一区多园”的工业平台开发体系。2011 年，实现工业总产值 430.8 亿元。

江山是一个依山傍水的山水园林城市，城区规划面积 275km^2，建成区面积 15.8km^2，城区人口 16.9 万人，城市化率 47%，城镇居民人均住房面积 32.64m^2。境内森林覆盖率 68.4%，城区绿地率 41.3%，绿化率 43%。

12.3　研究区概况

12.3.1　研究区基本情况

12.3.1.1　流域概况

白水坑、峡口水库位于江山市江山港干流。江山港属钱塘江流域衢江水系，发源于龙井坑上游海拔 1180.2m 的小苏州岭。干流在双溪口村以上称双溪，双溪口村以下称定村溪，定村溪流经定村在白水坑村与周村溪汇合后称江山港。

白水坑、峡口水库所处流域地处浙西山区与福建省交界，属仙霞岭山脉北坡低、中山区，分水岭平均高程约 1100m，最高峰为定村溪与周村溪的分水岭大龙岗，海拔 1500m。域内重峦叠嶂，沟谷纵横，山坡多为薄层黄、红壤覆盖，间有基岩裸露，但一般都有林木、杂草等植被，流域内耕地较少，森林覆盖率达 76%以上。

12.3.1.2　气象

白水坑、峡口水库所在流域无气象台站，坝址下游地区设有江山气象站，该站于 1956 年设置，位于江山市蔡新乡。1960 年 6 月迁至江山市城关镇北关坂“城郊”。

据江山站实测资料统计，多年平均气温为 17.10℃，极端最高气温为 40.2℃（1971 年 7 月 31 日），极端最低气温-11.2℃（1980 年 2 月 9 日）。多年平均蒸发量为 1475mm（φ20cm 蒸发皿），月平均蒸发量 7 月、8 月较大，达 220mm 左右，1 月、2 月较小，在 55mm 左右。流域降水主要受锋面气旋的影响，其次是台风雨及地形雨。降水量年内及年际变化大，多年平均降水量为 1930mm，最大年降水量为 2718mm（1975 年），最小年降水量为 1273mm（1971 年）。流域多年平均雨日 175d。本地 3 月、4 月是西北季风减退和东南季风开始增强期，冷暖空气交汇，形成绵绵春雨。4 月中旬至 7 月中旬，夏季风的暖气流与南下的冷空气相遇，本地有持续时间较长的锋面雨，阴雨连绵，降水集中，俗称梅雨。夏秋季本地常受副高压控制，降水主要为台风暴雨和局部雷阵雨。受台风和热带风暴影响的时间大多集中在 7 月下旬至 9 月下旬。若夏秋季受台风和热带风暴影响较少，则易造成高温干旱。11 月至翌年 2 月，本地受冷高压控制，天气以晴冷为主，降水量较少。

12.3.2　工程概况

白水坑水库位于江山市境内江山港上游河段上，大坝建在峡口镇雪花淤桥附近，距下游峡口水库坝址约 20km。坝址以上主流长 26km，集水面积 330km^2，年均降雨量 1937mm，年均径流总量 4 亿 m^3，属于完全年调节水库。

峡口水库位于江山市峡口镇峡东村，距白水坑水库坝址 20km，下游距江山市区 43 km。水库坝址以上集水面积为 399.3km^2，主流长 46.8km ，河道比降为 6.37‰。年均降雨量为 1930mm，年均径流总量 4.76 亿 m^3。

白水坑水库、峡口水库特性参数见表 12-1。白水坑水库、峡口水库水位容积关系如图 12-1、图 12-2 所示。

表 12-1 白水坑、峡口水库工程特性表

序号	名　　称	单位	白水坑水库	峡口水库
1	坝址以上流域面积	km^2	330	399.3
2	多年平均降水量	mm	1937	1930
3	多年平均径流总量	亿 m^3	4.0	4.76
4	正常蓄水位	m	348.3	235.24
5	正常库容	万 m^3	21504	4680
6	汛期限制水位(梅汛/台汛)	m	343.8/348.3	235.24/235.24
7	汛期限制库容(梅汛/台汛)	万 m^3	18470/21504	4680/4680
8	死水位(灌溉/发电)	m	308.3/326.3	194.5/218.24
9	死库容(灌溉/发电)	万 m^3	3856/9423	80/1620
10	装机容量	MW	2 × 20	14
11	保证出力	MW	6.73	4.27
12	发电隧洞设计流量	m^3/s	47	40.2

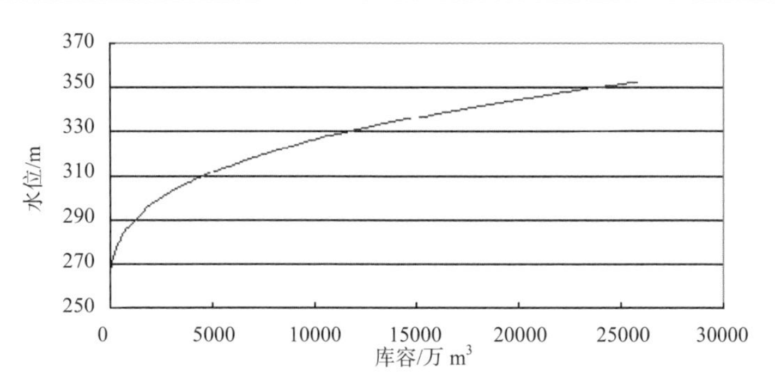

图 12-1 白水坑水库水位-库容关系图

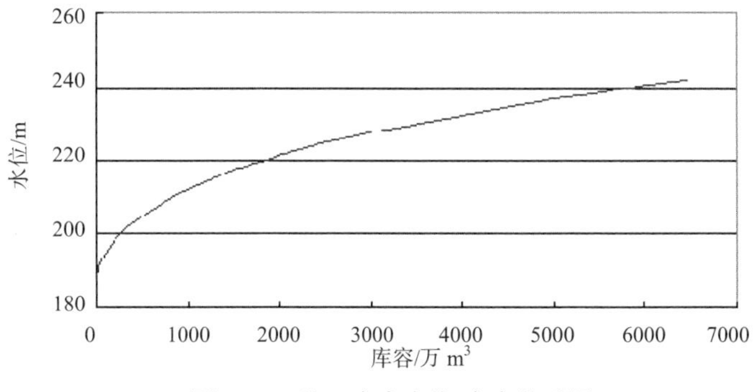

图 12-2 峡口水库水位-库容关系图

12.4　项目研究背景

峡口水库建于 1973 年，总库容 6340 万 m^3，是一座以灌溉、防洪为主，结合发电、供水等综合利用的中型水利工程。

白水坑水库建于 2003 年，是一座集防洪、发电、灌溉、生态等效益于一体的大（二）型控制性水利工程，总库容 24620 万 m^3。白水坑、峡口水库位置图如图 12-3 所示。白水坑水库建成后，与峡口水库形成梯级，在流域防洪、发电、供水灌溉等方面发挥重要作用。

（1）防洪方面：从衢江防洪来看，衢江干流受梅汛洪水控制，上游的碗窑水库和白水坑水库主要对江山港和江山市城区起防洪作用，同时配合湖南镇水库对衢江干流洪水起错峰作用。从江山港防洪来看，在白水坑水库未建时，江山港两岸洪涝灾害频繁发生，大部分沿江地区防洪能力不足 5 年一遇，江山市城区的防洪标准也只有 10 年一遇。白水坑建成后，该水库结合其他工程可使下游江山市城区、浙赣铁路防洪能力达到 50 年一遇，建制镇及重要厂矿防洪能力达到 20 年一遇；乡村级农田达到 5 ~ 10 年一遇。

（2）发电方面：江山和衢州电网峰谷差大、调峰能力不足。白水坑-峡口梯级水库总装机容量 56MW，水库总库容 3.08 亿 m^3，是江山、衢州电网的骨干调峰电站，可以有效缓解该电网调峰能力不足。

（3）供水灌溉：白水坑、峡口水库承担下游 14.5 万亩灌区的灌溉任务，设计灌溉保证率为 90%。同时，白水坑、峡口水库是峡口水厂的水源地，现状主要承担峡口等乡镇的用水要求。

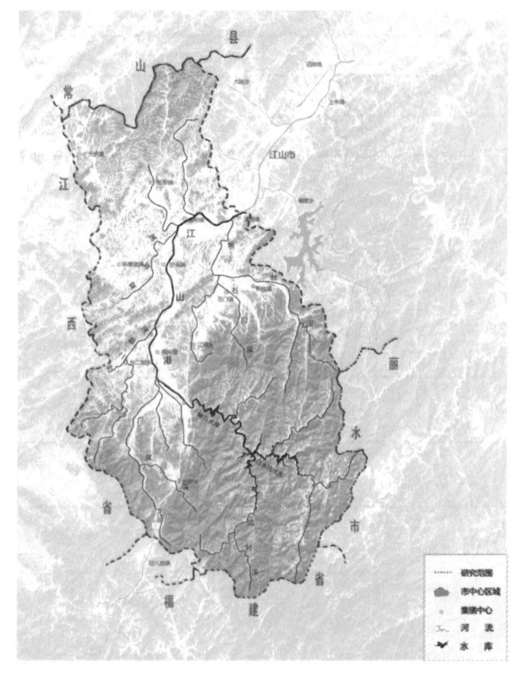

图 12-3　白水坑、峡口水库区位图

（4）梯级水库急需实现联合调度：峡口水库、白水坑水库现状控制运行规则相互独立，在实际调度中没有充分协调两库的工程能力及发挥联调效益。例如，白水坑水库的发电引水流量为 $2\times23.5m^3/s$，而峡口水库发电引水流量为 $40.2m^3/s$，即使不考虑区间径流的情况，二者之间的能力也不相协调，为提高两库的效益，迫切需要白水坑、峡口水库实现联合调度。

（5）峡口水库下游用水户发生变化：峡口水库灌区包括江山市 13 个乡镇和 2 个农林场，设计灌溉面积 21.9 万亩，实际灌溉面积 14.5 万亩，分东西两条干渠，总长度 106km，多年平均农业灌溉供水量为 8350 万 m^3。另外近年来，由于城镇化和工业化进程加快，对峡口水库提出了生活和工业用水要求。因此，梯级水库调度运行方式要与其相适应。

（6）充分发挥梯级水库综合效益：白水坑水库建成后，与峡口水库形成梯级开发，共同发挥防洪、兴利作用。原来由峡口水库承担的下游防洪、灌溉、供水任务，改为由白水坑水库和峡口水库共同承担。为发挥水库调度的综合效益，有必要在总结以往调度经验的基础上，在保证水库下游防洪安全的前提下，充分发挥两座水库的综合效益，实现梯级水库综合效益的最大化，是联合调度研究的主要目标。

（7）梯级水库联合调度条件成熟：白水坑水库于 2008 年年底完成竣工验收。在此之前，白水坑和峡口两座水库分属不同的管理单位。防洪、兴利调度方案实施过程中管理单位存在着以各自利益为主的调度局限性。水库调度中的防洪、兴利效益没能充分发挥。目前白水坑水库、峡口水库由峡口水库管理局统一管理，管理机构的一体化为联合调度创造了良好条件。

综上所述，为充分发挥梯级水库联合调度的效益，为两库联合调度提供操作规则，需要开展梯级水库优化调度研究。

第 13 章　项目研究总体方案

13.1　项目研究任务

白水坑水库建成后，原由峡口水库单独承担的防洪、灌溉、供水等任务转由两个水库共同承担。但由于历史沿革形成的体制不同等诸多原因，白水坑-峡口水库目前缺少统一的调度方案和规则，为两库的调度运行带来较多不便。在不增加工程原有防洪风险的基础上，如何协调两库运行中的发电、供水等效益，发挥梯级水库的社会效益和经济效益受到各级政府及有关部门的重视。同时，随着社会经济发展、水文资料的延长、峡口水库灌区的种植结构及研究单元各区域用水需求发生改变，因此峡口水库灌区的需水量及各研究单元的水资源量需要分析复核。

根据研究目标确定本研究的主要任务为：在不增加水库现有防洪风险（保持水库汛限水位不变）的基础上，分析复核研究区域各单元水资源、峡口水库灌区灌溉需水量，研究提出峡口水库灌溉补水量，进而研究提出白水坑-峡口水库联合兴利调度规则和方案，为指导白水坑-峡口水库实际调度服务。

主要研究任务包括以下四个方面：

（1）水文计算分析：在收集研究区域水文资料基础上，分析计算研究区域各计算单元长系列（1961—2008 年）入库流量，为梯级水库兴利调度研究提供基础。

（2）峡口水库灌溉水量分析：依据峡口水库灌区现状用水户情况，在分析各用户需水量的基础上进行水资源供需平衡分析，进而确定峡口水库对峡口灌区的灌溉水量。

（3）梯级水库联合兴利调度方案及原则：依据白水坑、峡口水库兴利调度的实际，在分析计算的基础上，提出两库联合兴利调度的目标、规则及方案，为两库实际调度服务。

（4）利用实测水文资料或随机水文资料验证两库联合兴利调度规则的有效性及两库联合调度的兴利效益。

13.2　项目研究总体思路

根据项目研究任务，为提高白水坑-峡口梯级水库的运行效益和协调两库兴利调度。本项目研究的总体思路是：从江山市经济社会发展对白水坑、峡口水库提出的水资源利用要求出发，以提高梯级水库社会和经济总效益为目的，以优化梯级水库联合调度规则和方案为重点，根据梯级水库水资源供需系统状况、水库汛限水位，构建梯级水库兴利优化调度模型，采用遗传算法优化水库兴利调度规则，研究提出梯级水库优化后的调度图，指导梯级水库兴利调度工作。

依据项目研究的总体思路，确定研究技术路线如图 13-1 所示。

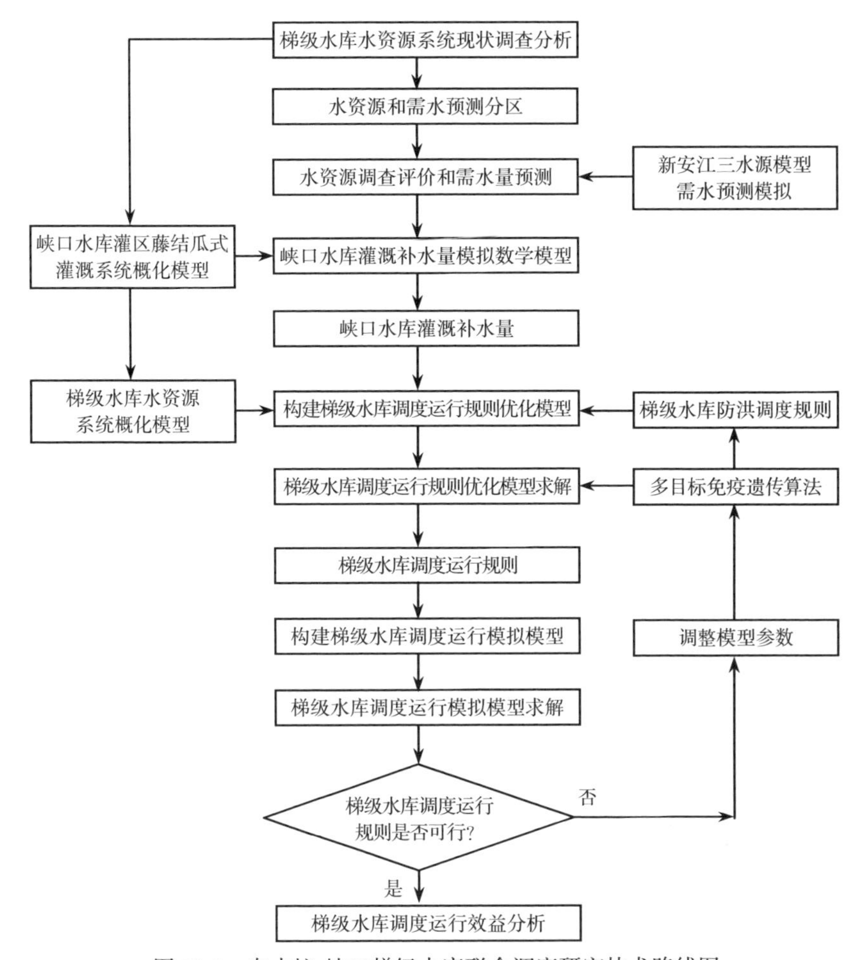

图 13-1 白水坑-峡口梯级水库联合调度研究技术路线图

第 14 章　水文模型与水资源调查评价

14.1　水文基本资料

14.1.1　雨量与水文测站

梯级水库所在流域设有白水坑水文站和峡口水文站。峡口站设于 1951 年 9 月，集雨面积 400km^2，起始观测降水量，1956 年改设为流量站，1968 年由于兴建峡口水库而停测，1972 年峡口水库建成后改为水库出库水文站。白水坑站于 1974 年底设立，集水面积 330 km^2，起始观测降水量，1976 年底改设为流量站。研究区设有双溪口、大平头、岭头、白水坑、东坑、峡口、保安、柘岱口等雨量站。

各测站基本情况见表 14-1，分布位置如图 14-1 所示。

表 14-1　项目研究区雨量与水文站一览表

测站	设立年份	资料系列年
双溪口	1962	降水量 1962—2006 年
大平头	1981	降水量 1982—2006 年
岭　头	1962	降水量 1962—2006 年
岩坑口	1957	降水量 1957—1995 年
白水坑	1975	降水量 1975—2006 年、流量 1977—2000 年
东　坑	1965	降水量 1966—1995 年
峡　口	1951	降水量 1952—2006 年、流量 1957—1967 年
保　安	1962	降水量 1962—2006 年
长台	1962	降水量 1962—2006 年
塘源口	1965	降水量 1965—2006 年
碗窑	1956	降水量 1962—2006 年
江山	1956	降水量 1962—2006 年
双塔底	1956	降水量 1962—2006 年
坛石	1962	降水量 1962—2006 年

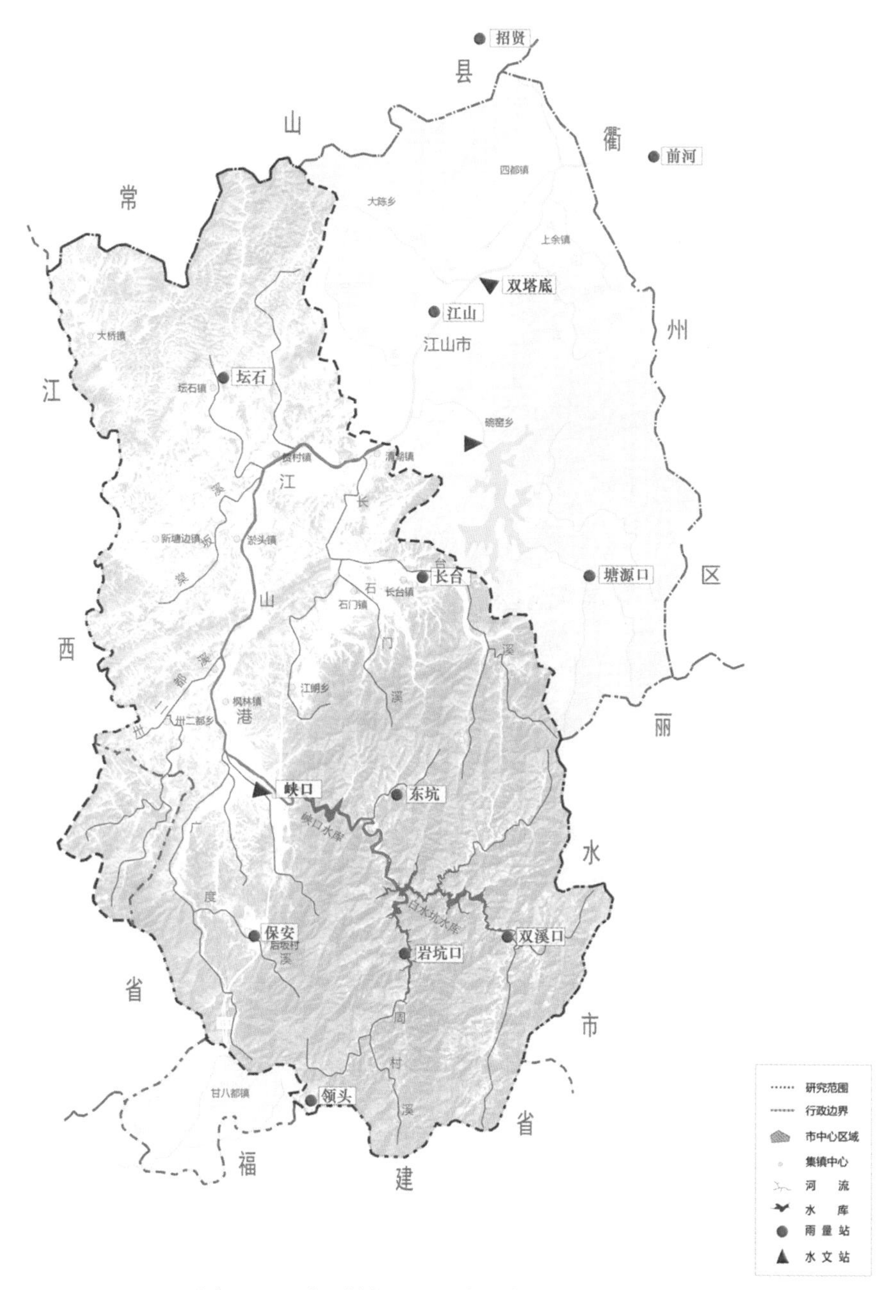

图 14-1 项目研究区雨量站和水文站分布图

14.2 水资源计算分区

根据本项目研究任务和总体思路，将项目研究区分为三个水资源计算分区，分别为白水坑水库集水区（以下简称白水坑区）、白水坑水库大坝-峡口水库大坝区间（以下简称白-峡区间）和非枢纽工程控制区，各分区范围如图 14-2 所示，各分区面积见表 14-2。

表 14-2　各水资源分区面积表

分区名称	白水坑区	白-峡区间	非枢纽工程控制区
集水面积/km^2	330	69.3	845

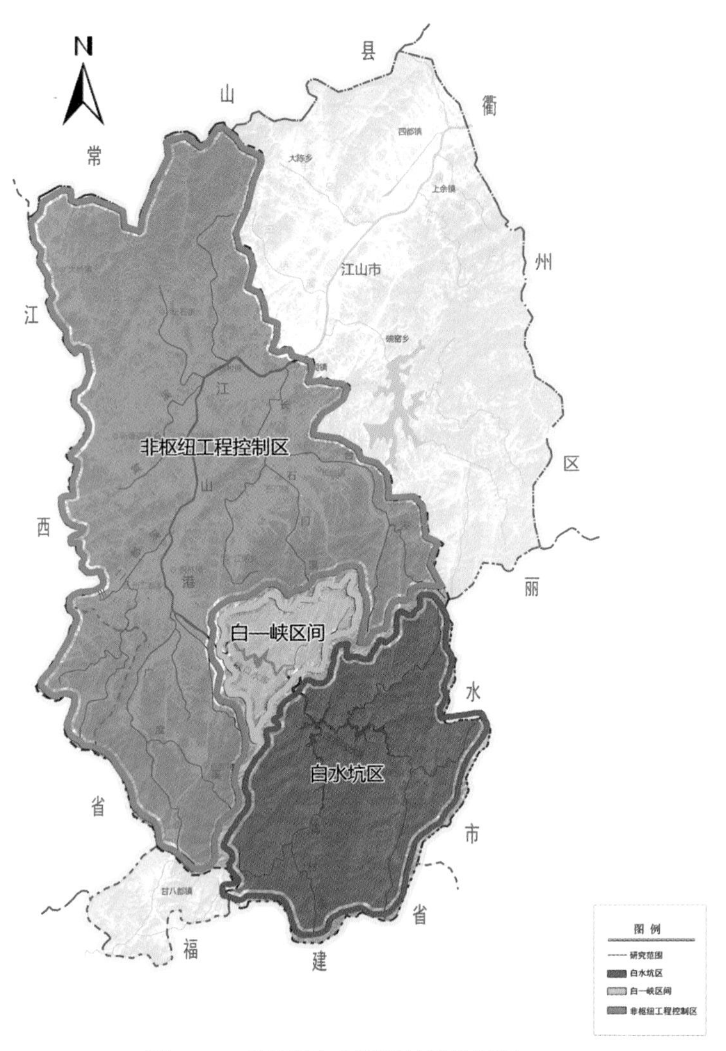

图 14-2　项目研究水资源计算分区图

14.3　降水量分析评价

在对资料系列相对较短测站利用相关关系进行插补延长的基础上，依据雨量站位置分布，采用泰森多边形法推求白水坑区、白-峡区间和非枢纽工程控制区 1965—2008 年面雨量。各雨量站控制流域面积权重系数见表 14-3。各计算单元面雨量系列进行经验频率计算，按 P-Ⅲ型曲线适线拟合，求得各频率年降雨量，成果见表 14-4。1965—2008 年各水资源分区逐月降雨量计算成果见表 14-5 ~ 表 14-7。

表 14-3 各雨量站控制水资源计算分区面积权重系数表

测站	白水坑区	白-峡区间	非枢纽工程控制区
双溪口	0.293		
大平头	0.13		
岭 头	0.147		
岩坑口	0.263		
白水坑	0.112	0.19	
东 坑	0.022	0.593	
峡 口		0.142	0.112
保 安	0.032	0.075	0.052
长台			0.142
塘源口			0.163
碗窑			0.114
江山			0.149
双塔底			0.129
坛石			0.139

表 14-4 各水资源计算分区不同频率面雨量计算成果表

计算分区	降雨量/mm				
	50%	75%	90%	95%	多年平均
白水坑区	1860	1608	1442	1357	1896
白-峡区间	1903	1596	1465	1353	1932
非枢纽工程控制区	1852	1495	1412	1295	1865

表 14-5 白水坑区面降雨量计算成果表 单位：mm

年份	1 月	2 月	3 月	4 月	5 月	6 月	7 月	8 月	9 月	10 月	11 月	12 月	全年
1965	18	124	119	301	149	243	150	163	58	99	159	145	1728
1966	107	113	192	286	197	359	242	99	104	79	52	68	1899
1967	28	113	240	190	509	446	121	91	41	8	57	25	1871
1968	36	48	171	182	291	393	383	78	129	15	20	122	1868
1969	127	172	175	219	433	366	331	139	81	59	45	27	2172
1970	80	79	285	258	369	398	226	134	130	68	72	85	2183
1971	14	51	69	127	284	273	50	131	110	52	6	66	1233
1972	22	178	89	191	218	347	155	145	163	99	98	105	1808
1973	98	74	181	301	534	516	184	53	239	43	7	0	2231
1974	75	77	85	165	210	279	234	278	15	104	89	145	1755
1975	58	121	201	533	426	430	160	324	141	110	76	80	2660

续表

年份	1 月	2 月	3 月	4 月	5 月	6 月	7 月	8 月	9 月	10 月	11 月	12 月	全年
1976	24	112	203	270	182	604	371	98	74	103	33	51	2125
1977	117	59	106	407	354	459	110	190	64	68	14	77	2023
1978	71	99	231	182	141	348	179	179	134	12	29	20	1625
1979	84	74	187	183	164	238	166	164	162	0	17	27	1468
1980	79	151	292	246	234	217	176	194	48	95	28	13	1773
1981	70	100	226	324	188	128	183	138	74	86	162	19	1700
1982	30	206	195	170	123	412	168	52	144	97	111	26	1734
1983	93	121	107	414	252	440	224	110	181	41	17	45	2046
1984	72	68	206	248	296	345	177	117	121	85	68	54	1856
1985	58	177	225	79	239	294	164	186	173	20	57	48	1720
1986	23	74	231	205	133	176	152	158	106	89	40	16	1404
1987	57	69	293	234	297	261	260	108	128	97	150	7	1960
1988	74	224	205	141	364	396	84	246	251	3	6	11	2005
1989	166	119	137	364	387	377	422	123	170	43	23	52	2385
1990	122	139	123	195	212	347	102	194	78	79	110	25	1725
1991	101	63	230	319	197	164	47	97	54	62	51	60	1445
1992	87	125	410	173	245	314	377	226	136	1	29	90	2213
1993	68	73	123	231	350	571	279	82	125	44	59	33	2036
1994	60	158	193	227	205	585	100	396	70	51	9	230	2284
1995	98	76	252	431	333	740	126	106	53	48	8	9	2280
1996	104	46	357	147	115	177	154	185	55	36	26	14	1417
1997	47	74	163	198	253	285	486	225	87	28	284	108	2238
1998	245	138	309	117	203	762	363	127	86	10	66	33	2458
1999	77	28	257	245	338	277	337	270	32	40	13	5	1919
2000	110	94	153	261	169	641	112	169	55	249	90	32	2135
2001	104	78	160	222	140	363	175	275	15	53	146	107	1837
2002	127	42	180	372	225	376	301	243	105	131	150	95	2348
2003	100	137	106	280	213	214	76	181	53	8	33	18	1420
2004	65	119	142	134	252	128	118	188	164	20	47	94	1472
2005	126	244	157	155	284	268	115	214	62	43	102	53	1822
2006	78	133	131	279	380	457	74	204	105	17	89	27	1974
2007	62	104	148	245	148	267	102	141	140	104	16	75	1551
2008	80	70	105	259	183	325	161	80	109	110	109	9	1600
平均	80	108	190	243	260	364	197	166	105	62	65	56	1896

表 14-6 白-峡区间面降水量计算成果表 单位：mm

年份	1月	2月	3月	4月	5月	6月	7月	8月	9月	10月	11月	12月	全年
1965	18	139	123	290	172	228	136	156	53	108	143	150	1717
1966	112	117	234	272	178	350	264	57	101	74	62	69	1889
1967	33	104	246	186	523	447	69	82	41	6	65	29	1831
1968	49	47	184	181	279	381	370	76	108	15	24	126	1840
1969	155	161	185	205	433	351	287	164	82	47	47	22	2139
1970	79	95	276	243	363	370	193	142	147	56	69	85	2117
1971	20	56	76	125	326	272	31	122	111	52	9	61	1260
1972	30	203	93	190	270	360	117	222	155	104	118	115	1976
1973	114	104	196	306	522	461	228	85	219	49	8	0	2292
1974	89	81	95	180	212	278	215	316	18	79	93	141	1798
1975	67	129	221	565	482	433	140	306	141	105	88	117	2794
1976	25	116	269	311	169	521	273	89	96	125	43	49	2086
1977	126	65	120	475	399	443	121	247	66	82	15	84	2243
1978	64	104	265	183	136	358	129	114	157	22	29	31	1592
1979	86	72	197	207	144	248	190	96	160	0	16	29	1445
1980	78	161	282	246	232	220	239	221	56	106	33	19	1892
1981	80	125	226	322	176	99	186	188	75	97	166	22	1760
1982	38	216	233	147	123	400	155	82	124	103	123	27	1771
1983	118	121	101	426	281	370	240	117	153	54	25	49	2052
1984	81	83	221	263	291	306	196	139	111	90	71	56	1909
1985	64	175	233	82	237	280	129	107	103	31	56	58	1555
1986	26	80	240	254	144	200	186	147	60	108	45	15	1504
1987	57	76	284	276	313	262	224	107	122	119	146	2	1987
1988	80	236	218	151	381	393	109	190	225	4	7	11	2005
1989	172	105	171	324	393	363	409	77	167	36	31	55	2304
1990	124	146	122	224	226	423	70	164	106	70	117	30	1820
1991	112	71	233	357	172	131	41	91	52	69	52	64	1445
1992	85	123	388	174	235	339	327	175	161	1	36	96	2141
1993	72	82	122	212	328	586	248	84	107	55	56	40	1992
1994	59	151	206	233	258	603	116	423	65	57	14	254	2441
1995	104	78	232	447	334	731	110	104	51	56	9	9	2264
1996	121	46	327	160	128	123	132	196	11	42	47	26	1357
1997	52	79	182	213	214	241	329	302	80	28	332	129	2182
1998	261	136	343	174	202	793	374	46	103	17	68	38	2555

续表

年份	1 月	2 月	3 月	4 月	5 月	6 月	7 月	8 月	9 月	10 月	11 月	12 月	全年
1999	86	28	272	254	311	366	284	305	81	53	14	4	2058
2000	119	107	171	295	173	641	75	120	39	250	116	50	2157
2001	123	93	176	281	116	371	213	334	30	64	165	138	2104
2002	138	55	211	359	244	428	356	295	110	152	157	128	2633
2003	112	154	124	330	206	215	93	114	106	15	55	21	1545
2004	74	120	135	147	306	149	130	188	167	26	54	107	1603
2005	120	278	181	154	285	322	93	174	38	44	117	51	1857
2006	76	149	129	305	346	402	50	147	116	6	91	31	1849
2007	76	107	162	265	168	205	99	187	169	155	14	99	1706
2008	95	78	113	274	255	251	103	41	77	123	127	11	1549
平均	88	115	200	256	266	357	184	162	103	67	72	62	1932

表 14-7　非枢纽工程控制区面降水量计算成果表　　单位：mm

年份	1 月	2 月	3 月	4 月	5 月	6 月	7 月	8 月	9 月	10 月	11 月	12 月	全年
1965	17	134	119	280	166	220	131	151	51	104	138	145	1657
1966	108	113	226	263	172	338	255	55	97	71	60	67	1823
1967	32	100	237	180	505	431	67	79	40	6	63	28	1768
1968	47	45	178	175	269	368	357	73	104	14	23	122	1776
1969	150	155	179	198	418	339	277	158	79	45	45	21	2065
1970	76	92	266	235	350	357	186	137	142	54	67	82	2044
1971	19	54	73	121	315	263	30	118	107	50	9	59	1216
1972	29	196	90	183	261	348	113	214	150	100	114	111	1907
1973	110	100	189	295	504	445	220	82	211	47	8	0	2213
1974	86	78	92	174	205	268	208	305	17	76	90	136	1736
1975	65	125	213	545	465	418	135	295	136	101	85	113	2697
1976	24	112	260	300	163	503	264	86	93	121	42	47	2014
1977	122	63	116	459	385	428	117	238	64	79	14	81	2165
1978	62	100	256	177	131	346	125	110	152	21	28	30	1537
1979	83	70	190	200	139	239	183	93	154	0	15	28	1395
1980	75	155	272	237	224	212	231	213	54	102	32	18	1826
1981	77	121	218	311	170	96	180	181	72	94	160	21	1699
1982	37	209	225	142	119	386	150	79	120	99	119	26	1710
1983	114	117	97	411	271	357	232	113	148	52	24	47	1981
1984	78	80	213	254	281	295	189	134	107	87	69	54	1843

续表

年份	1月	2月	3月	4月	5月	6月	7月	8月	9月	10月	11月	12月	全年
1985	62	169	225	79	229	270	125	103	99	30	54	56	1501
1986	25	77	232	245	139	193	180	142	58	104	43	14	1452
1987	55	73	274	266	302	253	216	103	118	115	141	2	1918
1988	77	228	210	146	368	379	105	183	217	4	7	11	1935
1989	166	101	165	313	379	350	395	74	161	35	30	53	2224
1990	120	141	118	216	218	408	68	158	102	68	113	29	1757
1991	108	69	225	345	166	126	40	88	50	67	50	62	1395
1992	82	119	375	168	227	327	316	169	155	1	35	93	2067
1993	70	79	118	205	317	566	239	81	103	53	54	39	1923
1994	57	146	199	225	249	582	112	408	63	55	14	245	2356
1995	100	75	224	431	322	706	106	100	49	54	9	9	2185
1996	117	44	316	154	124	119	127	189	11	41	45	25	1310
1997	50	76	176	206	207	233	318	292	77	27	320	125	2106
1998	252	131	331	168	195	765	361	44	99	16	66	37	2466
1999	83	27	263	245	300	353	274	294	78	51	14	4	1987
2000	115	103	165	285	167	619	72	116	38	241	112	48	2082
2001	119	90	170	271	112	358	206	322	29	62	159	133	2031
2002	133	53	204	347	236	413	344	285	106	147	152	124	2542
2003	108	149	120	319	199	208	90	110	102	14	53	20	1491
2004	71	116	130	142	295	144	125	181	161	25	52	103	1547
2005	116	268	175	149	275	311	90	168	37	42	113	49	1793
2006	73	144	125	294	334	388	48	142	112	6	88	30	1785
2007	73	103	156	256	162	198	96	181	163	150	14	96	1647
2008	92	75	109	264	246	242	99	40	74	119	123	11	1495
平均	85	111	193	247	257	345	178	156	99	65	70	60	1865

白水坑区、白-峡区间多年平均降水年内分配见表14-8和图14-3。

表14-8　研究区域各单元降水年内分布情况统计表

区间		1月	2月	3月	4月	5月	6月	7月	8月	9月	10月	11月	12月	全年
白-峡区间	降雨量/mm	88	115	200	256	266	357	184	162	103	67	72	62	1932
	比重/%	4.55	5.94	10.4	13.3	13.7	18.5	9.5	8.39	5.31	3.48	3.73	3.23	100
白水坑区	降雨量/mm	80	108	190	243	260	364	197	166	105	62	65	56	1896
	比重/%	4.25	5.69	10	12.8	13.7	19.2	10.4	8.75	5.54	3.25	3.45	2.94	100
非枢纽工程控制区	降雨量/mm	85	111	193	247	257	345	178	156	99	65	70	60	1865
	比重/%	4.56	5.95	10.35	13.24	13.78	18.50	9.54	8.36	5.31	3.49	3.75	3.22	100

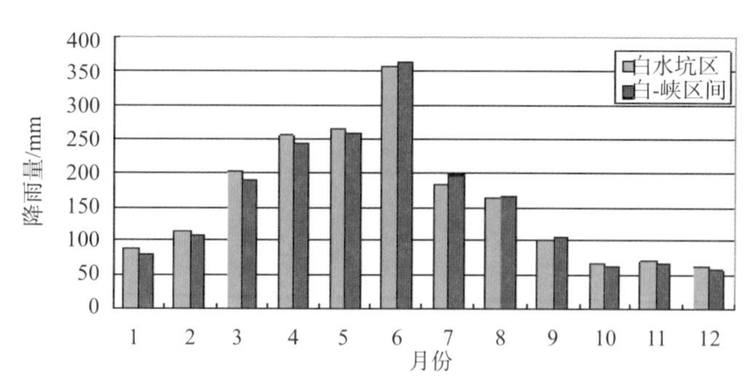

图 14-3　研究区域降水年内分布图

从以上分析可知：

（1）白水坑区、白-峡区间多年平均降雨量分别为 1896mm 和 1932mm，多年平均降雨量基本一致，且丰枯年份的分布基本一致。

（2）白水坑水库最大年降雨量为 2660mm（1975 年），最小降雨量为 1233mm（1971 年），降雨量年计变化较大。

（3）白水坑水库、白-峡区间年份降雨量主要集中在 4—6 月，占全年降雨量的 46% 左右。

14.4　新安江三水源模型

14.4.1　模型简介

新安江模型是河海大学赵人俊等在 1973 年对新安江水库做入库流量预报工作中，归纳成的一个完整的降雨径流模型，是中国少有的具有世界影响力的水文模型。新安江模型既可以做集总式模型使用，也可以做分布式模型使用。当流域面积较小时，新安江模型采用集总模型，当面积较大时，采用分块模型。它把全流域分为多个单元流域，对每个单元流域作产汇流计算，得出单元流域的出口流量过程。再进行出口以下的河道洪水演算，求得流域出口的流量过程。把每个单元流域的出流过程相加，就求得了流域的总出流过程。最初的模型为两水源——地表径流和地下径流，20 世纪 80 年代，经进一步发展完善形成了三水源和四水源的新安江模型。新安江模型在国内外湿润半湿润地区得到了广泛的应用。

14.4.2　型原理（三水源）

新安江模型将流域划分为若干（N 个）单元面积，对每个单元面积，计算出到达流域出口的出流过程，N 个过程线性叠加，得流域总出流过程。

模型的产流部分采用了蓄满产流的概念：在降雨过程中，直到包气带蓄水量达到田间持水量时才能产流。产流后，超渗部分为地面径流，下渗部分为地下径流。模型主要由四部分组成，即蒸散发计算、蓄满产流计算、流域水源划分和汇流计算。按照蓄满产流概念计算降水产生的总径流，采用流域蓄水曲线考虑下垫面不均匀对产流面积变化的影响。在水源划分方面，采用自由水蓄水水库把径流划分成地面径流、壤中流和地下径流。在汇流计算方面，单元面积的地面径流一般采用纳什单位线法，壤中流和地下径流采用线性水库法计算。其流程示意图如图 14-4 所示。

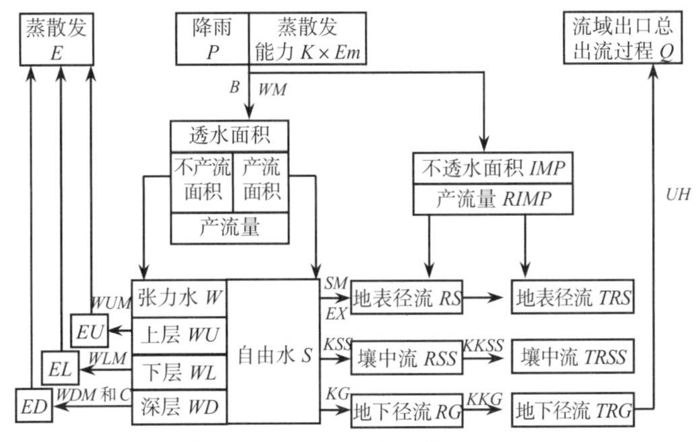

图 14-4 新安江三水源模型示意图

14.4.2.1 蒸散发计算

模型中蒸散发计算采用三层蒸发计算模式。它的输入是蒸发器实测水面蒸发和蒸发折算系数 K。模型参数分为上层、下层和深层的蓄水容量 WU_m、WL_m 和 WD_m 以及深层蒸发系数 C。蓄水容量间关系为 $W_m=WU_m+WL_m+WD_m$。输出是上、下、深层的流域蒸散发量 EU、EL、ED，它们之间的关系为 $E=EU+EL+ED$。

各层蒸散发的计算思路为：上层按蒸散发能力蒸发；上层含水量不够蒸发时，剩余蒸散发能力从下层蒸发；下层蒸发与剩余蒸散发能力及下层含水量成正比，与下层蓄水容量成反比。要求计算的下层蒸发量与剩余蒸散发能力之比不小于深层蒸散发系数 C，否则，不足部分由下层含水量补给，当下层水量不够补给时，用深层含水量补。

14.4.2.2 产流计算

产流量计算采用蓄满产流假定。一般来说，流域上各点都有自己的蓄水容量 W'_m，流域内各点的蓄水容量曲线可概化成一条单增的抛物线，抛物线指数为 b，用 W_{mm} 表示流域中最大点的蓄水容量，α 为小于等于 W'_m 的面积占流域面积的比值。以 α 为横坐标，W'_m 为纵坐标，即得到流域蓄水容量面积分配曲线，如图 14-5 所示。

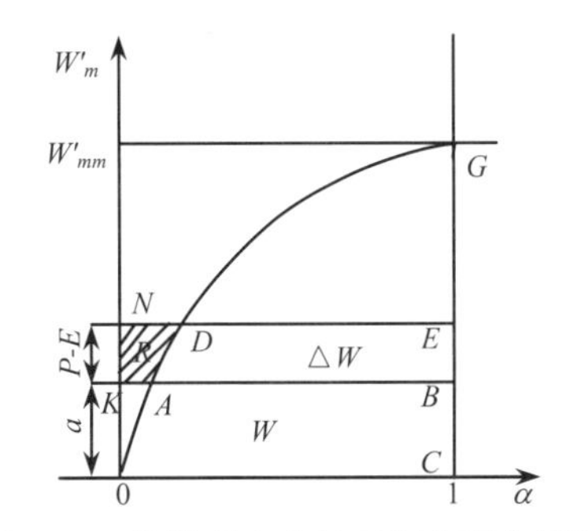

图 14-5 流域蓄水容量面积分配曲线图

根据流域平均蓄水容量 W_m 的定义，可得

$$W_m = \int_0^{W_{mm}'} \left(1-\frac{W_m'}{W_{mm}'}\right)^b \mathrm{d}W_m' = \frac{W_{mm}'}{1+b} \quad (14\text{-}1)$$

流域蓄水量 W 由图 14-5 知，应为

$$W = \int_0^{a} \left(1-\frac{W_m'}{W_{mm}'}\right)^b \mathrm{d}W_m' = \frac{W_{mm}'}{1+b}\left[1-\left(1-\frac{a}{W_{mm}'}\right)^{1+b}\right] \quad (14\text{-}2)$$

与流域蓄水量 W 相对应的纵坐标 a 为

$$a = W_{mm}'\left[1-\left(1-\frac{W}{W_m}\right)^{\frac{1}{1+b}}\right] \quad (14\text{-}3)$$

在图 14-5 中，假设降雨开始时的流域蓄水量为 $W_0= W$，即图 14-5 中的面积 $OABC$。此时，若流域上降水有效平均雨深（$P—E$），图 14-5 中矩形面积 $KBEN$ 即为其总水量的体积，面积 $ABED$ 代表这次降雨所增加的流域蓄水量，即下渗损失。AD 线的左边为蓄满的部分，根据水量平衡方程，图 14-5 上阴影面积 $KADN$ 为产流量，即

$$R=\begin{cases} P-E-Wm\left[\left(1-\dfrac{a}{W'_{mm}}\right)^{1+b}-\left(1-\dfrac{a+P-E}{W'_{mm}}\right)^{1+b}\right], & P-E+a<W'_{mm} \\ P-E-(W_m-W_0), & P-E+a\geqslant W'_{mm} \end{cases} \quad (14\text{-}4)$$

根据上式公式即可计算时段降雨产生的总产流量，其计算步骤为：

（1）由时段初的流域蓄水容量 W_t，本时段降雨量 $P_{\Delta 本}$、区域平均蓄水能力 W_m 及本时段蒸发能力 $E_{m\,本时}$，利用三层蒸发模型计算本旬蒸发量 $E_{\Delta 利}$。

（2）计算（$P_{\Delta 计}$–$E_{\Delta 计}$）。

（3）由 W_m 及经验参数 B，按式（14-2）计算土壤最大含水量 $W_{mm'}$。

（4）由 W_0、B、W_{mm} 按式（14-3）计算 a。

（5）由 B、P–E、a、W'_{mm} 按式（14-4）不同情况计算本时段降雨量产生的总径流量。

（6）计算本时段末即下一时段初的流域蓄水容量 $W_{t+\Delta\Delta}$：

$$W_{t+\Delta\Delta}=W_t+P_{\Delta\Delta}-E_{\Delta\Delta}-R_{\Delta\Delta 域蓄水容量水容量时段初的流} \quad (14\text{-}5)$$

（7）转入下一时段计算。重复上述步骤，最后可求得区域蒸发量、蓄水容量和径流总量的逐时段变化过程。

14.4.2.3　水源划分

新安江模型采用一个自由水蓄水库进行水源划分方式。自由水蓄水库设置两个出口，其出流系数分别为 KSS 和 KG，产流量 R 进入自由水水库内，通过两个出流系数和溢流的方式把它分成地面径流 RS、壤中流 RSS 和地下径流 RG。地下径流再经过地下水库调蓄，可得到地下水对河网的总入流。壤中流可以认为已是对河网的总入流。需要说明：自由水的蓄水能力在产流面积上的分布也是不均匀的。本模型也假定自由水蓄水能力在产流面积上的分布服从一条抛物线，与产流相似，从而可推算得到自由水调蓄后的壤中流、地面径

流和地下径流三种水源。

14.4.2.4 汇流计算

新安江模型的流域汇流计算包括坡地和河网两个汇流阶段。

（1）坡地汇流：把经过水源划分得到的地面径流直接进入河网，成为地面径流对河网的总入流（*TRS*）。壤中流和地下径流流入地下水库，经过各自蓄水库的调蓄（记壤中流和地下径流的消退系数为 *KKSS* 和 *KKG*），成为地下水对河网的总入流（*TRSS* 和 *TRG*）。

（2）河网汇流：三水源新安江模型采用了无因次单位线模拟水体从进入河槽到单元出口的河网汇流。

$$Q(t)=\sum_{i=1}^{N}UH(i)TR(t-i+1) \tag{14-6}$$

式中：$Q(t)$为单元出口处 t 时刻的流量值；UH 为无因次时段单位线；N 为单位线时段数；TR 为河网总入流。

按照新安江三水源模型结构，在确定模型参数后，即可进行降雨径流的计算。

14.4.2.5 模型参数及调试

流域水文模型除了模型结构要合理外，模型参数的率定也是一个十分重要的环节。原则上模型的任何参数都可通过参数率定方法确定，但是模型参数的率定是一个十分复杂、困难的问题。新安江模型的参数大都具有明确的物理意义，参数值原则上可根据其物理意义直接定量的。但由于缺乏降雨径流形成过程中各要素的实测与试验过程，故在实际应用中只能根据出口断面的实测流量过程，用系统识别的方法推求。由于参数多，信息量少，参数率定时往往会产生参数相关性、不稳定性和不唯一性问题。

新安江三水源模型共有 15 个参数，每个参数都有明确的水文概念，原则上它们可以单独确定。目前经验有：多年总径流量决定 K；年径流、季径流和久旱后径流决定上层、下层蓄水容量 WU_m、WL_m 及深层蒸发系数 C；次洪径流总量决定蓄水容量 WU_m 抛物线指数 B 和不透水面积比例 IMP；地下径流决定 *KKSS* 和 *KKG* 等；在河网汇流部分，还需要分析无因次时段单位线（*UH*）和历时（N）。

本研究以 1990—1995 年白水坑流量站逐日实测资料作为输入条件，模型参数采用浙江省其他地区经验成果作为初始值，然后分部分进行调试，最后协调各部分优选本次研究区域新安江三水源模型参数，成果见表 14-9。

表 14-9 新安江三水源模型率定的参数表

分类	参数	意义	采用值
产流参数	K	蒸发折算系数	0.9
	C	深层蒸发系数	0.1
	IMP	不透水面积比例	0.02
	W_m	流域蓄水容积/mm	90
	WU_m	上层蓄水容积/mm	10
	WL_m	下层蓄水容积/mm	50

续表

分类	参数	意义	采用值
产流参数	WD_m	深层蓄水容积/mm	30
	B	蓄满产流蓄水容量曲线指数	0.25
水源划分参数	SM	流域平均自由水蓄水容量/mm	10
	EX	自由水蓄水容量曲线指数	1.05
	KG	地下径流产流的出流系数	0.225
	KSS	壤中流产流的出流系数	0.736
汇流参数	$KKSS$	壤中流消退系数	0.22
	KKG	地下径流消退系数	0.86

在汇流部分，还需要分析无因次时段单位线（UH）和历时（N），本模型选用的是白水坑流量站作为代表流域分析计算直接径流经验单位线。单位时段长$\varDelta$接径流经。本次模型采用的是无因次单位线，能较好地消除面积影响，因此由代表流域分析计算出的无因次经验单位线可移用于其他区域。单位线见表 14-10。

表 14-10　直接径流无因次单位线　　$\Delta t=1\text{d}$

时段序号	1	2	3	4	5	6
单位线	0.28	0.60	0.09	0.01	0.01	0.01

利用参数率定后的新安江模型推求白水坑流域的径流过程，并与白水坑流量站 1996 年、1998 年、1999 年实测成果进行对比，见图 14-6～图 14-8。

根据验证结果分析计算的确定性系数为 0.85，属于乙级，符合模拟精度要求，可运用于实际操作。

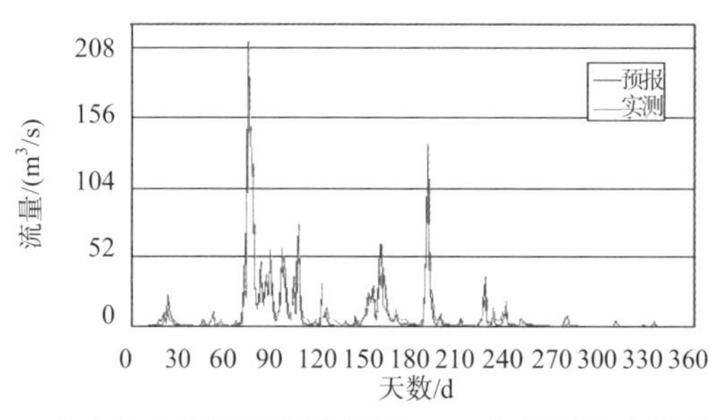

图 14-6　白水坑水库逐日径流过程 1996 年模拟与实测成果对比图

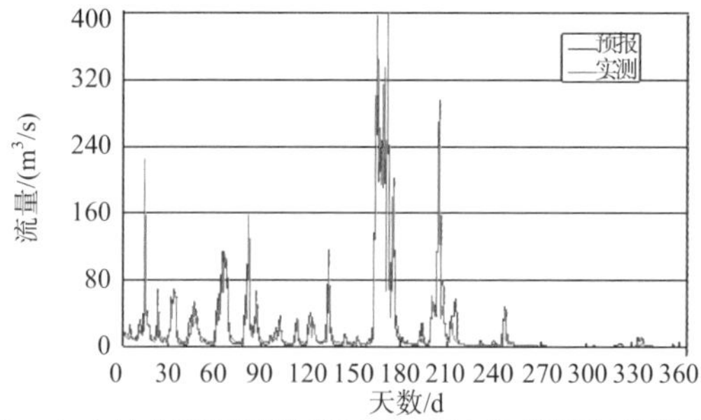

图 14-7　白水坑水库逐日径流过程 1998 年模拟与实测成果对比图

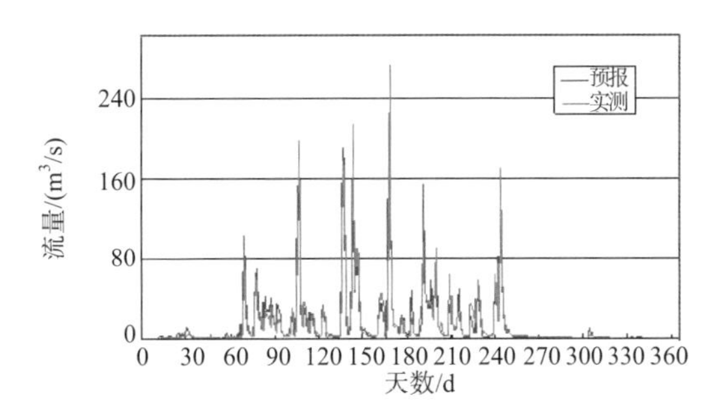

图 14-8　白水坑水库逐日径流过程 1999 年模拟与实测成果对比图

14.5　水资源量分析评价

采用上述新安江三水源模型计算得到各分区不同频率和多年平均径流量成果，见表 14-11。白水坑水库、白-峡区间、非水库控制区 1965—2008 年逐月径流成果见表 14-12～表 14-14。

表 14-11　各水资源计算分区不同频率年径流量成果表

频率	各分区年径流量/万 m³			
	白水坑区	白-峡区间	非枢纽工程控制区	合计
50%	39847	8988	100364	149199
75%	31277	7830	78779	117886
90%	26708	5673	67270	99651
95%	24039	5403	60548	89990
多年平均值	40642	8836	102367	151845

表 14-12　白水坑水库径流量计算成果表　　单位：万 m³

年份	1 月	2 月	3 月	4 月	5 月	6 月	7 月	8 月	9 月	10 月	11 月	12 月	全年
1965	124	1298	2560	8478	2956	5193	2840	1700	363	732	3352	3452	33048
1966	2156	2397	4883	8170	2968	7864	7781	357	869	533	356	471	38805
1967	233	1700	5427	4199	14391	13945	1170	330	168	84	220	142	42009
1968	141	376	2395	4506	7187	10803	11785	298	966	118	139	816	39530
1969	3200	4427	4242	4480	12911	8245	8845	777	458	336	304	232	48457
1970	854	1275	7923	7507	10199	10649	5517	1496	1171	739	525	1349	49204
1971	206	313	542	1791	6129	7534	276	397	1201	451	83	491	19414
1972	128	4621	1387	3604	4735	7783	2998	2572	1776	1018	1912	1321	33855
1973	2857	1051	4485	8431	13776	17272	3229	213	4621	355	90	81	56461
1974	464	1724	1171	2077	5267	6271	5836	6239	187	645	1271	3293	34445
1975	972	3375	4689	15872	12636	11111	2254	7899	908	1684	1610	1682	64692

续表

年份	1月	2月	3月	4月	5月	6月	7月	8月	9月	10月	11月	12月	全年
1976	218	1524	5651	7366	4036	16962	9646	636	355	1063	326	456	48239
1977	3043	1710	1725	11502	8921	13945	1421	3475	323	409	154	514	47142
1978	1388	2948	5292	5513	2231	10846	2331	2240	1506	110	231	128	34764
1979	682	1748	4860	3862	3759	5313	2879	1138	3024	98	118	172	27653
1980	519	3280	8823	6724	6191	4516	3166	2558	949	1119	267	186	38298
1981	462	1605	7234	9051	3532	1376	2341	1925	498	811	3881	271	32987
1982	294	5279	4813	3464	2305	10840	1882	321	1679	1008	2562	483	34930
1983	1395	3000	2441	11695	6096	12280	6860	517	3100	285	168	304	48141
1984	959	2043	4621	7528	5975	9187	3045	921	1033	1175	730	504	37721
1985	1010	4368	6754	1650	4992	6720	1697	4110	1836	165	398	365	34065
1986	238	1014	5491	5002	2597	3147	2481	1622	1056	670	465	160	23943
1987	456	593	7793	6434	6697	6137	5399	873	1130	1295	3145	260	40212
1988	654	5455	6862	2965	9961	11012	465	4039	6328	167	97	101	48106
1989	2976	2971	3047	9885	11497	8191	12714	1135	3101	303	141	341	56302
1990	2468	3648	3127	5165	3224	9467	1013	1036	1236	878	2059	231	33552
1991	1782	1104	6196	8945	4776	2969	319	580	192	349	320	596	28128
1992	1852	3661	11724	4142	6040	7066	9969	2236	2891	107	171	631	50490
1993	1422	799	2657	5542	8668	15652	8190	648	1006	379	354	415	45732
1994	541	3911	4830	7013	3754	16818	631	7651	1032	361	81	5055	51678
1995	2231	1550	6069	11578	9395	22768	4354	341	235	309	109	98	59037
1996	955	477	9594	4415	1022	3637	3161	1234	327	261	170	139	25392
1997	298	926	3279	5032	6397	5809	13822	3479	708	215	6814	2809	49588
1998	6998	4564	8782	2125	3948	22559	8836	2196	1169	89	337	331	61934
1999	548	396	6385	6335	8588	6603	7594	4792	1490	130	200	107	43168
2000	1137	1831	4248	6484	2148	18335	1979	1910	476	6025	1560	501	46634
2001	2113	1380	3841	4829	3048	9460	1407	5149	876	268	2732	1940	37043
2002	2689	635	4052	9707	6055	7107	9097	4359	957	1153	3962	1636	51409
2003	1942	2935	3436	7290	4204	3833	733	1837	231	93	171	139	26844
2004	398	995	3451	2355	5581	1538	1059	3510	2701	165	271	719	22743
2005	3183	7508	3824	3142	7845	6357	961	3032	1425	239	1323	780	39619
2006	1469	2645	3755	7337	9457	13480	610	2934	1086	135	746	382	44036
2007	746	1826	3781	5517	3021	6840	557	1003	2563	2009	122	669	28654
2008	1320	2130	1066	7577	2631	8689	1576	718	1630	1120	2701	117	31275
平均	1357	2341	4755	6279	6176	9457	4198	2192	1383	674	1062	793	40668

表 14-13 白-峡区间径流量计算成果表 单位：万 m^3

年份	1月	2月	3月	4月	5月	6月	7月	8月	9月	10月	11月	12月	全年
1965	25	363	583	1697	801	962	569	243	66	190	631	748	6878
1966	499	519	1315	1634	521	1497	1874	34	137	98	92	107	8327
1967	56	326	1168	882	3136	2912	95	54	35	16	52	33	8765
1968	38	104	637	942	1435	2137	2382	57	153	21	31	193	8130
1969	868	876	949	889	2656	1660	1774	185	149	47	64	40	10157
1970	162	355	1624	1456	2072	2077	969	327	355	109	98	256	9860
1971	52	71	143	440	1558	1582	36	60	177	85	21	93	4318
1972	30	1165	323	761	1322	1819	354	887	364	210	542	354	8131
1973	700	401	1079	1819	2787	3259	912	84	840	87	20	16	12004
1974	131	432	327	573	1100	1320	1085	1635	44	87	264	630	7628
1975	261	791	1122	3560	3038	2361	484	1411	192	338	421	585	14564
1976	48	356	1645	1812	791	2974	1575	82	133	344	99	93	9952
1977	703	393	458	2873	2140	2965	281	1007	109	113	46	130	11218
1978	283	655	1307	1196	464	2329	214	150	396	36	48	40	7118
1979	165	387	1117	966	629	1181	764	99	310	20	25	36	5699
1980	107	763	1788	1394	1281	1019	1087	850	136	317	66	53	8861
1981	122	496	1582	1881	655	182	498	606	141	223	882	61	7329
1982	82	1220	1267	566	484	2242	313	102	306	207	628	110	7527
1983	352	741	465	2534	1475	2119	1528	132	457	83	48	74	10008
1984	287	540	1074	1667	1214	1713	754	262	274	219	183	114	8301
1985	255	911	1471	364	1049	1318	251	266	111	34	74	85	6189
1986	52	289	1213	1372	602	853	751	475	78	188	128	32	6033
1987	96	152	1612	1646	1540	1235	951	186	210	399	646	47	8720
1988	145	1248	1524	682	2194	2321	121	590	1123	35	20	20	10023
1989	661	538	856	1813	2460	1651	2572	118	518	51	33	72	11343
1990	524	816	626	1290	812	2407	261	131	329	230	441	53	7920
1991	465	269	1341	2143	919	391	68	113	45	83	68	139	6044
1992	384	747	2313	865	1230	1614	2027	190	715	21	42	154	10302
1993	350	226	559	1039	1693	3352	1586	122	156	91	76	104	9354
1994	122	777	1094	1523	1166	3671	143	1855	173	90	19	1237	11870
1995	513	331	1149	2544	1947	4778	818	68	46	79	22	19	12314
1996	290	105	1788	1066	258	450	539	376	29	54	59	46	5060
1997	77	283	812	1187	1082	899	1924	1193	135	47	1756	718	10113
1998	1648	902	2076	832	763	5064	1866	204	195	23	76	86	13735

续表

年份	1 月	2 月	3 月	4 月	5 月	6 月	7 月	8 月	9 月	10 月	11 月	12 月	全年
1999	148	129	1437	1400	1609	1994	1324	1205	577	33	50	21	9927
2000	315	472	1026	1585	508	3823	318	153	57	1152	514	231	10154
2001	583	377	943	1395	520	2038	747	1384	175	78	760	607	9607
2002	645	174	1094	1959	1347	1890	2219	1281	241	344	908	566	12668
2003	499	764	806	1884	838	781	284	82	142	25	62	37	6204
2004	121	287	724	531	1569	391	158	917	559	42	68	222	5589
2005	669	1793	974	651	1669	1639	168	408	116	46	367	148	8648
2006	301	658	762	1734	1770	2452	91	211	295	20	156	96	8546
2007	255	403	895	1303	728	1040	156	410	841	763	25	261	7080
2008	406	475	282	1714	1018	1347	138	45	97	222	783	25	6552
平均	329	547	1076	1411	1338	1948	842	460	267	159	259	200	8836

表 14-14　非水库控制区径流量计算成果表　　单位：万 m^3

年份	1 月	2 月	3 月	4 月	5 月	6 月	7 月	8 月	9 月	10 月	11 月	12 月	全年
1965	312	3267	6444	21340	7441	13072	7149	4279	914	1843	8437	8689	83186
1966	5427	6034	12291	20565	7471	19795	19586	899	2187	1342	896	1186	97678
1967	586	4279	13661	10569	36224	35102	2945	831	423	211	554	357	105742
1968	355	946	6029	11342	18091	27193	29664	750	2432	297	350	2054	99502
1969	8055	11143	10678	11277	32499	20754	22264	1956	1153	846	765	584	121973
1970	2150	3209	19943	18896	25672	26805	13887	3766	2948	1860	1321	3396	123853
1971	519	788	1364	4508	15428	18964	695	999	3023	1135	209	1236	48868
1972	322	11632	3491	9072	11919	19591	7546	6474	4470	2562	4813	3325	85218
1973	7191	2646	11289	21222	34676	43476	8128	536	11632	894	227	204	142120
1974	1168	4340	2948	5228	13258	15785	14690	15704	471	1624	3199	8289	86703
1975	2447	8495	11803	39952	31807	27968	5674	19883	2286	4239	4053	4234	162839
1976	549	3836	14224	18541	10159	42696	24280	1601	894	2676	821	1148	121424
1977	7660	4304	4342	28952	22455	35102	3577	8747	813	1030	388	1294	118663
1978	3494	7421	13321	13877	5616	27301	5867	5638	3791	277	581	322	87506
1979	1717	4400	12233	9721	9462	13374	7247	2865	7612	247	297	433	69606
1980	1306	8256	22209	16925	15584	11367	7969	6439	2389	2817	672	468	96401
1981	1163	4040	18209	22783	8891	3464	5893	4845	1254	2041	9769	682	83033
1982	740	13288	12115	8719	5802	27286	4737	808	4226	2537	6449	1216	87924
1983	3511	7551	6144	29438	15344	30910	17268	1301	7803	717	423	765	121178
1984	2414	5143	11632	18949	15040	23125	7665	2318	2600	2958	1838	1269	94949

续表

年份	1月	2月	3月	4月	5月	6月	7月	8月	9月	10月	11月	12月	全年
1985	2542	10995	17001	4153	12566	16915	4272	10345	4621	415	1002	919	85746
1986	599	2552	13822	12591	6537	7921	6245	4083	2658	1686	1170	403	60268
1987	1148	1493	19616	16195	16857	15448	13590	2197	2844	3260	7916	654	101219
1988	1646	13731	17273	7463	25073	27719	1170	10167	15928	420	244	254	121089
1989	7491	7478	7670	24882	28940	20618	32003	2857	7806	763	355	858	141720
1990	6212	9183	7871	13001	8115	23830	2550	2608	3111	2210	5183	581	84455
1991	4486	2779	15596	22516	12022	7473	803	1460	483	878	805	1500	70802
1992	4662	9215	29511	10426	15204	17786	25093	5628	7277	269	430	1588	127090
1993	3579	2011	6688	13950	21819	39398	20615	1631	2532	954	891	1045	115114
1994	1362	9845	12158	17653	9449	42333	1588	19259	2598	909	204	12724	130081
1995	5616	3902	15277	29143	23649	57310	10960	858	592	778	274	247	148604
1996	2404	1201	24149	11113	2573	9155	7957	3106	823	657	428	350	63915
1997	750	2331	8254	12666	16102	14622	34792	8757	1782	541	17152	7071	124820
1998	17615	11488	22106	5349	9938	56784	22241	5528	2943	224	848	833	155896
1999	1379	997	16072	15946	21617	16621	19115	12062	3751	327	503	269	108660
2000	2862	4609	10693	16321	5407	46152	4981	4808	1198	15166	3927	1261	117384
2001	5319	3474	9668	12155	7672	23812	3542	12961	2205	675	6877	4883	93242
2002	6769	1598	10199	24434	15241	17889	22898	10972	2409	2902	9973	4118	129404
2003	4888	7388	8649	18350	10582	9648	1845	4624	581	234	430	350	67570
2004	1002	2505	8687	5928	14048	3871	2666	8835	6799	415	682	1810	57247
2005	8012	18899	9626	7909	19747	16001	2419	7632	3587	602	3330	1963	99727
2006	3698	6658	9452	18468	23805	33931	1535	7385	2734	340	1878	962	110845
2007	1878	4596	9517	13887	7604	17217	1402	2525	6451	5057	307	1684	72126
2008	3323	5362	2683	19072	6623	21871	3967	1807	4103	2819	6799	295	78724
平均	3416	5893	11969	15805	15546	23805	10567	5518	3481	1697	2673	1996	102367

14.6　资料系列代表性分析

本次分析采用系列为1966—2008年（为消除初始值对预报成果的影响，1965年预报成果不予以采用）共43年，已含有一定数量的丰水年份（如1975年、1998年、2002年等）、平水年份（如1967年、1987年、2005年等）、枯水年份（如1971年、1996年、2004年、1997年等）和连续的丰、平、枯水段。偏丰段有1975—1977年、1997—2000年等；偏枯段有1978—1979年、1985—1986年、2003—2004年等；平水段有1966—1967年、2005—2006年等。由此可见，分析采用的43年径流系列已具有较好的代表性。

14.7　成果合理性分析

根据《白水坑水库初步设计》成果，1957—1998 年皎口坝址多年平均径流为 40050 万 m^3，本次计算结果为 40642 万 m^3，增加 592 万 m^3，增加了 1.48%左右。主要原因如下：

（1）采用计算方法不同，本次采用新安江模型计算水资源量，原有成果采用水文比拟法计算，计算方法的不同对水资源量计算成果存在一定的偏差。

（2）计算年限不同，本次计算年限为 1965—2008 年共 44 年，原来计算年限为 1957—1998 年共 32 年。由于 1964 年前缺测水文资料较多，因此 1961 年前成果存在一定的误差。

（3）两次同步期（1965—1998 年）的计算结果基本一致（误差小于 1%）。

第 15 章　需水预测模型与需水量分析计算

15.1　需水预测分区

根据前面基本情况介绍，本项目用水对象包括农业用水和生活用水，其中生活用水可以通过实地调查确定，下面重点介绍农业灌溉用水分区。根据灌区灌排系统结构和布局，将灌区分为东西干渠两部分，每部分又可以细分为若干个片区。峡口水库灌区农业灌溉用水分区成果见表 15-1 和图 15-1。

表 15-1　需水预测分区表

分区名称	主要乡镇	灌溉面积/亩
东干渠分区 1	峡口、凤林	15327
东干渠分区 2	石门、淤头	41028
西干渠分区 1	峡口	12159
西干渠分区 2	凤林、淤头	20047
西干渠分区 3	新塘边、清湖、坛石、虎山	29840
西干渠分区 4	贺村、大桥	26554
合　计		144955

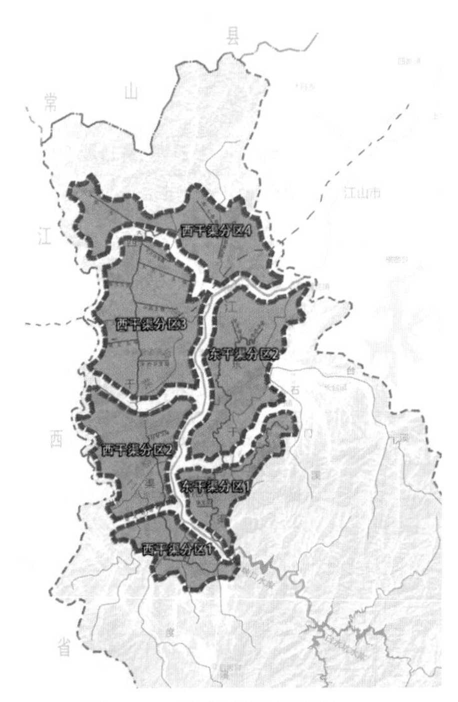

图 15-1　需水预测分区图

15.2　需水预测模型

农田灌溉需水量计算模型如下：

$$W_{t灌溉} = W_{0灌溉} \times A_{t灌溉} \div \eta_{灌溉} \tag{15-1}$$

式中：$W_{t灌溉}$ 为区域农业灌溉需水量，万 m^3；$A_{t灌溉}$ 为农田种植面积，万亩；$\eta_{灌溉}$ 为农田灌溉水有效利用系数；$W_{0灌溉}$ 为农田单位面积灌溉定额，m^3/亩；其计算步骤如下：

（1）项目研究区主要种植作物为水稻，故需水量 ET 计算采用以蒸发为参数的需水系数（α）法进行分析计算。

$$ET = \alpha E_0 \tag{15-2}$$

式中：E_0 为水面蒸发量值。

（2）灌溉制度采用浅水湿润灌溉模式，通过长系列模拟模型[式（15-3）]确定田间灌溉时间，并根据灌水定额 m_j 计算模型[式（15-4）]确定灌溉定额 $W_{0灌溉}$ [式（15-5）]。

$$h_t + P_t + m_j - WC_t - d_t = h_{t+1} \tag{15-3}$$

$$m_j = h_{\max j} - h_{\min j} \tag{15-4}$$

$$W_{0灌溉} = \sum_{j=1}^{nj} m_j \tag{15-5}$$

式中：h_t 、h_{t+1} 分别为时段 t、$t+1$ 初的田面水层深度；P_t 、WC_t 、d_t 分别为 t 时段的田间降水量、田间耗水量和田间排水量。田间耗水量为作物需水量和田间渗漏量之和。

（3）水稻各生产期灌溉参数见表 15-2。

表 15-2　水稻各生产期灌溉参数表

生长期		设计水层深度/mm			需水系数α值	生长期天数/d
		下限	上限	雨后上限		
泡田		10	30	60	1.00	10
早稻	移植返青	10	30	40	1.00	10
	分蘖前期	10	30	40	1.15	20
	分蘖后期	−20	0	0	1.30	7
	孕穗	10	30	50	1.40	15
	抽穗开花	10	30	50	1.35	10
	乳熟	10	20	30	1.20	12
	黄熟	0	20	30	1.10	10
收割翻田		20	40	70	1.00	4
晚稻	移植返青	20	40	50	1.00	10
	分蘖前期	10	30	40	1.15	18
	分蘖后期	−20	0	0	1.35	5
	孕穗	20	40	60	1.40	22
	抽穗开花	20	40	60	1.35	10

续表

生长期		设计水层深度/mm			需水系数α值	生长期天数/d
		下限	上限	雨后上限		
晚稻	乳熟	0	20	30	1.20	20
	黄熟前期	–20	10	20	1.05	10
	黄熟后期	不灌溉				10
单季稻	移植返青	0	40	50	1.10	10
	分蘖	10	20	50	1.20	30
	孕穗	0	20	60	1.40	9
	抽穗开花	0	30	60	1.35	8
	乳熟	2	20	30	1.20	13
	黄熟	0	0	0	1.10	23

注：土壤日渗漏量为 1mm/d。

15.3 农田灌溉需水量计算

15.3.1 基础参数

峡口水库灌区现状农作物种植结构根据相关资料查得，水稻种植面积 13.58 万亩，其中单季稻 9.51 万亩，经济作物种植面积为 1.0 万亩。根据峡口水库管理局提供有关资料，灌区现状渠系水利用系数为 0.55，田间水利用系数为 0.90，灌溉水利用系数为 0.495，本次研究采用此数据。蒸发资料采用江山站成果。降水资料采用非水利枢纽控制区成果。资料系列为 1965—2008 年，共 44 年。

15.3.2 农田灌溉需水量

根据峡口水库灌区现状农业种植结构、灌溉水利用系数及灌溉定额等，计算峡口水库灌区各片区农田灌溉需水量，见表 15-3。

表 15-3 峡口水库灌区农业需水量计算成果表

年份	各片区需水量/万 m^3						
	东干渠分区 1	东干渠分区 2	西干渠分区 1	西干渠分区 2	西干渠分区 3	西干渠分区 4	合计
1965	439	1175	348	574	855	761	4152
1966	1275	3414	1012	1668	2483	2210	12063
1967	1845	4938	1463	2413	3592	3196	17447
1968	1265	3386	1004	1655	2463	2192	11964
1969	1027	2748	814	1343	1999	1779	9710
1970	825	2207	654	1079	1605	1429	7799
1971	1349	3611	1070	1765	2627	2337	12759
1972	566	1515	449	740	1102	980	5352

续表

年份	各片区需水量/万 m^3						
	东干渠分区 1	东干渠分区 2	西干渠分区 1	西干渠分区 2	西干渠分区 3	西干渠分区 4	合计
1973	673	1801	534	880	1310	1166	6364
1974	1013	2712	804	1325	1973	1755	9583
1975	682	1825	541	892	1328	1181	6449
1976	921	2466	731	1205	1794	1596	8713
1977	624	1670	495	816	1214	1081	5899
1978	690	1848	548	903	1344	1196	6529
1979	988	2644	784	1292	1923	1712	9343
1980	610	1634	484	798	1188	1057	5772
1981	701	1877	556	917	1365	1215	6631
1982	679	1817	539	888	1322	1176	6420
1983	746	1997	592	976	1452	1292	7054
1984	542	1451	430	709	1056	939	5128
1985	727	1947	577	951	1416	1260	6880
1986	1089	2915	864	1424	2120	1887	10299
1987	630	1687	500	824	1227	1092	5961
1988	863	2310	684	1129	1680	1495	8160
1989	527	1411	418	690	1026	913	4986
1990	905	2423	718	1184	1763	1568	8562
1991	1096	2933	869	1433	2133	1898	10361
1992	974	2607	773	1274	1896	1687	9211
1993	866	2319	687	1133	1687	1501	8193
1994	992	2656	787	1298	1932	1719	9385
1995	1284	3436	1018	1679	2499	2224	12140
1996	1115	2984	884	1458	2170	1931	10543
1997	698	1867	553	912	1358	1208	6597
1998	868	2324	689	1135	1690	1504	8210
1999	752	2013	596	983	1464	1303	7111
2000	1006	2693	798	1316	1959	1743	9514
2001	841	2252	667	1100	1638	1457	7956
2002	665	1781	528	870	1295	1153	6293
2003	1339	3583	1062	1751	2606	2319	12660
2004	939	2513	745	1228	1828	1627	8879

续表

年份	各片区需水量/万 m^3						
	东干渠分区1	东干渠分区2	西干渠分区1	西干渠分区2	西干渠分区3	西干渠分区4	合计
2005	867	2320	687	1133	1687	1501	8196
2006	769	2058	610	1006	1497	1332	7271
2007	678	1814	538	886	1319	1174	6408
2008	889	2379	705	1162	1730	1540	8404
平均	883	2363	700	1155	1718	1529	8348

从表15-3可知：在现状种植结构及用水水平的情况下，峡口水库灌区多年平均农业灌溉需水量为8348万 m^3。

15.4 非农业用水量调查

目前灌区内除了灌溉用水以外，还有峡口水厂，位于峡口水库下游，水源为峡口水库，主要供水对象为峡口镇，水厂现状供水规模为1.5万t/d。

第 16 章 峡口水库灌区长藤结瓜型灌溉系统概化模型和数学模型

16.1 峡口水库灌区概况

峡口水库灌区现状实际灌溉面积 14.5 万亩，灌区所辖范围有峡口、凤林、新塘边、淤头、贺村、坛石、大桥、石门、清湖等 9 个乡镇和虎山街道，218 个行政村，3 个农林茶场，人口 28.66 万。峡口水库灌区是江山市主要的粮食产区和农业综合开发项目区，灌区耕地面积占全市耕地面积的 1/2 以上，农业总产值占全市农业总产值 2/3 以上。灌区内有峡口、贺村两个省级小城镇，工业基础较好，农民收入较高，特色农业发展较快，农业综合开发项目集中。

峡口水库灌区主要水源工程是峡口水库和白水坑水库。同时有小（1）型水库 14 座，小（2）型水库 27 座，山塘 330 座，总库容 4050 万 m^3。小（2）型以上水库基本情况见表 16-1，山塘基本情况见表 16-2。

表 16-1 灌区小型水库基本情况统计表

序号	水库名称	地理位置	集雨面积/km^2	正常蓄水量/万 m^3	总库容/万 m^3	灌溉面积/亩
1	青口水库	新塘边镇樟坞村	1.29	194		16315
2	联家垄水库	石门镇清漾村	1.12	242.5	269.8	5181
3	姑姑塘水库	贺村镇坞里村	1.38	420	510	12600
4	划船丘水库	石门镇江郎街村		98		3239
5	白马泉水库	新塘边镇白马泉村	1.55	143	170	3000
6	敌垄水库	虎山街道荷塘村	1	121.6	152	2500
7	三八水库	坛石镇郭丰村	1.72	143	178	3040
8	店坝头水库	虎山街道店坝头村	10.18	134	217	4000
9	里塘坞水库	凤林镇里塘坞村	2	242	303	3600
10	南洋水库	峡口镇枫石村	0.485	123.4	131.38	2000
11	泉水垄水库	峡口镇桐村村	2.535	105.4	130	1000
12	岭后水库	大桥镇湖游村	2.04	190	238	2340
13	苏源水库	大桥镇苏源村	1.52	141	152.39	4540
14	龙头水库	贺村镇龙头村	0.96	127.5	148.5	2143
15	道塘蓬水库	新塘边镇东陈村	0.475	33	38.8	2000
16	青建水库	新塘边镇荷塘头村	0.32	15	18.5	2000
17	岭下水库	坛石镇新叶村	0.94	33		1497
18	斜达垄水库	坛石镇鳌头村	0.38	18		550
19	湖塘水库	贺村镇耕读村	0.89	23.7		700
20	保丰垄水库	石门镇界牌村	0.32	18	25.5	1908

续表

序号	水库名称	地理位置	集雨面积/km²	正常蓄水量/万 m³	总库容/万 m³	灌溉面积/亩
21	南坞水库	凤林镇南坞村	0.54		32.2	500
22	长塘坞水库	新塘边镇上洋村	0.35	13	15	380
23	小坑水库	贺村镇小晶山底村	0.36	15		300
24	板塘水库	新塘边镇恩深村	0.5	40		500
25	达坞垄水库	石门镇余家坞村	0.25	15	18.5	450
26	南垄水库	凤林镇苗青头村	0.15	10.5		60
27	蚱蜢山水库	虎山街道乌金山村	1.5	15		500
28	后垄塘水库	凤林镇四村	0.595	36.2	36.8	1000
29	塘坞里水库	坛石镇四村	0.33	11		330
30	徐垄水库	新塘边镇毛家仓村	0.2	12.5	15.5	300
31	东塘水库	贺村镇鸽山村	0.5	75		5427
32	土库垄水库	凤林镇荷花墩村	0.25	15		280
33	王坛水库	峡口镇里王坛	4.585	24		520
34	藕塘水库	清湖镇新塘底村	0.5	21		810
35	直垄水库	石门镇直垄村	4.8	70.35	88.1	1548
36	柿树垄水库	坛石镇占塘村	0.28	22		1000
37	五坞垄水库	坛石镇山后村	0.308	25.1		360
38	兰衣山水库	清湖镇山垄村	0.3	10		350
39	冬瓜垄水库	大桥镇冷水村	0.5	10		350
40	水坑垄水库	大桥镇陈家村	0.7	55		300
41	坞底水库	凤林镇官田坞村	0.334	38.9		1212
	合计		48.937	3130.65		90630

表 16-2　峡口灌区山塘情况统计表

乡镇名称	山塘座数	蓄水量/万 m³	灌溉面积/亩
峡口	25	66.5	2813
凤林	55	136.9	4868
石门	18	52.1	4165
淤头	39	94.3	3623
清湖	31	98.1	4127
新塘边	57	147	5605
贺村	35	113.2	5720
坛石	42	119.5	4173
大桥	28	91.0	3330
虎山街道	27	55.6	2000
合计	330	918.6	40424

灌区以白水坑-峡口梯级水库为主水源、以小型水库和山塘为辅助水源，以东、西干渠及其配套支渠为水力联系，形成了大中小水源型相补充、蓄引提相配合的长藤结瓜型灌溉系统，如图 16-1 所示。东、西干渠分别位于峡口水库下游江山港东西两侧，东侧称东干渠、西侧称西干渠，江山港以溪代渠。东干渠从峡口水库坝下 1km 处峡里拦河坝取水，设计引水流量 8.2m³/s，全长 48.1km，灌溉范围有峡口、凤林、石门、贺村、清湖等乡镇，沿线有各级渠道 131 条。西干渠由峡口电站尾水渠三个进水闸进水，设计引水流量 12.9m³/s，全长 58.5km，灌溉范围有峡口、凤林、淤头、新塘边、贺村、坛石、大桥、虎山等乡镇，

沿线有各级渠道 150 条。东西干渠未引之水汇入江山港，为下游生态环境用水。

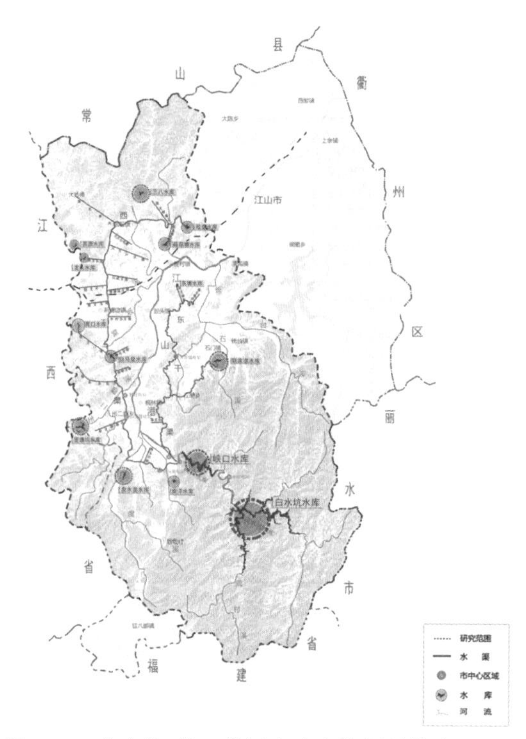

图 16-1　白水坑-峡口梯级水库水资源总体布局图

16.2　峡口水库灌区运行特点

基于峡口水库灌区概况，经实地调查，峡口水库灌区运行特点如下：

（1）研究区水资源系统是一个多水源的复杂系统。灌区的灌溉水源除白水坑-峡口梯级水库外，还有小型水库 41 座，山塘 330 座。该灌区是一个典型的长藤结瓜式灌溉系统，该系统由三部分组成，一是白水坑-峡口梯级水库组成的枢纽工程；二是输水、配水渠道组成的配水工程（称之为藤）；三是灌区内部的小型水库和山塘（称之为瓜）。所有这些水源共同承担峡口灌区的灌溉任务。

（2）研究区水资源系统不仅具有灌溉功能，还有供水、发电、养殖等其他功能，而且水力发电包括水库电站和渠道电站。由于灌区水源多、水资源丰富，用水户用水量有限，因此灌区的水资源供需矛盾不突出。

（3）各片区灌溉时优先利用片区的水源，如山塘、小水库等，不足部分由白水坑-峡口梯级水库通过东西干渠补水。其中的部分小水库也可以由东西干渠补水。一般情况下，东西干渠的补水时间为每年的 7—9 月。

（4）梯级水库发电尾水经东西干渠引水后，多余的水量泄入下游河道。

（5）白水坑-峡口梯级水库在保障各用水户正常用水的情况下，调度的重点是如何实现发电效益最大。

16.3 灌区灌溉系统概化模型

根据研究区水资源系统组成、各水利枢纽工程功能以及相互联系，可得峡口水库灌区长藤结瓜灌溉系统概化模型，如图 16-2 所示。

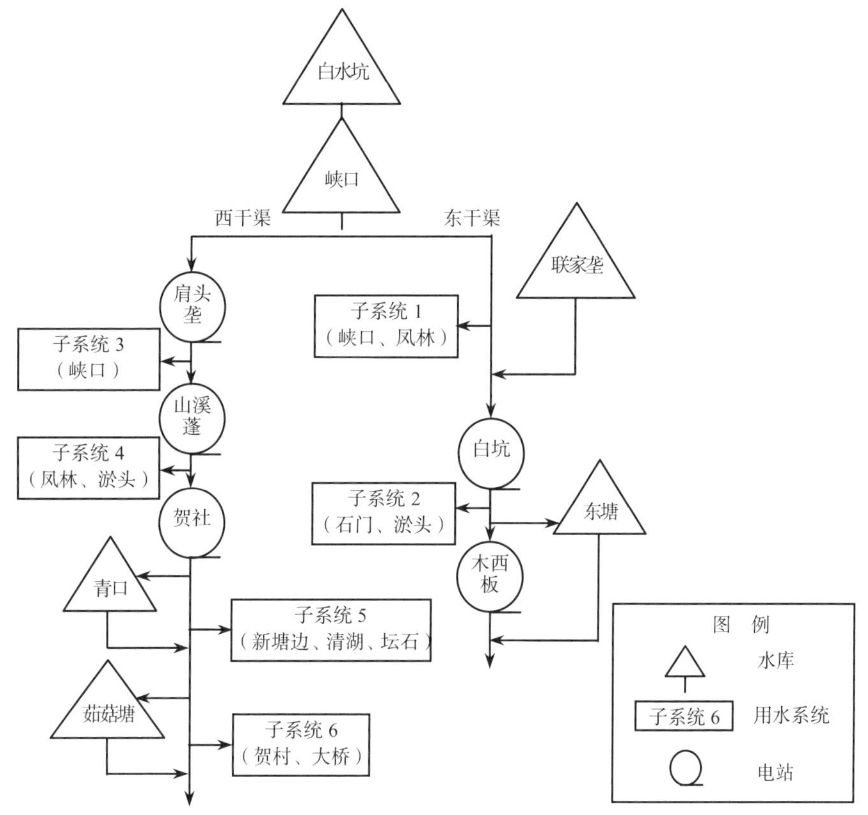

图 16-2 白水坑-峡口梯级水库水资源系统概化图

图 16-2 中显示出系统整体结构和各组成单元之间的相互关系，主要有：

（1）该水资源系统由 6 个蓄水工程、6 个用水分区组成，其中：水源工程方面，白水坑-峡口梯级水库与峡口灌区之间通过东、西干渠相互联系，联家垄、东塘等水库与峡口灌区之间相互联系，白水坑-峡口梯级水库与联家垄、东塘水库之间没有直接联系。

（2）各水资源分区和需水预测分区在图 16-2 中已明确标出，并与第 14、第 15 章的分区成果相衔接。

（3）各分区的区间入流和外排水量均以箭头的方式标注于相应的河道上。

（4）各河道水流流向均以→方式表示，外河水流以 ⇉ 方式表示。

16.4　灌区灌溉系统补水量模拟模型

根据大系统分解协调原理，建立灌区灌溉系统补水量模拟法结构模型，如图 16-3 所示。图 16-3 中：模拟模型为二层谱系结构，第一层为东、西干渠控制下各片区子系统；第二层为整体协调系统。第一层与第二层的协调变量为东、西干渠给各片区子系统的补水量 $QS_{dgi}(i=1,2,3)$ 和 $QS_{xgi}(i=1,2,3)$，反馈变量为各片区子系统用水保证率 $F_{dgi}(i=1,2,3)$ 和 $F_{xgi}(i=1,2,3)$。整体协调层的目标函数有两个：一是各子系统的灌溉补水量；二是渠道电站的发电量。

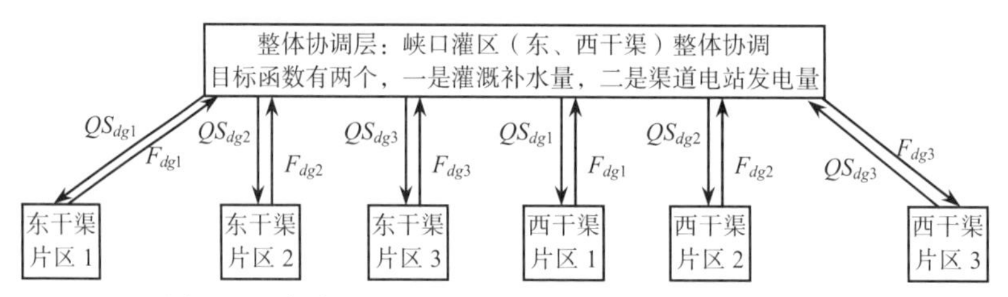

图 16-3　白水坑-峡口梯级水库系统分解协调结构模型

16.4.1　各片区子系统模拟模型

16.4.1.1　目标函数

使片区农田灌溉用水达到设计保证率情况下，东、西干渠的补充水量，计算公式为

$$f_1=\sum_{t=1}^{365T} gs_i(t),\quad i=1,2,3,4,5,6 \tag{16-1}$$

式中：$i=1,2,3$ 为东干渠片区，$i=4,5,6$ 为西干渠片区；T 为时间系列年数；$gs_i(t)$ 为第 i 片区第 t 时段补水量。

16.4.1.2　约束条件

（1）水位约束：

$$Z_{\min}^j \leqslant Z_t^j(t) \leqslant Z_{\max}^j \tag{16-2}$$

式中：$Z_{\min}^j(t)$、$Z_{\max}^j(t)$ 分别为片区内第 j 水库（或山塘）第 t 时段蓄水位下限和上限值。

（2）水库（或山塘）水量平衡约束：

$$V^j(t+1)=V^j(t)+\sum_{k=1}^{nk} Q_k^j(t)-\sum_{m=1}^{nm} q^j(t)-EF^j(t)-QS^j(t) \tag{16-3}$$

式中：$V^j(t+1)$、$V^j(t)$ 分别为片区内第 j 水库（或山塘）第 t+1 和第 t 时段初蓄水量；$Q_k^j(t)$ 为片区内第 j 水库（或山塘、或河道）第 k 水源第 t 时段入流量；$q^j(t)$ 为片区内第 j 水库（或山塘、或河道）第 t 时段灌溉用水量；$EF^j(t)$ 为片区内第 j 水库（或山塘）第 t 时段蒸发渗漏量；$QS^j(t)$ 为片区内第 j 水库（或山塘）第 t 时段弃水量。

（3）片区灌溉水量平衡约束：

$$\sum_{j=1}^{nj} q^j(t) + gs_i(t) = W_i(t) \tag{16-4}$$

式中：$W_i(t)$为第i片区第t时段灌溉需水量；nj为该片区内灌溉水源的数量。

（4）工程能力约束：

$$gs_i(t) \leqslant QS_{i\max} \tag{16-5}$$

式中：$gs_i(t)$为第i片区第t时段干渠补水量；$QS_{i\max}$为第i片区干渠补水工程最大能力。

（5）保证率约束：

$$p \geqslant p_0 \tag{16-6}$$

式中：p、p_0分别为灌溉计算保证率和设计保证率。

（6）非负约束：上述各式中的各决策变量大于等于零。

16.4.2　整体协调层模拟模型

16.4.2.1　目标函数

在各片区农田灌溉用水达到设计保证率情况下，东、西干渠的总补充水量f_{21}及其相应的发电量f_{22}，计算公式为

$$f_{21} = \sum_{t=1}^{365\times T} \sum_{i=1}^{ni} gs_i(t)/\eta_{i水} \tag{16-7}$$

$$f_{22} = \sum_{t=1}^{365\times T} \sum_{i=1}^{ni} f[gs_i(t)] \tag{16-8}$$

式中：$\eta_{i水}$为第i片区补水有效利用系数；ni为东西干渠的片区总数。

16.4.2.2　约束条件

主要为工程能力约束，即东西干渠各渠段的灌溉水流量不大于渠道的过流能力。

$$GS_i(t) \leqslant QS_{i\max} \tag{16-9}$$

式中：$GS_i(t)$为第t时段第i片区以下渠道灌溉水流量；$QS_{i\max}$为第i片区渠段干渠的最大过流能力。

16.5　模型求解与参数率定

16.5.1　模型求解方法

模型求解采用大系统分解协调方法。基本原理为：将整个系统根据其布局和配水特性分为若干个片区，每个片区构成一个子系统（其中，部分片区为渠道控制区，其配水水源为渠道来水；部分片区为渠道、小水库或山塘共同控制区，其配水水源可以是渠道水，也可以是小水库或山塘水）；然后进行各子系统模拟计算，分析各子系统需要的灌溉水量和灌水过程确定初始配水方案；根据初始配水方案，分析系统约束条件是否满足，目标函数是否满足，若约束条件和目标函数均满足，结束优化过程并输出结果；若约束条件和目标

函数不满足，调整配水方案，直至其满足为止。分析计算的逻辑框图如图 16-4 所示。

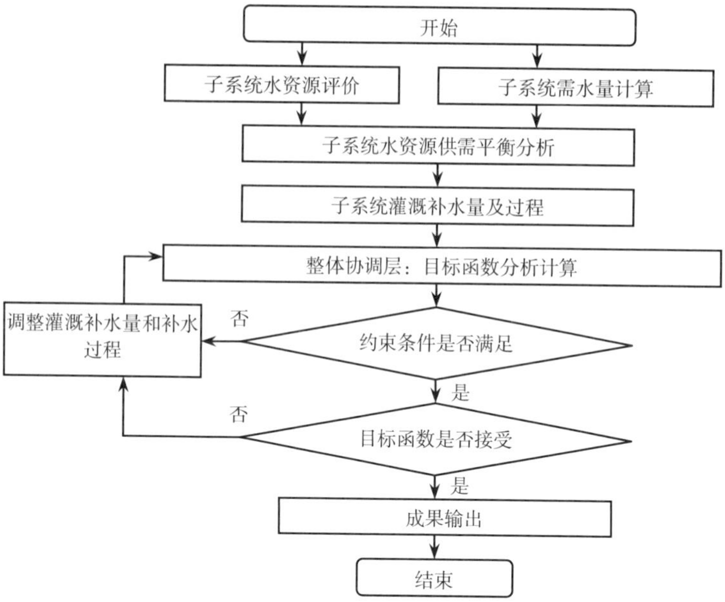

开始
子系统水资源评价
子系统需水量计算
子系统水资源供需平衡分析
子系统灌溉补水量及过程
整体协调层：目标函数分析计算
约束条件是否满足
否
调整灌溉补水量和补水过程
是
目标函数是否接受
否
是
成果输出
结束

图 16-4　模型分析计算逻辑框图

16.5.2　模型基础参数

根据工程资料，峡口水库灌区长藤结瓜灌溉系统主要参数见表 16-3，其概化图如图 16-5 所示。

表 16-3　峡口水库长藤结瓜式水利系统主要参数表

项目		单位	数值
渠道过流能力	东干渠	m^3/s	8.2
	西干渠		12.9
灌溉面积	东干渠	万亩	5.64
	西干渠		8.86
渠道电站 设计水头	肩头垄	m	3.4
	山溪蓬		4
	贺社		28
	白坑		9.4
	木西坂		27.2
供水保证率	生活、工业	%	≥工业
	农业		≥业业
	环境		≥境业

16.5.3　模拟模型率定

根据峡口水库实际调度运行资料，整理出峡口水库灌区 2003—2006 年东西干渠灌溉补水量成果见表 16-4。利用上述模拟模型分析计算 2003—2006 年模拟补水量和实际补水量成果对比图（图 16-6）和对比表见表 16-5。

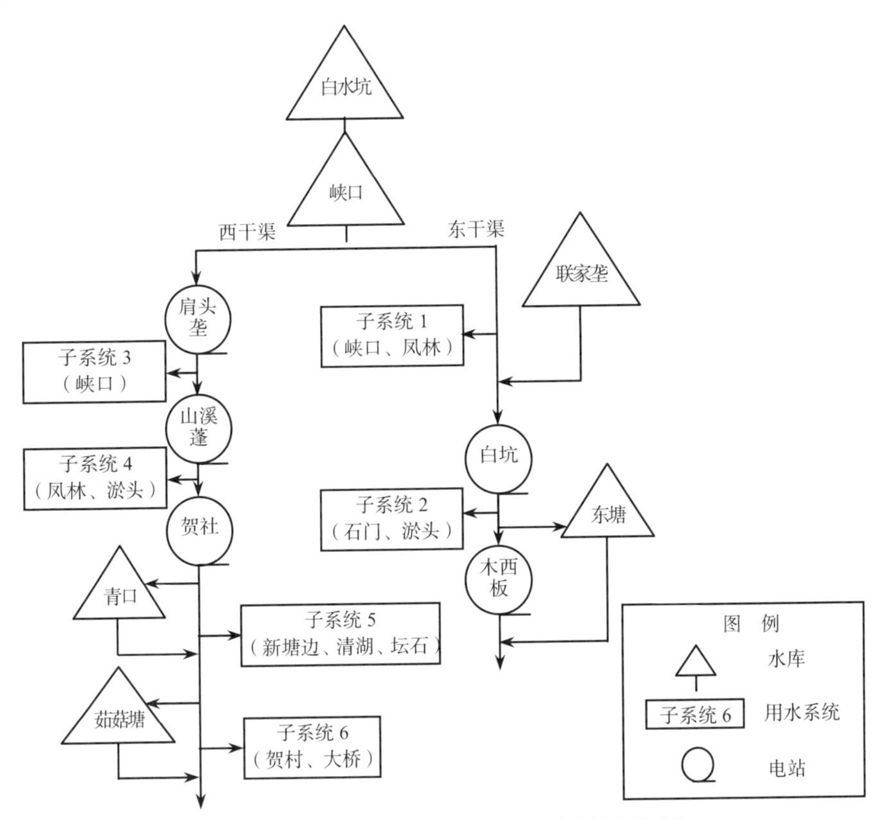

图 16-5 峡口灌区长藤结瓜式水利系统概化图

表 16-4 峡口水库灌区部分年份灌溉补水量成果表

年份	灌溉补水量/万 m^3		
	西渠	东渠	合计
2003	6734	3693	10427
2004	5962	2886	8848
2005	5541	2518	8059
2006	3931	2229	6160

表 16-5 峡口水库灌溉补水模拟成果与实际情况对比表

年份	模拟值/万 m^3	实际值/万 m^3	相对差/%
2003	11036	10427	5.84
2004	7700	8149	-5.51
2005	6649	7012	-5.18
2006	5754	5620	2.38
平均	7785	7802	-0.22

从图 16-6 和表 16-5 可知：峡口水库灌区灌溉补水量模拟模型计算精度较好，可以用于进行灌溉补水量长系列分析计算，计算成果可以作为梯级水库灌溉用水调度运行的依据。

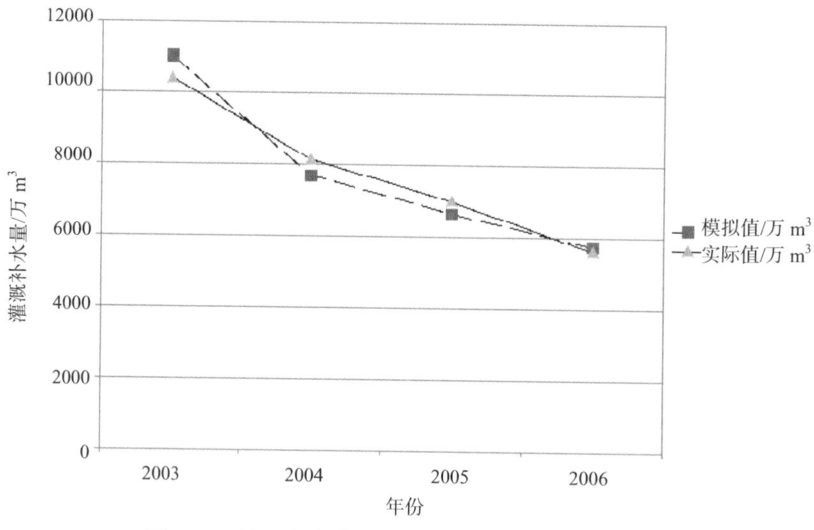

图 16-6　峡口水库灌溉补水模拟成果与实际情况对比图

16.6　峡口水库灌溉补水量分析成果

根据基础参数，利用上述模型和求解方法，求解各子系统灌溉补水量长系列逐日灌溉补水量成果，统计各片区子系统逐年灌溉补水量成果见表 16-6。进而计算整个峡口水库灌区长系列逐日灌溉补水量成果，统计整个峡口水库逐年灌溉补水量成果见表 16-7。渠道电站模拟发电量与实际发电量的对比见表 16-8。

表 16-6　各片区子系统灌溉补水量成果表　　单位：万 m³

年份	东干渠分区 1	东干渠分区 2	西干渠分区 1	西干渠分区 2	西干渠分区 3	西干渠分区 4
1965	288	771	228	377	561	499
1966	1080	2891	856	1413	2102	1870
1967	1670	4468	1324	2184	3249	2891
1968	1105	2957	876	1445	2150	1913
1969	847	2265	671	1107	1647	1466
1970	654	1750	519	856	1273	1133
1971	1234	3302	978	1614	2401	2137
1972	429	1149	340	562	835	743
1973	484	1296	384	634	943	839
1974	849	2271	673	1110	1651	1469
1975	484	1295	384	633	942	838
1976	747	1998	592	977	1453	1293
1977	451	1207	358	590	878	781
1978	548	1466	434	717	1066	949

续表

年份	东干渠分区 1	东干渠分区 2	西干渠分区 1	西干渠分区 2	西干渠分区 3	西干渠分区 4
1979	849	2271	673	1110	1651	1470
1980	460	1230	364	601	894	796
1981	560	1499	444	733	1090	970
1982	531	1420	421	694	1032	919
1983	569	1523	451	744	1107	986
1984	401	1074	318	525	781	695
1985	588	1574	466	769	1144	1019
1986	946	2531	750	1237	1840	1638
1987	479	1281	380	626	931	829
1988	668	1789	530	874	1301	1158
1989	366	981	290	479	713	634
1990	744	1991	590	973	1447	1288
1991	958	2563	759	1253	1863	1658
1992	783	2095	621	1024	1523	1356
1993	698	1867	553	913	1358	1208
1994	785	2101	622	1027	1527	1359
1995	1087	2910	862	1422	2116	1883
1996	997	2668	790	1304	1940	1727
1997	544	1456	431	711	1058	942
1998	650	1739	515	850	1264	1125
1999	577	1544	457	754	1122	999
2000	823	2203	653	1077	1602	1425
2001	656	1757	520	859	1277	1137
2002	477	1275	378	623	927	825
2003	1167	3124	925	1527	2271	2021
2004	814	2180	646	1065	1585	1410
2005	703	1882	558	920	1368	1218
2006	609	1629	482	796	1184	1054
2007	533	1427	423	698	1038	923
2008	755	2020	599	988	1469	1307
平均	719	1925	570	941	1399	1245

表 16-7　峡口水库补水量模拟计算成果表

年份	生活工业用水量/万 m^3	灌溉补水量/万 m^3		
		渠道控制灌区	水库山塘与渠道共同控制区	合计
1965	548	2245	480	3273
1966	548	6523	3689	10760
1967	548	9434	6352	16334
1968	548	6469	3976	10993
1969	548	5250	2753	8551
1970	548	4217	1967	6732
1971	548	6899	4768	12215
1972	548	2894	1165	4607
1973	548	3441	1139	5128
1974	548	5181	2842	8571
1975	548	3487	1088	5123
1976	548	4711	2348	7607
1977	548	3189	1075	4812
1978	548	3530	1650	5728
1979	548	5051	2973	8572
1980	548	3121	1225	4894
1981	548	3585	1710	5843
1982	548	3471	1545	5564
1983	548	3814	1567	5929
1984	548	2772	1021	4341
1985	548	3720	1841	6109
1986	548	5569	3374	9491
1987	548	3223	1303	5074
1988	548	4412	1908	6868
1989	548	2696	768	4012
1990	548	4629	2404	7581
1991	548	5602	3451	9601
1992	548	4980	2421	7949
1993	548	4430	2167	7145
1994	548	5075	2347	7970
1995	548	6564	3717	10829
1996	548	5701	3726	9975
1997	548	3567	1575	5690
1998	548	4439	1705	6692

续表

年份	生活工业用水量/万 m^3	灌溉补水量/万 m^3		
		渠道控制灌区	水库山塘与渠道共同控制区	合计
1999	548	3845	1608	6001
2000	548	5144	2638	8330
2001	548	4302	1904	6754
2002	548	3403	1102	5053
2003	548	6845	4191	11584
2004	548	4801	2899	8248
2005	548	4431	2218	7197
2006	548	3931	1823	6302
2007	548	3465	1577	5590
2008	548	4544	2594	7686
年均	548	4514	2286	7348

表 16-8 峡口灌区渠道电站发电量对比表

电站名称	发电量/（万 kW·h）		备 注
	实际值	模拟计算值	
肩头垄	21.66	22.39	
山溪蓬	25.33	25.98	
贺社	176.84	181.11	
白坑	40.71	43.05	
木西坂	113.27	119.54	

第 17 章　梯级水库联合调度规则优化模型及求解

17.1　系统主要参数与概化模型

系统主要参数包括用水设计保证率、梯级水库汛期分析和水库水量损失。

（1）用水设计保证率。生活用水和工业用水保证率为 95%，农业用水保证率 90%，生态环境用水 85%。

（2）梯级水库汛期分析。为分析不同汛期对水库调度的影响，根据《白水坑-峡口梯级水库联合兴利调度研究》（浙江省水利河口研究院、江山市峡口水库管理局，2012 年 1 月）成果，这里设置 3 个汛期方案，具体内容见表 17-1。

表 17-1　梯级水库汛期分期方案

序号	主汛期	汛前过渡期	汛后过渡期	非汛期
汛期分期方案 1	4 月 15 日至 7 月 15 日	无	无	7 月 16 日至次年 4 月 14 日
汛期分期方案 2	5 月 16 日至 7 月 15 日	4 月 15 日至 5 月 15 日	7 月 16 日至 9 月 15 日	9 月 16 日至次年 4 月 14 日
汛期分期方案 3	5 月 1 日至 8 月 19 日	4 月 15—30 日	8 月 20 日至 9 月 20 日	9 月 21 日至次年 4 月 14 日

关于汛期分期方案 3 的说明：根据第 2 章双塔底站（代表研究区域）研究成果，模糊统计法确定的汛前过渡期为 4 月 15—30 日、汛后过渡期为 8 月 20 至 9 月 20 日；分形理论确定的汛前过渡期为 4 月 15 日至 5 月 25 日、汛后过渡期为 8 月 2 日至 9 月 30 日。洪家塔代表性雨量站 90d 降水集中期分析成果为 4 月 5 日至 7 月 3 日。综合以上分析成果，结合水库实际调度管理工作，确定汛前过渡期为 4 月 15—30 日、汛后过渡期为 8 月 20 日至 9 月 20 日。

（3）水库水量损失。水库水量损失包括蒸发和渗漏损失，蒸发损失由实测蒸发量及水库水面面积计算得到，渗漏损失由经验公式推求，并利用水库实际运行过程资料进行验证。

根据白水坑-峡口梯级水库功能、工程布置及各功能之间逻辑关系，概化梯级水库水资源系统如图 17-1 所示。

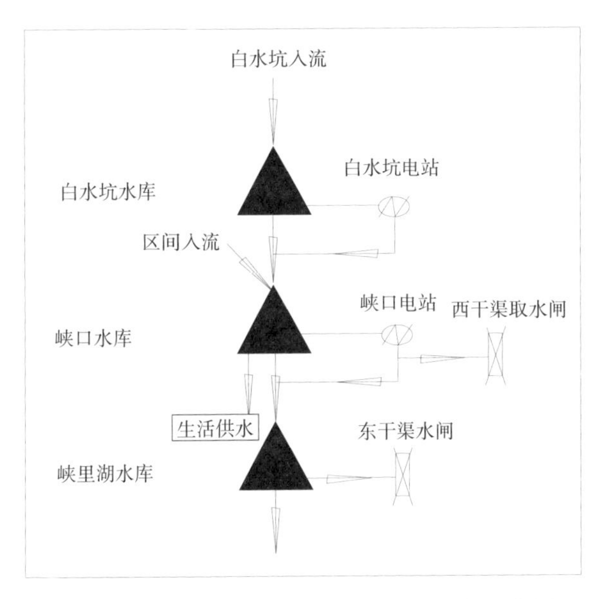

图 17-1　白水坑-峡口梯级水库水资源系统概化图

17.2　梯级水库兴利调度优化准则

对于白水坑-峡口梯级水库水资源调度系统，采用不同优化准则，将会产生不同的优化结果。白水坑水库功能是以发电、防洪为主结合灌溉，峡口水库是以灌溉、防洪为主，结合发电、供水等。由于白水坑-峡口梯级水库水资源量远大于其用水户的需求量，因此白水坑-峡口梯级水库目标有 3 个，分别如下：

（1）防洪方面：保障下游防洪安全、大坝防洪安全。

具体操作：按照规定蓄水位控制各时期的水库蓄水量。

（2）发电方面：梯级水库放电效益最大。

具体操作上从三个方面来实现：首先，峰电量极大；其次，在不产生弃水前提下，尽量高水位运行；第三，有可能产生弃水时，满负荷运行。

（3）供水灌溉方面：满足灌区灌溉用水及其他用户用水要求。

具体操作：灌溉用水保证率、供水保证率达到设计保证率要求。

因此，根据本项目研究的主要任务及研究目标，确定白水坑-峡口梯级水库兴利优化调度准则为：在不增加梯级水库系统防洪风险的基础上（即在汛限水位控制范围内），在满足灌溉、供水要求情况下，减少梯级水库弃水量，实现梯级水库发电效益最大化。

在梯级水库兴利优化调度的具体表现形式上，将水库控制运用图汛限水位以下区域分为三个区，如图 17-2 所示。各分区含义如下。

（1）电站满荷控制区：水库水位在该区域内时，电站满负荷发电。

（2）电站峰荷控制区：水库水位在该区域内时，电站只发峰电。

（3）灌溉供水控制区：水库水位在该区域内时，电站调度服从灌溉、供水调度，即当不需要灌溉、供水时，不发电。

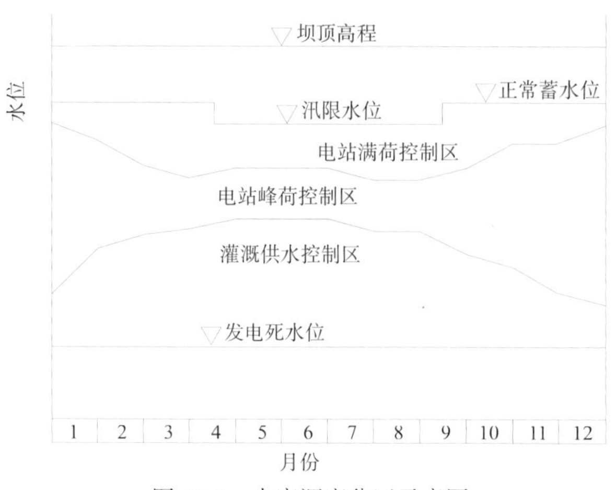

图 17-2　水库调度分区示意图

对于白水坑、峡口水库联合兴利调度，各水库所处水位不同，将决定着两库调度方案的区别。依据白水坑、峡口水库兴利调度实际，确定水库不同水位组合及调度规则，见表 17-2。

表 17-2　梯级水库联合调度分区组合及调度规则表

序号	水位所处区位		调度规则
	白水坑	峡口	
1	满荷控制区	满荷控制区	白水坑满负荷发电，峡口水库满负荷发电
2	满荷控制区	峰荷控制区	白水坑满负荷发电，峡口水库发峰电
3	满荷控制区	灌溉供水控制区	白水坑满负荷发电，峡口水库保证出力
4	峰荷控制区	满荷控制区	白水坑发峰电，峡口水库满负荷发电
5	峰荷控制区	峰荷控制区	白水坑发峰电，峡口水库发峰电
6	峰荷控制区	灌溉供水控制区	白水坑发峰电，峡口水库保证出力
7	灌溉供水控制区	满荷控制区	白水坑保证出力，峡口水库加大出力
8	灌溉供水控制区	峰荷控制区	白水坑保证出力，峡口水库发峰电
9	灌溉供水控制区	灌溉供水控制区	白水坑保证出力，峡口水库保证出力

17.3　梯级水库联合调度规则优化数学模型

17.3.1　目标函数

梯级水库发电效益最大，即

$$F=\max\left\{\sum_{i=1}^{2}\sum_{t=1}^{TN}\left[C_F W_F(t)+C_G W_G(t)\right]\right\}/T_a \tag{17-1}$$

式中：C_F、C_G分别为峰电和谷电的单价，根据实际调查，峰电单价为 0.56 元/(kW·h)，谷电单价为 0.28 元/ (kW·h)。；$W_F(t)$、$W_G(t)$分别为第 i 水库第 t 时段峰电和谷电的发电量；i=1 为白水坑水库，i=2 为峡口水库；$TN = T_a \times T_0$，TN 为分析计算的总时段数，T_a为分析计算年数，T_0为每年内的时段数，确定每旬为一个时段。

17.3.2　约束条件

（1）水位约束：

$$Z_{\min}^i(t) \leqslant Z_t^i(t) \leqslant Z_{\max}^i(t) \tag{17-2}$$

$$Z_{\min}^i(t) \leqslant Z_{xz}^i(t) \leqslant Z_{gd}^i(t) \leqslant Z_{\max}^i(t) \tag{17-3}$$

式中：$Z_{\min}^i(t)$、$Z_{\max}^i(t)$分别为第 i 水库第 t 时段水位取值下限（死水位或发电限制水位）和上限（非汛期为正常蓄水位，汛期为汛限水位）；$Z_t^i(t)$、$Z_{xz}^i(t)$、$Z_{gd}^i(t)$分别为第 i 水库第 t 时段水位取值、限制水位、加大水位。

（2）水电站出力约束：

$$N_{\min}^i \leqslant N^i(t) \leqslant N_{\max}^i \tag{17-4}$$

式中：$N_{\min}^i$、$N_{\max}^i$分别为第 i 水库保证出力和预想出力。

（3）水量平衡约束：

$$V^i(t+1) = V^i(t) + Q^i(t) - \left[gf^i(t) + gg^i(t) + gs^i(t) + r^i(t)\right] - EF^i(t) \tag{17-5}$$

$$Q^1(t) = q^1(t)；\ Q^2(t) = q^2(t) + gf^1(t) + r^1(t) \tag{17-6}$$

式中：$V^i(t+1)$、$V^i(t)$为第 i 水库第 t+1、第 t 时段末蓄水量；$Q^i(t)$、$EF^i(t)$分别为第 i 水库第 t 时段入库总水量、蒸发渗漏量；$q^i(t)$、$gf^i(t)$、$gg^i(t)$、$g^i(t)$、$r^i(t)$分别为第 i 水库第 t 时段的径流入库量、发电用水量、灌溉用水量、供水用水量和下泄量。

（4）保证率约束和养殖水位约束：

$$p(k) \geqslant p_0(k) \tag{17-7}$$

式中：$p(k)$、$p_0(k)$分别为第 k 行业供水计算保证率和设计保证率。

根据水库供水对象的不同，分为供水、灌溉用水，其设计保证率分别为 95%和 90%。

$$Z_t^i(t) \geqslant Z_{YZ}^i(t) \tag{17-8}$$

式中：$Z_t^i(t)$、$Z_{YZ}^i(t)$、$Z_{gd}^i(t)$分别为第 i 水库第 t 时段水位取值、养殖允许最低水位值。

（5）非负约束：上述各式中的各决策变量大于等于零。

17.4　求解方法

采用遗传算法进行求解。遗传算法基本原理同第二篇第 8 章。

17.5　求解成果

17.5.1　不考虑汛期过渡方案的兴利调度图

依据梯级水库联合兴利调度推荐方案的计算成果（见表 17-3、表 17-4），绘制白水坑、峡口水库联合兴利调度图如图 17-3 和图 17-4 所示。

表 17-3　白水坑水库兴利调度水位控制

月份	1	2	3	4	5	6	7	8	9	10	11	12
正常水位/m	348.3	348.3	348.3	343.8	343.8	343.8	343.8	343.8	343.8	343.8	348.3	348.3
满荷水位/m	346.1	342.5	343.6	340.1	340.6	338.6	339.0	341.9	339.6	338.8	346.4	346.0
峰荷水位/m	343.8	332.8	332.0	328.9	330.9	332.4	335.9	339.2	332.5	334.5	339.5	345.9
死水位/m	326.3	326.3	326.3	326.3	326.3	326.3	326.3	326.3	326.3	326.3	326.3	326.3

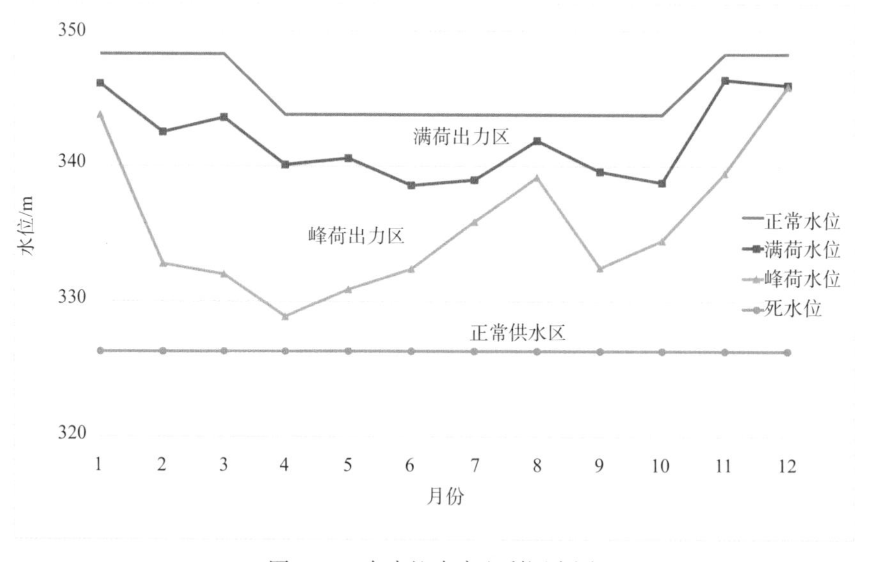

图 17-3　白水坑水库兴利调度图

表 17-4　峡口水库兴利调度水位控制

月份	1	2	3	4	5	6	7	8	9	10	11	12
正常水位/m	235.2	235.2	235.2	235.2	235.2	235.2	235.2	235.2	235.2	235.2	235.2	235.2
满荷水位/m	235.2	232.1	234.3	228.0	235.1	233.7	235.1	233.0	232.6	232.4	234.9	234.9
峰荷水位/m	233.4	221.6	230.1	221.1	233.2	228.5	233.7	225.9	225.3	226.7	233.3	233.4
死水位/m	218.2	218.2	218.2	218.2	218.2	218.2	218.2	218.2	218.2	218.2	218.2	218.2

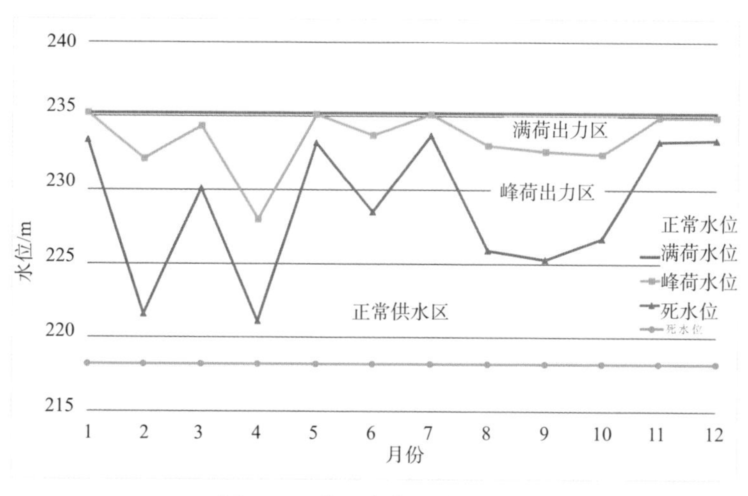

图 17-4 峡口水库兴利调度图

17.5.2 考虑汛期过渡方案的兴利调度图

考虑汛期过渡方案的水位控制（见表 17-5 和表 17-6）兴利调度图如图 17-5 和图 17-6 所示。各水库调度特征水位与不考虑汛期过渡方案的控制水位基本一致。

表 17-5 白水坑水库兴利调度水位控制

月份	1	2	3	4	5	6	7	8	9	10	11	12
正常水位/m	348.3	348.3	348.3	343.8	343.8	343.8	343.8	343.8	343.8	343.8	348.3	348.3
满荷水位/m	346.1	342.5	343.6	340.1	340.6	338.6	339.0	341.9	339.6	338.8	346.4	346.0
峰荷水位/m	343.8	332.8	332.0	328.9	330.9	332.4	335.9	339.2	332.5	334.5	339.5	345.9
死水位/m	326.3	326.3	326.3	326.3	326.3	326.3	326.3	326.3	326.3	326.3	326.3	326.3

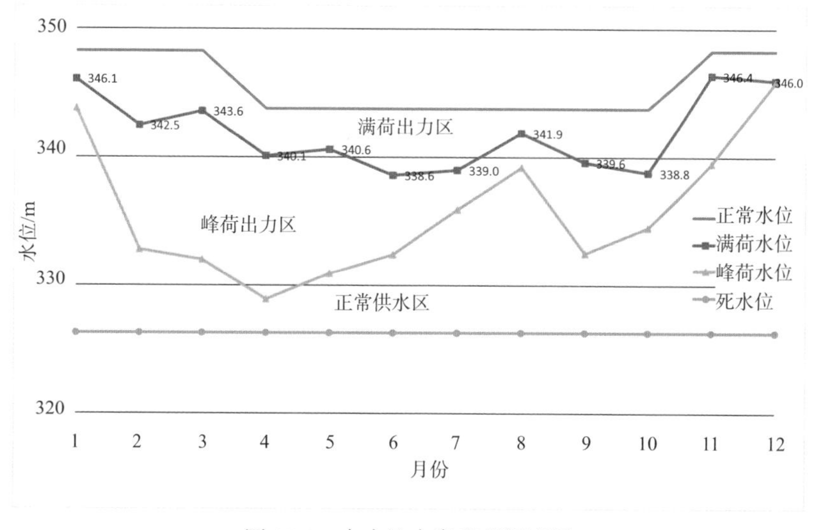

图 17-5 白水坑水库兴利调度图

表 17-6　峡口水库兴利调度水位控制

月份	1	2	3	4	5	6	7	8	9	10	11	12
正常水位/m	235.2	235.2	235.2	235.2	235.2	235.2	235.2	235.2	235.2	235.2	235.2	235.2
满荷水位/m	235.2	232.1	234.3	228.0	235.1	233.7	235.1	233.0	232.6	232.4	234.9	234.9
峰荷水位/m	233.4	221.6	230.1	221.1	233.2	228.5	233.7	225.9	225.3	226.7	233.3	233.4
死水位/m	218.2	218.2	218.2	218.2	218.2	218.2	218.2	218.2	218.2	218.2	218.2	218.2

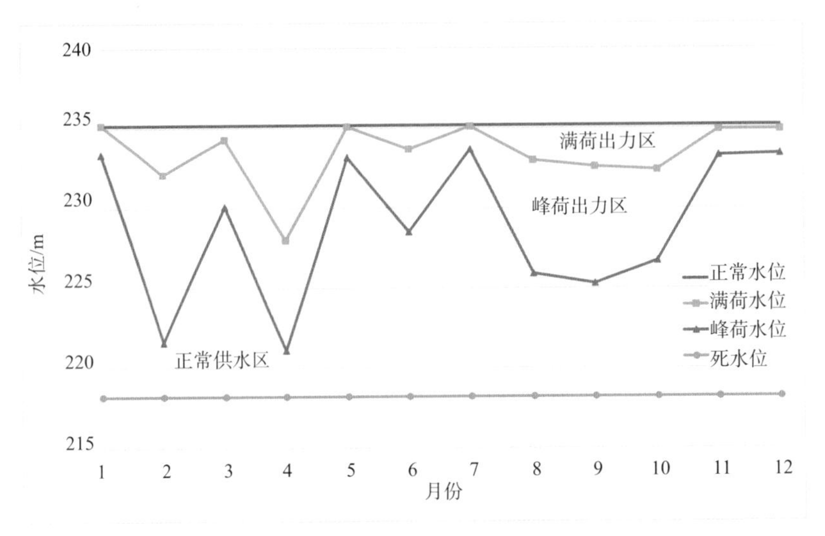

图 17-6　峡口水库兴利调度图

第 18 章　梯级水库联合调度模拟模型及求解

18.1　梯级水库联合调度模拟模型

本项目研发模拟模型实现两个方面的功能。

功能一：验证调度规则合理性与科学性。对于给定的已知条件和调度规则，利用模拟模型模拟水资源系统调度运行结果，分析其各目标参数的改善程度。

功能二：求解系统状态。当调度者输入当前时段的降水与产流过程以及系统状态后，即可取得某种调度方案及其效果。这就需要开发一个由已知条件并制定调度操作，求解水资源系统状态结果的模型，即此模拟模型。

18.2　梯级水库联合兴利调度模拟模型

对于图 16-2 所示的水资源系统，构建梯级水库水资源系统模拟模型如下。

18.2.1　调度规则验证模拟模型

调度规则验证模拟模型简称模拟模型（1）。

运行该模拟模型的框图如图 18-1 所示。这个模型主要包括 8 个主要模块，分别为：基础数据输入模块、水文模型模块、需水模型模块、子系统模拟模块、子系统补水量计算模型模块、梯级水库调度运行规则模块、梯级水库水量平衡计算模型模块、目标函数计算模型模块。

18.2.2　求解系统状态模拟模型

求解系统状态模拟模型简称模拟模型（2）。

该模型模拟的框图如图 18-2 所示。该模型包括包括 7 个模块，分别为：基础数据输入模块、水文模型模块、需水模型模块、子系统模拟模块、子系统补水量计算模型模块、梯级水库调度运行规则模块、梯级水库水量平衡计算模型模块。

由图 18-1 和图 18-2 可以看出：两个模拟模型的总体结构基本一致，分析计算内容基本相同。主要区别是模拟模型（1）计算时间序列较长，可以计算保证率等目标函数指标；而模拟模型（2）因计算时间序列较短（可能几天或几旬），只需要计算出每一时段末系统状态即可。

关于基础数据输入模块、水文模型模块、需水模型模块、子系统模拟模块、梯级水库调度运行规则模块等内容前面已经叙及，这里重点介绍子系统补水量计算模型模块、梯级水库水量平衡计算模型模块、目标函数计算模型模块。

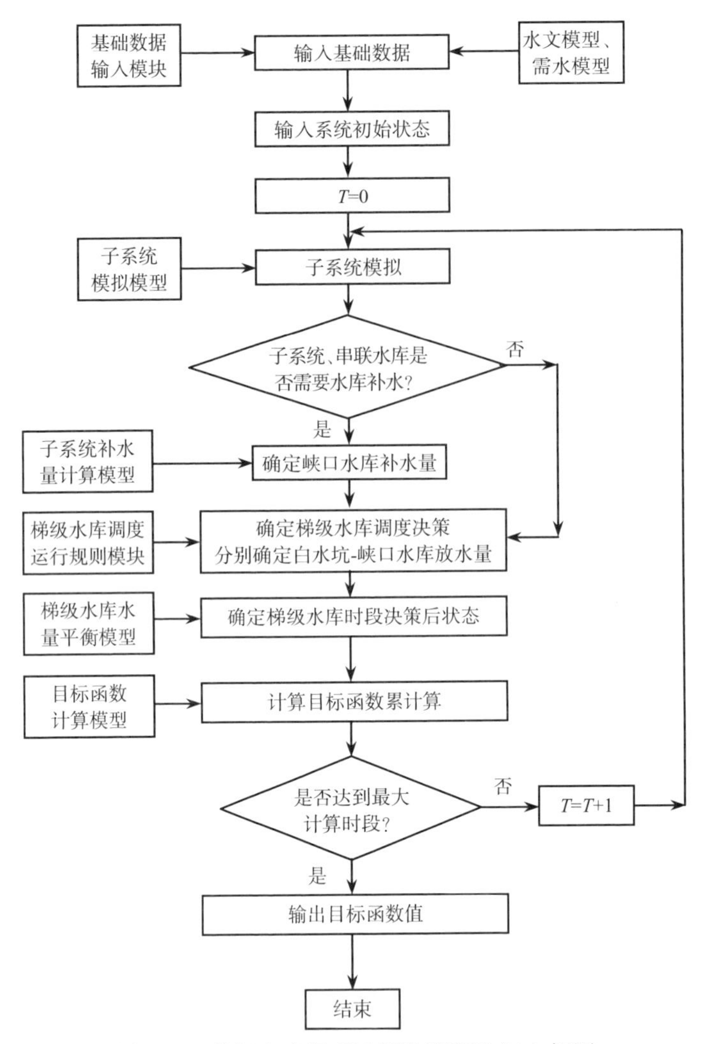

图 18-1　梯级水库调度运行模拟模型（1）框图

（1）子系统补水量计算模型：

$$gs^j(t)=\sum_{m=1}^{nm}q_m^j(t)-[V^j(t)-V_{\min}^j+\sum_{k=1}^{nk}Q_k^j(t)]+EF^j(t) \tag{18-1}$$

式中：$gs^j(t)$ 为第 j 子系统第 t 时段补水量，若 $gs^j(t)>0$，则 $gs^j(t)=gs^j(t)$；若 $gs^j(t)\leqslant 0$，则 $gs^j(t)=0$；$V^j(t)$ 为第 j 子系统第 t 时段初蓄水量；$V_{\min}^j$ 为第 j 子系统兴利下限库容；$Q_k^j(t)$ 为第 j 子系统第 k 入流第 t 时段入河道水量；$q_m^j(t)$ 为第 j 子系统第 m 用水户第 t 时段用水量；$EF^j(t)$ 为第 j 子系统第 t 时段蒸发渗漏量；nk、nm 为第 j 子系统入流和用水户总数。

（2）梯级水库系统状态计算模型：

$$V_{bsk}(t+1)=V_{bsk}(t)+Q_{bsk}(t)-[gs_{bsk}(t)+r_{bsk}(t)]-EF_{bsk}(t) \tag{18-2}$$

$$V_{sk}(t+1)=V_{sk}(t)+Q_{sk}(t)-[gs_{sk}(t)+r_{sk}(t)]-EF_{sk}(t) \tag{18-3}$$

其中

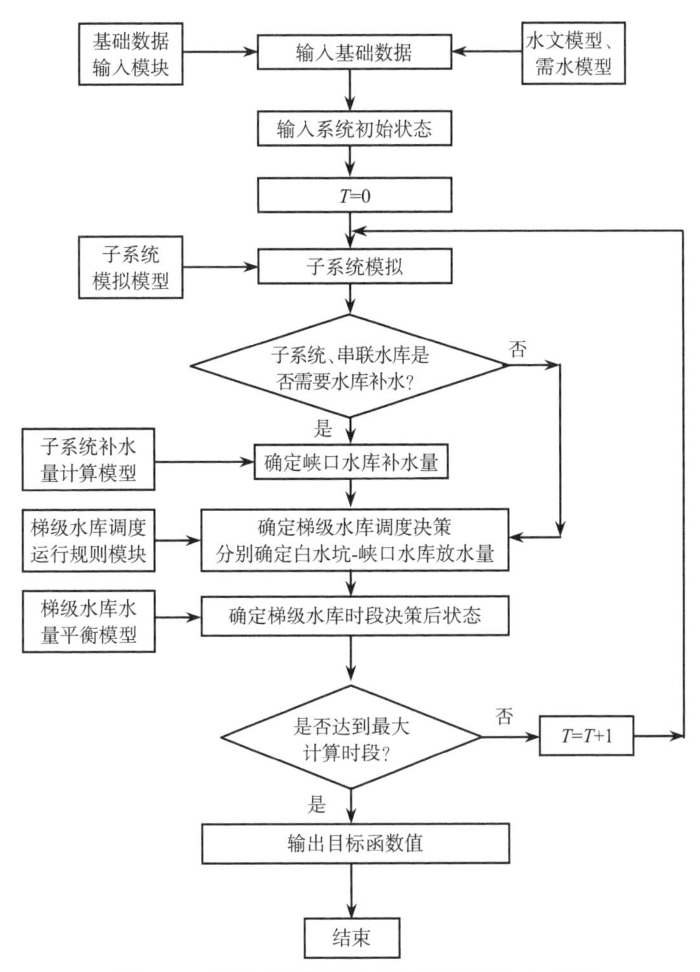

图 18-2　梯级水库调度运行模拟模型（2）框图

$$Q_{sk}(t) = Q_{bs}(t) + [gs_{bsk}(t) + r_{bsk}(t)]$$

式中：$V_{bsk}(t+1)$、$V_{bsk}(t)$分别为白水坑水库第 t+1 和第 t 时段初蓄水量；$V_{sk}(t+1)$、$V_{sk}(t)$分别为峡口水库第 t+1 和第 t 时段初蓄水量；$Q_{bsk}(t+1)$、$Q_{sk}(t)$分别为白水坑水库和峡口水库第 t 时段入库水量，$Q_{sk}(t)$为白水坑与峡口水库区间入流；$gs_{bsk}(t)$、$gs_{sk}(t)$分别为白水坑水库和峡口水库第 t 时段供水量（包括各子系统补水和发电用水）；$gs_{bsk}(t)$取值根据面临时段梯级水库总蓄水量、白水坑水库蓄水水位按照调度运行规则模块规定来确定；$gs_{sk}(t)$取值根据面临时段梯级水库总蓄水量、峡口水库蓄水水位按照调度运行规则模块规定来确定；$r_{bsk}(t)$、$r_{sk}(t)$分别为白水坑水库和峡口水库第 t 时段泄水量；$EF_{bsk}(t)$、$EF_{sk}(t)$分别为白水坑水库和峡口水库第 t 时段蒸发渗漏量。

（3）目标函数计算模型。目标函数可以分为两类：一类是对于梯级水库整体目标的，包括供水能力和发电量两项指标；另一类是针对个子系统的，即各行业用水保证率，包括生活、重要工业、一般工业和农业。

供水目标函数：在优先满足各子系统 2、子系统 3 补水量情况下子系统 1 的供水能力，

表达式为

$$F_1=F[gs_{bsk}(t)、gs_{sk}(t)、gs^j(t)] \tag{18-4}$$

发电目标函数：

$$F_2=\sum_{t=1}^{nt}\{fd[gs_{bsk}(t),gs_{sk}(t)]+gd[gs_{bsk}(t),gs_{sk}(t)]\} \tag{18-5}$$

式中：$fd[gs_{bsk}(t),gs_{sk}(t)]$、$fd[gs_{bsk}(t),gs_{sk}(t)]$分别为梯级水库峰电和谷电发电收益。

发电量计算模型为

$$N=9.81\,\eta QH$$

式中：Q 为流量，m^3/s；H 为水头，m；N 为水电站出力，W；η为水轮发电机的效率系数。

用水保证率目标函数：

$$Z(k)=\frac{n(k)}{nt+1} \tag{18-6}$$

式中：nt 为模拟计算总年数；$n(k)$为第 k 行业用水得到保证的年数。

18.3　模拟模型求解

18.3.1　模型求解基础数据

除计算时间序列差别外，两个模拟模型求解所需的基础数据基本一致。主要包括以下几种类型：

（1）工程属性数据：包括水库工程特征水位、水位库容关系曲线、供水工程制水能力等数据，主要通过实际调查结合资料查阅取得。

（2）来水量数据：包括各计算节点长系列来水量数据，通过水文模型模拟求得。

（3）需水量数据：主要包括各需水节点农业灌溉、一般工业、重要工业等用水户需水量，通过需水模型求得。

18.3.2　模型求解方法

水资源系统概化成节点图后，模型的基本运算便是以旬（月）为单位，对系统中的所有节点进行水量分配，模型在所有的水源节点处逐时段地输入径流，并且在整个系统追踪此时段水量，整个模拟期中模型重复这一过程。由此可知，所有的计算工作都是在节点上进行的，而线段仅是节点间联系的桥梁。

模型中主要包括水源节点、用水节点、汇流节点、水库节点和结束节点等 5 种不同类型的节点，各节点根据自己的运行规则（运行方程式）控制操作。

（1）水源节点。水源节点为模拟模型提供入流量，它既可以表示发生的天然流量，也可以代表区间入流和支流的汇入。水源节点在计算时段末的出流等于时段初由上一节点传递的水量，加上期间本节点的汇入水量，其水量平衡方程是可表示如下：

$$Ds(t,n)=Qs(t,n)+ofs(t,n)$$

式中：$ofs(t,n)$为水源节点在 t 年 n 时段输入的水量；$Qs(t,n)$为水源节点在 t 年 n 时段原有水量。

（2）用水节点。在用水节点内的分水，实行混合分水规则。即在水量不足以满足所有用水户需水要求时，先供给优先级别高的用户，剩余水量再在其它用户之间按比例分配。用水节点所产生的回归水参与下一节点水量的平衡运算。

（3）汇流节点。汇流节点的功能就是把天然河道与支流或人工输水渠道连接起来，本文中为加入回归水的计算，将用水节点产生的回归水用汇流节点连接。控制汇流节点水流的方程是连续方程，即汇流节点时段末出流等于各分支的入流水量。

（4）水库节点。水库节点一般的放水策略分为 3 种情况：①当可利用水量小于本时段的目标放水量时，水库放水量等于可利用水量；②当可利用水量大于本时段的目标放水量，小于本时段的目标放水量与可利用库容之和时，水库放水量等于目标放水量，同时将多余水量蓄入水库之中；③当可利用水量大于本时段的目标放水量与可利用库容之和，水库放水量等于可利用水量减掉可利用库容也就是目标放水量与弃水量之和。

水库运行规则梯级水库调度运行规则为主，根据水量分配的结果再计算相应电站的发电量。因此，水库节点操作的关键是各时段目 标放水量的确定。

（5）结束节点。结束节点代表模拟终止的末端边界。它可以入海洋、湖泊或转入其它流域、行政区或其它的边界们构成了模拟模型所考虑的河系系统的边界 。

18.4　梯级水库兴利调度规则验证

为检验梯级水库兴利调度规则的有效性，以梯级水库兴利调度规则为基础编制梯级水库综合调度的模拟模型。该模型严格按照各水库调度规则决策放水，然后进行联调计算，模拟两库的供水、发电情况。本次兴利调度规则验证采用 1965—2008 年水文资料，验证结果见表 18-1。

表 18-1　梯级水库兴利调度规则验证成果表

过渡方案	水厂供水		灌溉供水		发电量/（万 kW·h）
	供水量/万 m^3	保证率/%	供水量/万 m^3	保证率/%	
非过渡期	548	97.6	6800	92.9	13902
过渡期	548	97.6	6800	92.9	14063

由表 18-1 可知：

（1）在白水坑-峡口水库兴利调度规则指导下，以历史水文资料、现状用水条件模拟水库联合调度，通过两库联合调度能够满足峡口水厂、下游农业灌区用水要求，说明调度运行规则科学可行。

（2）两库发电效益较好，在该调度规则指导下，不考虑汛期过渡方案和考虑汛期过渡方案两库年均发电量分别为 13902 万 kW・h 和 14063 万 kW・h，后者发电效益明显高于前者，达到预期目标。

因此，推荐方案的调度规则科学可行。

18.5　模拟模型计算成果

18.5.1　不考虑汛期过渡方案的调度结果

依据各水库来水量、灌区农业、生活补水量计算成果，以水库水位组合及调度规则为基础，以两库现状汛期划分及限制水位为约束，采用水库联合兴利调度模型推求该方案下水库各调度线及调度成果。该调度规则下调度结果见表 18-2。

表 18-2　白水坑—峡口水库联合兴利调度成果表

年份	发电量/(万 kW·h)		缺水量/万 m^3		弃水量/万 m^3
	白水坑	峡口	生活工业	农业	
1965	7562	3442	0	0	0
1966	9914	4032	0	0	297
1967	9565	3985	0	2764	12236
1968	7471	2799	0	0	7610
1969	10887	4805	0	0	11125
1970	11609	5180	0	0	5418
1971	3905	1584	0	0	0
1972	7178	3432	0	0	0
1973	12232	5062	0	0	17086
1974	7523	3396	0	0	93
1975	15324	6434	0	0	20425
1976	11405	4987	0	0	7821
1977	11029	4975	0	0	10099
1978	8075	3797	0	0	0
1979	6284	2822	0	0	0
1980	9179	4195	0	0	0
1981	7752	3331	0	0	0
1982	8104	3789	0	0	0
1983	11632	4825	0	0	7989
1984	8814	4141	0	0	0
1985	7987	3593	0	0	1261
1986	5455	2333	0	0	17
1987	9516	4459	0	0	0
1988	11563	5189	0	0	5763
1989	12725	5377	0	0	9563
1990	7689	3732	0	0	297
1991	6275	2903	0	0	188
1992	10994	4736	0	0	8945
1993	10360	4210	0	0	13634
1994	11365	5203	0	0	6075
1995	12020	4984	0	0	26230
1996	5659	2403	0	0	0

续表

年份	发电量/(万 kW·h)		缺水量/万 m^3		弃水量/万 m^3
	白水坑	峡口	生活工业	农业	
1997	9640	4328	0	0	3567
1998	15233	6691	0	0	17696
1999	10379	5018	0	0	1594
2000	10600	4537	0	0	5296
2001	8484	4036	0	0	16
2002	12055	5758	0	0	5462
2003	6830	2907	0	0	3
2004	4285	1750	0	0	0
2005	9233	4248	0	0	0
2006	10496	4582	0	0	6652
2007	6506	3090	0	0	0
2008	7176	3048	0	0	831
年均	9272	4094	0	63	4847

从表 18-2 及结合水库联合兴利调度计算过程可知：

（1）在白水坑-峡口水库联合调度下，白水坑电站和峡口电站多年平均发电量分别为 9272 万 kW·h 和 4094 万 kW·h，合计 13366 万 kW·h。与《白水坑水库初步设计》计算发电量 13161 万 kW·h 相比增加了 205 万 kW·h，增幅 1.56%；近 5 年（2004—2008 年）计算发电量 10883 万 kW·h 比实际发电量 10794 万 kW·h 增加 89 万 kW·h，增幅达 0.8%。

（2）白水坑、峡口水库联合调度后，能够满足下游峡口水库灌区生活工业用水及农业灌溉用水要求，各用水户供水保证率符合相关规范标准的要求。

（3）白水坑、峡口水库联合调度后，多年平均弃水量为 4847 万 m^3。进一步分析得到，白水坑、峡口梯级水库水资源系统，除白水坑、峡口水库都无法调蓄水资源发生弃水外，在以下四种情况时水库调蓄能力没完全发挥时发生弃水：①当白水坑、峡口水库都位于满荷控制区；②白水坑水库位于满荷控制区且峡口水库位于峰荷控制区；③白水坑水库位于峰荷控制区且峡口水库位于满荷控制区；④白水坑、峡口水库都位于峰荷控制区。

因此，为进一步发挥两库联合兴利调度效益，减少水库群系统弃水量，在该调度规则的基础上，修正两库兴利调度组合水位及调度规则（方案 1），见表 18-3，方案 1 调度结果见表 18-4。

表 18-3 水库兴利调度方案 1 组合水位及调度规则表

序号	白水坑	峡口	调度规则
1	满荷控制区	满荷控制区	白水坑满荷发电，峡口水库满荷发电，白水坑下泄水量及区间来水量不大于峡口下泄水量
2	满荷控制区	峰荷控制区	白水坑满负荷发电，峡口水库发峰电，白水坑下泄水量及区间来水量不大于峡口下泄水量
3	满荷控制区	灌溉供水控制区	白水坑满负荷发电，峡口水库保证出力

续表

序号	白水坑	峡口	调度规则
4	峰荷控制区	满荷控制区	白水坑发峰电，峡口水库加大出力，白水坑下泄水量及区间来水量不大于峡口下泄水量
5	峰荷控制区	峰荷控制区	白水坑发峰电，峡口水库发峰电，白水坑下泄水量及区间来水量不大于峡口下泄水量
6	峰荷控制区	灌溉供水控制区	白水坑发峰电，峡口水库保证出力
7	灌溉供水控制区	满荷控制区	白水坑保证出力，峡口水库加大出力
8	灌溉供水控制区	峰荷控制区	白水坑保证出力，峡口水库发峰电
9	灌溉供水控制区	灌溉供水控制区	白水坑保证出力，峡口水库保证出力

表 18-4　白水坑-峡口水库联合兴利调度方案 1 成果表

年份	发电量/(万 kW·h)		缺水量/万 m^3		弃水量/万 m^3
	白水坑	峡口	生活工业	农业	
1965	7560	3583	0	0	0
1966	9934	4365	0	0	1990
1967	9482	3662	0	0	8056
1968	6646	2626	0	0	10411
1969	10652	4481	0	0	9890
1970	11346	5132	0	0	4568
1971	4658	1730	0	0	0
1972	8146	3627	0	0	0
1973	12116	5571	0	0	12359
1974	7801	3712	0	0	0
1975	13884	5727	0	0	14846
1976	11383	4871	0	0	11311
1977	10958	4958	0	0	5809
1978	8471	3742	0	0	1028
1979	6549	2957	0	0	0
1980	9561	4300	0	0	1195
1981	7828	3530	0	0	0
1982	8690	4368	0	0	0
1983	11591	5133	0	0	4580
1984	9326	4279	0	0	0
1985	8162	3759	0	0	0
1986	5634	2600	0	0	0
1987	9978	4518	0	0	0
1988	11489	5381	0	0	4583
1989	12743	5442	0	0	10585
1990	7957	3689	0	0	1196
1991	6800	2990	0	0	0
1992	11370	5052	0	0	6947

续表

年份	发电量/(万 kW·h)		缺水量/万 m^3		弃水量/万 m^3
	白水坑	峡口	生活工业	农业	
1993	9421	3836	0	0	12145
1994	9961	4503	0	0	8304
1995	13041	5017	0	0	22670
1996	5940	2590	0	0	0
1997	8864	3792	0	0	7573
1998	13845	5692	0	0	21424
1999	10645	4603	0	0	2072
2000	10350	4320	0	0	5785
2001	8435	3876	0	0	0
2002	13253	6083	0	0	1311
2003	7274	3196	0	0	0
2004	4494	1742	0	0	0
2005	9783	4479	0	0	0
2006	10082	4329	0	0	5929
2007	6830	3254	0	0	0
2008	7466	3400	0	0	0
年均	9327	4102	0	0	4467

从表 18-4 可知：

（1）在两库联合调度下，白水坑电站和峡口电站多年平均发电量为 13429 万 kW·h，比原调度方案发电量 13366 万 kW·h 增加了 63 万 kW·h，增幅 0.5%，与《白水坑水库初步设计》计算发电量相比增加了 268 万 kW·h，增幅 2.04%。进一步分析近 5 年发电情况，依据以上联合调度规则计算得到发电量 11172 万 kW·h，比实际发电量 10794 万 kW·h 增加 378 万 kW·h，增幅 3.5%。

（2）白水坑、峡口水库联合调度后，能够满足下游灌区生活工业用水及农业灌溉用水要求，且各计算年份都不缺水。

（3）方案 1 梯级水库总弃水量比原调度方案减少 380 万 m^3，减少 7.8%。

同时，为进一步分析农业灌溉供水与发电的关系，将水库水位处于灌溉供水控制区时，电站结合灌溉供水要求发电（调度方案 2）。调度规则见表 18-5，调度结果见表 18-6。

表 18-5　水库兴利调度方案 2 组合水位及调度规则表

序号	白水坑	峡口	调度规则
1	满荷控制区	满荷控制区	白水坑满荷发电，峡口水库满荷发电，白水坑下泄水量及区间来水量不大于峡口下泄水量
2	满荷控制区	峰荷控制区	白水坑满负荷发电，峡口水库发峰电，白水坑下泄水量及区间来水量不大于峡口下泄水量
3	满荷控制区	灌溉供水控制区	白水坑满负荷发电，峡口水库发电结合灌溉

续表

序号	白水坑	峡口	调度规则
4	峰荷控制区	满荷控制区	白水坑发峰电，峡口水库加大出力，白水坑下泄水量及区间来水量不大于峡口下泄水量
5	峰荷控制区	峰荷控制区	白水坑发峰电，峡口水库发峰电，白水坑下泄水量及区间来水量不大于峡口下泄水量
6	峰荷控制区	灌溉供水控制区	白水坑发峰电，峡口水库发电结合灌溉
7	灌溉供水控制区	满荷控制区	白水坑发电结合灌溉，峡口水库加大出力
8	灌溉供水控制区	峰荷控制区	白水坑发电结合灌溉，峡口水库发峰电
9	灌溉供水控制区	灌溉供水控制区	白水坑保发电结合灌溉，峡口水库发电结合灌溉

表 18-6　白水坑-峡口水库联合兴利调度方案 2 成果表

年份	发电量/(万 kW·h)		缺水量/万 m^3		弃水量/万 m^3
	白水坑	峡口	生活工业	农业	
1965	6459	3087	0	0	0
1966	10921	5132	0	0	0
1967	9865	4196	0	0	6398
1968	6995	2813	0	0	7264
1969	11056	5004	0	0	4466
1970	11017	4706	0	0	3833
1971	5875	2422	0	0	0
1972	6851	3242	0	0	0
1973	13317	6248	0	0	9894
1974	7296	3555	0	0	240
1975	14100	6193	0	0	13462
1976	12262	5537	0	0	6445
1977	11588	5381	0	0	4953
1978	7958	3873	0	0	0
1979	7121	3546	0	0	0
1980	9232	4319	0	0	0
1981	7171	3380	0	0	0
1982	8647	4133	0	0	0
1983	12715	5817	0	0	2038
1984	8402	3961	0	0	0
1985	8703	4092	0	0	0
1986	6225	3120	0	0	0
1987	8683	3880	0	0	0
1988	12877	6085	0	0	0
1989	12989	5963	0	0	6761
1990	8048	4059	0	0	0
1991	7704	3368	0	0	0

续表

年份	发电量/(万 kW·h)		缺水量/万 m^3		弃水量/万 m^3
	白水坑	峡口	生活工业	农业	
1992	11309	5135	0	0	5178
1993	9952	4378	0	0	9721
1994	11004	5113	0	0	4741
1995	13590	5739	0	0	19270
1996	6085	2235	0	0	0
1997	9136	3951	0	0	3517
1998	15769	6923	0	0	16206
1999	10902	5262	0	0	265
2000	9435	4235	0	0	4059
2001	9353	4717	0	0	0
2002	12658	6070	0	0	645
2003	8036	3791	0	0	0
2004	4135	1511	0	0	0
2005	10137	4887	0	0	0
2006	10230	4783	0	0	3387
2007	6854	3309	0	0	0
2008	7372	3535	0	0	0
年均	9546	4379	0	0	3017

从表 18-6 可知：

（1）在方案 2 调度规则下，白水坑电站和峡口电站多年平均发电量为 13925 万 kW·h，比设计方案增加了 764 万 kW·h，增幅 5.8%。分析近 5 年发电量，本次计算成果为 11351 万 kW·h，比实际发电量 10794 万 kW·h 增加 557 万 kW·h，增幅 5.2%。

（2）白水坑、峡口水库联合调度后，能够满足下游灌区生活工业用水及农业灌溉用水要求，且各计算年份都不缺水。

结合以上各方案计算成果，推荐调度方案 2 为白水坑、峡口水库联合兴利调度的推荐方案。

18.5.2 考虑汛期过渡方案的调度结果

根据第 4 章研究成果，将白水坑水库汛期划分为主汛期 5 月 16 日至 7 月 15 日，汛限水位按现状水位控制；汛前过渡期 4 月 16 日至 5 月 15 日，汛限水位按 $Z = 350 - 0.207t$ ，$t = 1, 2, \cdots, 30$ 控制；汛后过渡期 7 月 16 日至 9 月 15 日，汛限水位按 $Z = 343.8 + 0.207 \times t / 2$ ，$t = 1, 2, \cdots, 60$ 控制。

按照以上汛期过渡及汛限水位控制方案，分析推荐调度方案条件下白水坑、峡口水库联合调度成果，见表 18-7。

表 18-7　白水坑-峡口水库联合兴利调度成果表

年份	发电量/(万 kW·h)		缺水量/万 m³		弃水量/万 m³
	白水坑	峡口	生活工业	农业	
1965	6408	3164	0	0	0
1966	10848	4885	0	0	2781
1967	9505	4205	0	0	7009
1968	7101	2980	0	0	7562
1969	11241	5021	0	0	7001
1970	11967	5518	0	0	141
1971	4850	1858	0	0	0
1972	6886	3249	0	0	0
1973	13049	5850	0	0	10298
1974	7558	3692	0	0	0
1975	14681	6128	0	0	17504
1976	12046	5464	0	0	5940
1977	11811	5466	0	0	4145
1978	8626	4123	0	0	0
1979	6720	2981	0	0	0
1980	9292	4363	0	0	0
1981	7205	3519	0	0	0
1982	8852	4095	0	0	0
1983	12907	5814	0	0	985
1984	9179	4461	0	0	0
1985	8564	3956	0	0	0
1986	5855	2849	0	0	0
1987	9137	4405	0	0	0
1988	12286	5776	0	0	0
1989	14243	6055	0	0	8043
1990	8032	3941	0	0	0
1991	7299	3311	0	0	0
1992	11602	5236	0	0	1494
1993	10103	4459	0	0	8888
1994	11013	5062	0	0	4821
1995	13685	5948	0	0	17939
1996	6289	2780	0	0	0
1997	9859	4493	0	0	2446
1998	15844	6935	0	0	14622
1999	10932	5300	0	0	201
2000	10167	4694	0	0	3468
2001	9251	4571	0	0	0

续表

年份	发电量/(万 kW·h)		缺水量/万 m^3		弃水量/万 m^3
	白水坑	峡口	生活工业	农业	
2002	12465	6101	0	0	0
2003	8061	3702	0	0	0
2004	4729	2027	0	0	0
2005	9546	4462	0	0	0
2006	11149	5150	0	0	1515
2007	6677	3231	0	0	0
2008	7121	3335	0	0	0
年均	9651	4423	0	0	2882

从表 18-7 可知：

（1）在考虑汛期过渡方案的条件下，白水坑、峡口水库联合调度多年平均发电量为 14074 万 kW·h，比不考虑汛期过渡方案发电量 13925 万 kW· h增加 149 万 kW·h，增加 1.07%。

（2）在考虑汛期过渡方案的条件下，白水坑、峡口水库联合调度多年平均弃水量为 2882 万 m^3，比不考虑汛期过渡方案弃水量 3017 万 m^3减少了 135 万 m^3，减少 4.47%。

第四篇

湖南镇-黄坛口梯级水库联合调度与水资源合理配置研究

第 19 章　概况

19.1　流域概况

19.1.1　自然地理

乌溪江流域位于浙江省西南部，是钱塘江上游衢江的一大支流，流域面积 2577km^2，分属蒲城、龙泉、遂昌、衢江、柯城等 5 个县（市、区）。乌溪江流域北部临衢江，东西两侧分别为灵山港流域和江山港流域，东南面与瓯江大溪流域交界，西南面与闽江支流南浦溪接壤，如图 19-1 所示。

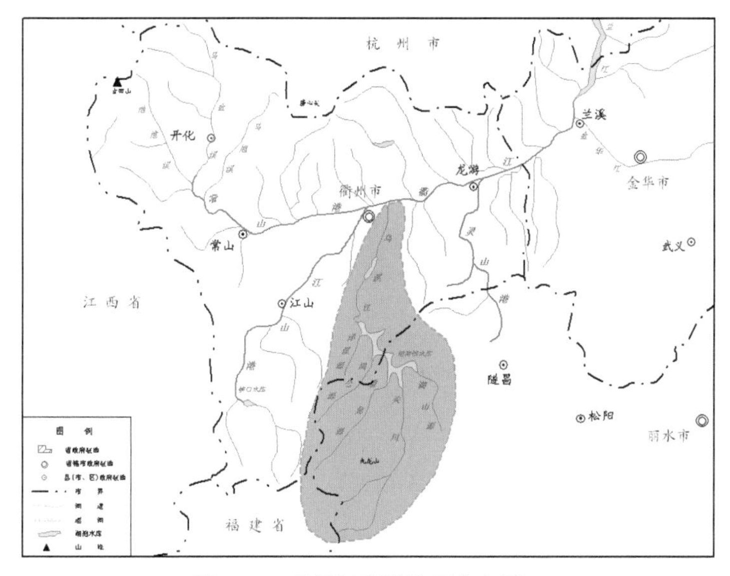

图 19-1　乌溪江流域位置分布图

乌溪江发源于福建省蒲城县大福罗东坡，河流源头高程[1]约 1360m，源头河段称大溪。河流出源后自南向北，再转东北流至粗汕头进入龙泉市境，入境处河床高程约 628m。继续东北流，至井惠口转东南，至大坪折向东流，在双河口右纳水塔溪后称住溪。继续东流，至住龙镇北流，在长年坑入遂昌县境，至外龙口左纳碧龙源后称乌溪江。继续北流，经王村口镇、焦滩乡，至红星坪右纳湖山源，转西北流，在乌里坑出遂昌入衢州市境。过湖南镇后转北流，在衢州市樟潭镇附近注入衢江。乌溪江包括碧龙溪、关川、湖山源、周公源、

[1]吴淞高程，下同。

洋溪源等 5 条重要支流，各支流特性见表 19-1。流域水系分布如图 19-2 所示。

表 19-1　乌溪江流域主要河流特性表

河流名称	河长/km	平均比降/‰	流域面积/km^2
碧龙溪	32.6	20.6	152.0
关川	20.7	43.0	129.0
湖山源	44.2	22.0	406.4
周公源	78.5	15.1	423.5
洋溪源	44.3	21.7	185.7

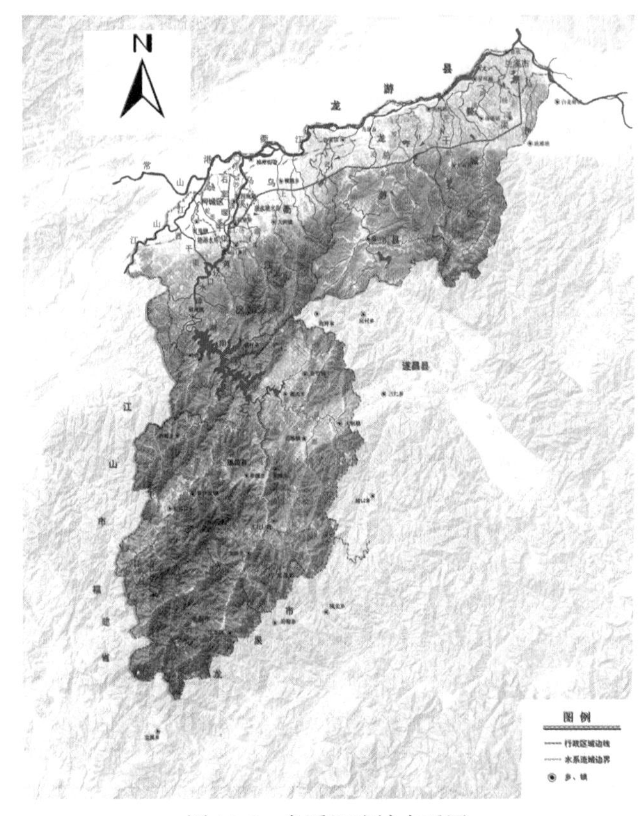

图 19-2　乌溪江流域水系图

乌溪江流域属副热带湿润地区，气候温和，气温与降水特征和江山港流域基本一致。流域多年平均气温 17.2℃,雨量充沛，多年平均降水量 1829mm，多年平均水面蒸发量 860mm，水资源总量约 29 亿 m^3。

乌溪江流域以湖南镇-黄坛口梯级水库为界分为乌溪江上游、湖南镇-黄坛口区域和乌溪江下游区域。上游区域为湖南镇水库的集雨区域，面积 2157km^2，包括福建浦城部分区域，龙泉市住龙镇，遂昌县柘岱口、黄沙腰等 10 余个乡镇以及衢江区岭洋、举村等乡镇；湖南镇-黄坛口区域主要包括衢江区湖南镇、黄坛口乡，流域面积 231km^2；乌溪江下游区域包括衢江、柯城区等区域，流域面积 189km^2。

19.1.2 经济社会

乌溪江流域包括蒲城县、龙泉市、遂昌县、衢江区及柯城区等5个县（市、区）23个乡镇（街道），其中浙江省面积占流域总面积的95%左右。乌溪江流域浙江境内的社会经济情况如下：

（1）行政区域与人口。2009年总户籍人口33.6万人，人口密度为130人/km^2。其中非农业人口5.4万人，占总人口的16.1%；农业人口28.2万人，占总人口的83.9%。

（2）国民经济主要指标。2009年底，乌溪江流域国内生产总值为128.36亿元，其中第一产业17.25亿元、第二产业59.15亿元、第三产业51.96亿元，分别占国内生产总值13.4％、46.1%和40.5%。人均国内生产总值38202元。

（3）农业经济概况。2009年底，乌溪江流域耕地总面积为24.02万亩。主要粮食作物有稻谷、豆类、番薯、玉米等。主要经济作物有蔬菜、瓜果、油菜子、棉花等。

19.1.3 水利工程

19.1.3.1 水库工程

乌溪江流域有水库22座，总库容22.52亿m^3。其中湖南镇-黄坛口梯级水库群，总集雨面积2388km^2，占乌溪江流域面积的92.67%，总库容22.27亿m^3，包括小（一）型水库4座，总库容0.20亿m^3，其他水库16座，总库容0.06亿m^3。乌溪江流域小（一）型以上水库工程情况，见表19-2。

表19-2 乌溪江流域小（一）型以上水库工程表

水库名称	类型	集雨面积/km^2	总库容/万m^3	主要功能
湖南镇	大型	2157	214500	防洪、发电、供水、灌溉
黄坛口	中型	2388	8200	发电、供水、灌溉
碧龙源	小（一）	127.3	735	发电
交塘	小（一）	16.7	118	发电
塘根	小（一）	20	114	灌溉
塘坞	小（一）	16.76	986	灌溉

（1）湖南镇水库：位于衢江支流乌溪江上（图19-3），水库于1970年3月兴建，1983年12月竣工，是一座具有发电、供水、防洪等综合利用的多年调节大型水库。湖南镇水库坝址以上集水面积为2157km^2，总库容21.45亿m^3。其水位-库容关系如图19-5所示。

湖南镇电站现状基准年总装机372MW。设计年发电量为52730万kW·h，实际年发电量为54200万kW·h。

（2）黄坛口水库：位于衢州市衢江区境内乌溪江上（图19-4），水库工程于1951年开工，后两次停工，1956年复工续建，1958年4月开始蓄水，1959年11月四台机组全部投产运行。黄坛口水库是一座具有发电、供水、灌溉、防洪等综合作用的中型水库，坝址以上集水面积 2388km^2，水库总库容 0.82 亿 m^3，是衢州市主要供水水源。

图 19-3　湖南镇水库大坝图

图 19-4　黄坛口水库大坝图

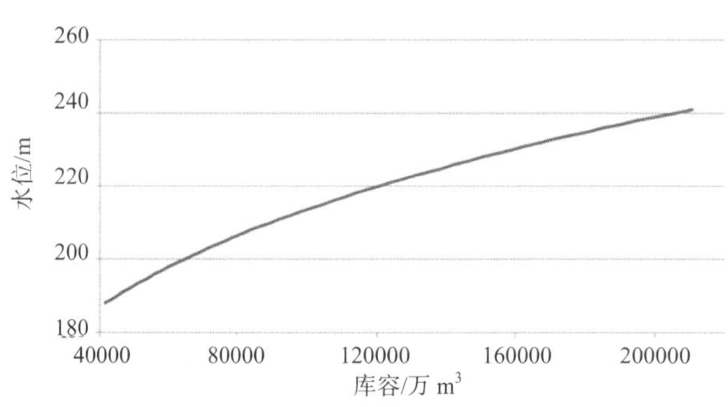

图 19-5　湖南镇水库水位—库容关系曲线

黄坛口电站现状基准年总装机 82MW，其中 4 台×7500kW，每台机组发电用水量 30m^3/s；2 台×2.6 万 kW，每台机组发电用水量 130m^3/s。设计年发电量为 17470 万 kW·h，实际年发电量为 17500 万 kW·h。

湖南镇、黄坛口水库相关特征参数见表 19-3。

表 19-3　湖南镇、黄坛口水库特征参数表

项目	湖南镇水库	黄坛口水库
坝址集水面积/km^2	2151	2388
多年平均流量/(m^3/s)	76.3	84.9
正常蓄水位/m	230	115
正常库容/m^3	15.84	0.79
死水位/m	190	114
死库容/m^3	4.48	0.73
调节库容/亿 m^3	11.34	0.06
库容系数/%	46.3	0.2
调节性能	不完全多年调节	日调节
装机容量/MW	372	82

续表

项目	湖南镇水库	黄坛口水库
保证出力/万 kW	5.02	1.63
年平均发电量/亿 kW·h	5.273	1.75
装机利用小时/h	1953	2134
电站平均水头/m	98.6	29
基荷出力/万 kW	0	0.75
基荷流量/（m^3/s）	0	33
最大调峰容量/MW	372	82

19.1.3.2 引水工程

乌溪江流域水资源较为丰富，历史上本流域的引水工程较多，但规模相对较小。黄坛口、湖南镇水库建成后，为充分利用两座水库的发电尾水，使本地水资源更好地服务于下游社会经济发展需求，各级政府及有关部门拦江筑坝、开渠引水，相继整合、建成了乌溪江引水工程、石室堰引水工程干渠和西干渠（统称“三线”）三大引水枢纽工程，初步形成了“一源三线”的水资源配置格局。

（1）乌溪江引水工程（以下简称“东线”）。乌溪江引水工程是集农业、工业、发电、旅游和人民生活用水于一体的大型综合性水利工程。工程干渠全长 79.75km，自 1990 年动工兴建，现已基本完成。整个工程受益范围跨衢州和金华两市，境内共 5 个县（市、区）（柯城区、衢江区、龙游县、兰溪市、婺城区），36 个乡、镇与农场，原设计灌溉面积 30.6 万亩，现状衢州境内灌溉面积计近 20 万亩，受益人口 26 万。

该工程利用黄坛口水库发电尾水，于柯城区石室村附近已建成乌溪江引水工程枢纽，如图 19-6 所示，渠首设计引水流量 $38m^3/s$，枢纽反调节水库的正常蓄水位 82.60m，最低引水控制水位 81.00m，调节库容 66.3 万 m^3。工程自渠首至柯山水电站前池，设计最大引水流量 $100m^3/s$，兼作非旱期柯山水电站的发电引水渠道。

（2）石室堰引水工程（以下简称“中线”）。石室堰是衢州市的古堰之一，建于 1166 年。1955 年特大洪水冲毁石室堰，1956 年石室堰、杨陵堰和黄陵堰三堰合一，总称石室堰（图 19-7）。

石室堰引水工程取水口位于黄坛口水电站下游约 300m 处，在乌溪江引水工程枢纽上游。该工程利用自然的地理优势，引乌溪江水到石室堰总渠，渠首原设计引水流量 $24.5m^3/s$，目前引水能力约 $20m^3/s$，承担衢州市自来水公司、巨化集团公司、元立以及柯城区乌溪江西岸 2.8 万亩耕地灌溉等用水任务。

1994 年衢州市自来水公司在该渠道增设取水口，日均取水约 $1.2m^3/s$，作为衢州市自来水公司第二水厂的水源。该工程现成为工业用水、城市供水及农业用水等多种功能的引水渠道，对衢州市及巨化集团公司的发展起到重要的作用。

（3）西干渠（以下简称“西线”）。渠首位于黄坛口电站水库西岸塘坞岭，通过长 1376m

隧洞，引库水西行，俗称“乌引”西干渠（图 19-8）。于 1971 年 11 月动工，1979 年 12 月主体工程基本竣工。受益范围有廿里、后溪、黄家 3 个乡镇 55 个行政村（图 19-9）。渠首进水口高程 109m，总渠设计引水流量 6.0m^3/s，计划每年从黄坛口水库引水 5000 万 m^3。渠系有总干渠和东、中、西干渠各一条。

图 19-6　乌溪江引水工程东线枢纽

图 19-7　石室堰引水干渠

图 19-8　乌溪江引水西干渠

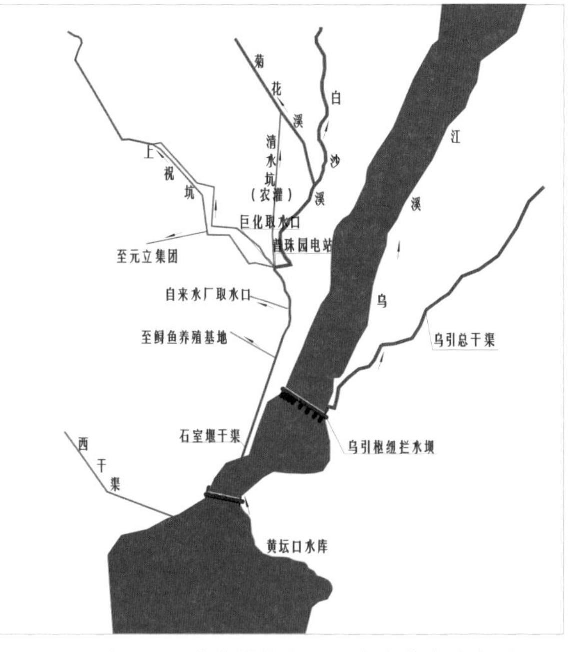

图 19-9　中线沿线主要用水户分布示意图

19.2　乌溪江流域下游水资源配置概况

本研究的乌溪江流域下游水资源配置系统是指以湖南镇、黄坛口水库为水源，以东线、中线、西线等三大引水工程为主线，通过相应配水工程满足各自供水范围内水资源需求的水资源配置系统。

该水资源配置系统以湖南镇、黄坛口电站发电尾水为主要水源，通过东、中、西三线工程满足本流域及龙游、金华等部分外流域社会经济发展用水要求。根据“关于乌溪江引水工程规模论证会议”、《乌溪江引水工程修正初步设计》《乌溪江流域防洪及水资源综合利用规划》等材料，分述东、中、西三线供水范围及水量配置情况及乌溪江电厂用水量。

（1）东线：供水范围包括衢州市柯城、衢江、龙游和金华市婺城、兰溪等地，以农业灌溉用水为主，兼顾沿线居民生活、生产用水。渠首设计引水流量为 $38m^3/s$，其中衢州市范围内 $27m^3/s$，金华市范围内 $11m^3/s$。近年来，随着农业种植结构调整及工业企业的发展，该区域农业灌溉用水比重呈下降趋势。根据渠道放水量资料，近年来该区域年均引水约为 1.2 亿 m^3。

（2）中线：从该引水渠中取用水量包括巨化集团公司、千塘畈灌区、衢州市区生活与工业用水和环境用水等四部分。根据原有协议，该区域年均非灌溉毛用水量为 4.47 亿 m^3（其中巨化集团公司用水量为 4.04 亿 m^3），灌溉用水量约 0.40 亿 m^3。近年来，随着巨化集团公司技改、灌区种植结构的变化等，中线现状基准年均用水量约 2.2 亿 m^3。

（3）西线：为灌区农业用水及廿里镇、后溪镇、黄家乡生活、工业用水供水。灌区设计灌溉面积 7.2 万亩，现实际农田灌溉面积 5.8 万亩。灌区以种植双季稻为主，约占灌区面积的 2/3，单季稻种植面积约占灌区总面积的 1/3。从 2004 年开始，乌引西线工程向廿里镇、后溪镇、黄家乡地区生活、工业等用水户供水，年均用水量约 4000 万 m^3。

（4）根据实地调查和收集的资料（2001—2009 年），湖南镇水库多年平均发电用水量为 22.36 亿 m^3，黄坛口水库多年平均发电用水量为 25.25 亿 m^3。

分析乌溪江流域下游水资源开发利用的情况，应该有两个统计口径。从水能资源开发利用的角度，水资源开发利用率接近 90%；从供水、灌溉等用水的角度，乌溪江流域下游水资源开发利用率为 5.1%。数据表明：两个水资源开发利用率相差较大，因此，乌溪江流域下游水资源开发利用问题的核心是协调发电与供水、灌溉等用水问题。

19.3　乌溪江流域下游主要水利工程管理现状

19.3.1　华电乌溪江水力发电厂

浙江华电乌溪江水力发电厂（简称乌溪江电厂）由黄坛口、湖南镇两座电站组成，是乌溪江流域的梯级开发水电厂。其中，黄坛口电站于 1958 年 5 月 1 日投产发电，湖南镇电站 1979 年 12 月 31 日投产发电，至今已走过 50 余年的历程，被誉为“中国水电建设的摇篮”。乌溪江电厂原隶属浙江省电力公司，2002 年 12 月电力系统内部改制后，将乌溪江电厂划归中国华电集团公司管理，而发电调度由省电力公司通调中心调度。乌溪江电厂是浙江电网的主力调峰电厂，承担调峰、守口子、事故备用、黑启动等作用。

20 世纪 90 年代以来，电厂进入了快速发展时期，湖南镇、黄坛口电厂分别进行扩建，1995 年 3 月，黄站扩建装机容量 52MW，总装机达到 82MW；1996 年 12 月，湖南镇电站扩建装机容量 100MW，2000 年 12 月启动湖站机组减振增容技术改造工作，新增装机

50MW，总装机为 372MW。

电厂实现了“遥信、遥测、遥控、遥调”，做到了无纸化办公、信息化管理、运行“无人值班、少人值守”，通过了国家标准化良好行为企业 AAAA 级水平确认。近年电厂实施了科技项目“乌溪江梯级水库优化调度方案研究”，通过精心调度水库，控制好调节能力不超过 2m 的黄坛口水库水位，视水位情况改变发电运行方式，最大限度提高水能利用率，发电量提高了 3.12%。

19.3.2　“东线”管理

按照《衢州市乌溪江引水工程管理暂行办法》，乌引工程实行分级管理体制。受衢州市人民政府委托、授权，该市乌引工程管理局是乌引工程的主管单位，负责乌引工程的统一管理，负责渠首枢纽和渠首 3.9km 渠道（包括渠系建筑物）及其配套设施的日常管理。各县（区）乌引工程管理处负责本行政区域内总干渠（包括渠系建筑物）及其配套设施的日常管理。

灌区管理委员会是乌引工程议事协调机构，由灌区水行政主管部门、水利工程管理单位和受益地区有关负责人组成，由市人民政府分管副市长任主任委员。其职责是：审查灌区建设管理的工作计划和落实情况，制定和修改灌区的规章制度，研究建设管理工作中的重大问题。

乌引工程供水实行集中水权、统一调度、统一收费、计划用水、计量用水、合同供水、有偿供水、节约用水的制度。市乌引工程管理局负责统一调水，统一收取水费，并按比例按项目返还各县（区）乌引工程管理处专项用于工程维修。县（区）乌引工程管理处负责保障管辖范围内的安全、有序用水。水量分配和调度，应当首先满足城乡居民生活用水，兼顾农业、工业和生态环境等用水，服从防洪总体安排。

19.3.3　“中线”管理

石室堰干渠由市石室堰管理委员会负责管理。管委会成员由市人民政府、区人民政府、市(区)相关职能部门、巨化集团公司组成，并由市政府发文任命。管委会下设办公室，是管委会的具体办事机构，主要管理石室堰的日常管理，目前实际由巨化集团公司进行管理，包括渠道溢洪道闸门的调控、渠道引水口进水闸控制等。由于缺乏统一的管理体制和运行维护投入机制，“中线”工程运行过程中存在水资源浪费严重、设施老化、管理不到位等问题。为此，衢州市政府 2011 年 9 月 5 日召开《关于石室堰水利工程管理体制改革的建议》专题讨论会，并形成衢州市政府〔2011〕54 号专题会议纪要，决定调整石室堰水利工程管理体制：

（1）市水利局负责石室堰干渠水资源的统一调度与监管。

（2）衢州市乌引工程管理局负责石室堰干渠及水闸的日常运行和维护管理。

（3）巨化集团公司协助衢州市乌引工程管理局做好石室堰干渠的日常安全运行管理工作。

（4）调整柯城区水利局石室堰管理处的管理职能，具体负责石室堰农业灌区管理，执行市水利局的水量分配方案等。

19.3.4 “西线”管理

西干渠由衢江区西干渠管理处负责管理，西干渠管理处归口衢江区水利局管理。西干渠功能为发电与灌溉、供水等，取水口在黄坛口水库库区，发电企业属于乌溪江电厂，一般取水较方便。一般情况下，发电取水量大于灌溉和供水等用水量，从现状情况分析，在水资源综合利用上，存在浪费现象。按照相关批复，西线工程引水量为 1 亿 m^3，其中灌溉 5000 万 m^3，发电 5000 万 m^3。从近年实际情况统计，最大年用水量 3000 万 m^3。

现状情况下，西干渠管理机构的人力、物力和财力的配备不能满足乌溪江流域下游水资源统一配置和管理的需要。

19.4 乌溪江流域下游水资源配置存在的主要问题

经过多年的开发建设，乌溪江流域下游已经形成以湖南镇水库为源头、黄坛口为反调节，东线、中线和西线水资源综合利用的系统格局。该系统已经由原来的单目标决策问题，逐步发展成为防洪、发电、供水、灌溉、养殖、生态环境等多目标决策问题。为解决上述矛盾和问题，衢州市人民政府和有关部门做了大量工作，编制并印发了《衢州市乌溪江水资源调配办法（试行）》(衢政发〔2004〕49 号)，同年编制完成了《乌溪江下游应急供水方案》，2010 年编制发布了《衢州市乌溪江引水工程管理暂行办法》。所有这些对解决乌溪江流域下游水资源的合理配置和科学调度起到了积极作用。但是，在实际运行管理中，还存在以下主要矛盾和问题需要解决。

（1）湖南镇水库发电、灌溉、供水之间的矛盾。湖南镇水库功能定位为发电为主，结合供水、灌溉，水库不设定供水和灌溉专用库容。由湖南镇电站和黄坛口电站组成的乌溪江电厂是浙江省电网的主力调峰电厂，承担发电调峰作用，主要根据实际用电需求进行顶峰发电，很难兼顾下游供水、灌溉用水需求。如 2003 年乌溪江流域降雨偏少，湖南镇水库汛末蓄水不足，但在 7—9 月 3 个月的时间里，发电水量却超过 4.5 亿 m^3，到 10 月初库水位仅为 198.68m，可供水量只有 1.73 亿 m^3。而正常情况下从 10 月到次年 3 月，乌溪江下游居民生活、工业生产及农业灌溉需水量约 3.05 亿 m^3，缺水量达 1.3 亿 m^3。

（2）水资源供需矛盾较突出。受乌溪江电厂管理体制及调度规则制约，水库发电放水过程与下游用水过程不协调，导致下游水资源供需矛盾较突出。特别是干旱年份和每年的干旱期，如 2003—2004 年，由于连续降水偏少，三大干渠出现了供水紧张的局面，给国民经济生产带来损失。同时，随着衢州市加快城市经济开发区和工业园区建设步伐，对水资源需求提出了更高的要求，根据已有相关规划预测成果，乌溪江流域下游需水量将由 6.0 亿 m^3 增加到 8.0 亿 ^{3} 左右，水资源供需矛盾将进一步突出。

（3）社会经济发展对水资源配置提出了新的要求。随着乌溪江流域下游社会经济快速发展，下游区域的用水结构、用水过程及用水量发生重大变化，原有水资源配置方案难以适应新形势条件下的用水要求。主要表现为：①灌溉面积、种植结构的变化导致农业灌溉用水量所占比重大幅降低。东、中、西三线衢州境内原设计灌溉面积约 43 万亩，现实际灌溉面积约 28.5 万亩；灌区水田种植结构由原来的双季稻为主转变为现状的单季稻、双季稻并重的种植格局；灌溉面积、种植结构的变化导致乌溪江下游农业灌溉用水量变化较大。据初步统计，农业灌溉需水量比原有水资源配置方案的农业灌溉需水量减少了 1.2 亿 m^3 左右。②工业用水量与生活用水量的比重变化较大，巨化集团公司用水量由原来 3.6 亿 m^3 减少到目前 1.4 亿 m^3，而衢州市第二自来水厂、元立公司、鲟鱼公司等单位用水量增加了 1.0 亿 m^3 左右。

（4）分级管理造成水资源浪费。梯级水库供水区东、中、西线等三大取水工程虽有相应的管理单位，但由于衢州市水资源实行分级管理，市本级难以对沿渠单位的用水计划和用水量进行统一配置，一定程度上造成了水资源的浪费。

（5）取水许可总量的控制与协调。根据《乌溪江流域防洪及水资源综合利用规划》，乌溪江流域下游水资源配置数量为：乌引总干渠 6.5 亿 m^3，石室堰干渠为 3.1 亿 m^3，乌引西干渠为 0.5 亿 m^3。另外乌溪江电厂批准取水量为 44.61 亿 m^3。为落实最严格水资源管理制度，满足区域经济社会发展对水资源的需求，需要对“三线”取水许可总量进行控制。

综上所述，为全面分析、系统解决乌溪江流域下游区域水资源配置存在的矛盾和问题，需要在复核湖南镇-黄坛口水库来水量及调查分析乌溪江流域下游区域用水户和用水量的基础上，结合相关规划提出的社会经济发展对水资源的需求，提出乌溪江流域下游水资源配置方案，为乌溪江流域社会经济的可持续发展提供水资源保障。

第 20 章　研究任务与总则

20.1　研究任务

基于乌溪江流域下游水资源调度与配置中存在的问题，确定本项目研究范围为衢州市境内乌溪江湖南镇水库以下供水范围内所涉及的行政区域，包括：市本级、柯城区、衢江区和龙游县。研究任务包括以下工作内容：

（1）对乌溪江流域水资源情况进行全面调查评价。

（2）对乌溪江流域下游水资源现状和规划水平年进行供需平衡分析，分析用水现状的合理性和用水紧张程度，从水资源的角度提出工程和非工程性措施要求和未来产业布局的建议。

（3）通过对乌溪江流域下游水资源现状和规划水平年的供需平衡分析，提出华电乌溪江电厂发电调度供水计划和方案的建议。

（4）提出特殊干旱期应急供水方案。

（5）提出“三线”水量、水质控制指标。

20.2　项目研究目标

从协调发电和“三线”用水的矛盾出发，以乌溪江流域下游水资源合理配置、综合高效利用为目标，解决乌溪江流域下游经济社会发展在水资源上面临的矛盾和问题，提出包括乌溪江电厂调度规则调整建议、乌溪江流域下游区域水量配置方案、乌溪江流域特殊干旱期应急供水方案，为乌溪江流域下游经济社会可持续发展提供用水保障。

20.3　项目研究总体思路和技术路线图

针对乌溪江流域下游由湖南镇-黄坛口为水源、由“三线”用水户和发电组成的水资源系统，本项目研究总体思路为：根据水资源系统结构和功能进行水资源分区和需水预测分区，基于建立的东、中、西线水资源子系统概化模型和模拟模型，分析确定东、中、西三线的梯级水库需要补水量，作为梯级水库优化调度和水资源配置的基础；根据湖南镇-黄坛口梯级水库水资源系统概化模型和调度运行规则优化模型，确定梯级水库的调度运行规则；基于确定的梯级水库调度运行规则，研究提出梯级水库东、中、西三线的水资源配置方案，进而提出特殊干旱期应急供水方案。具体技术路线如图 20-1 所示。

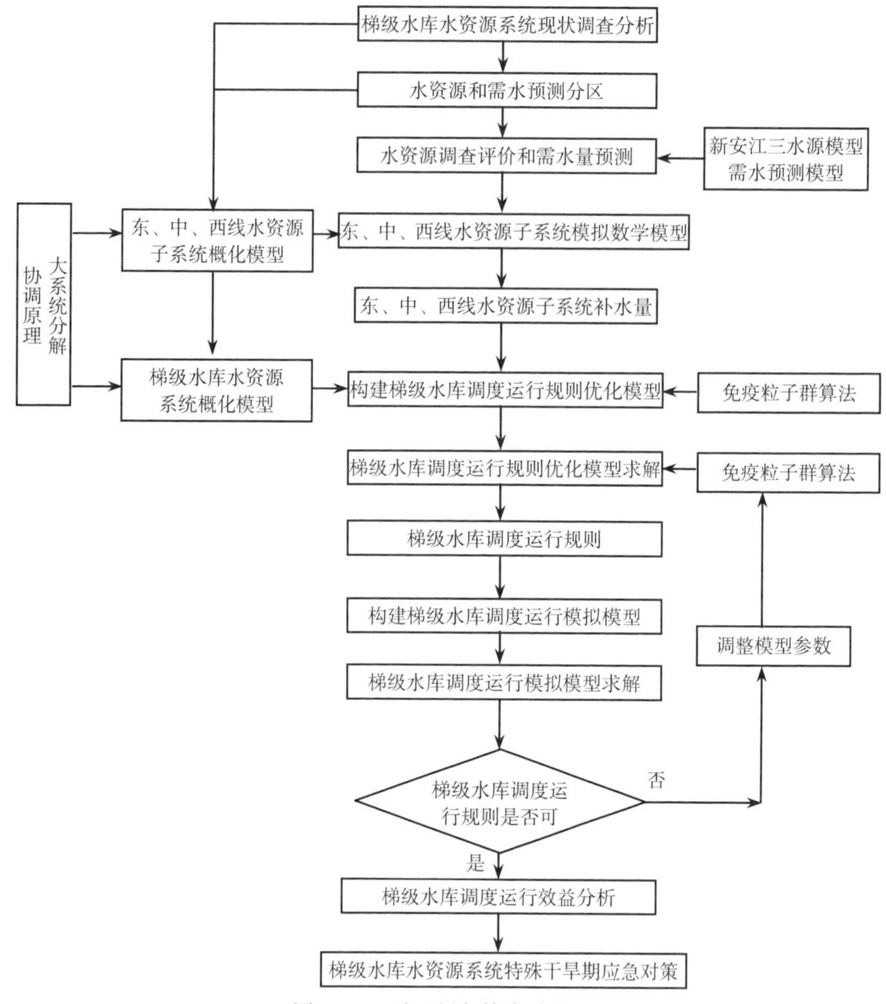

图 20-1　项目研究技术路线图

20.4　编制原则

方案编制过程中遵循以下原则：

（1）坚持一水多用综合利用的原则。乌溪江流域下游水资源不仅要满足浙江电网调峰调度的要求，更是“三线”用水户生存和发展的基础。因此在方案编制过程中，要协调用水和发电的关系、协调“三线”不同类型用水户之间的关系，坚持一水多用、综合利用，实现干旱期和特殊干旱年的有限水资源的合理、高效利用。

（2）坚持统筹兼顾综合协调的原则。统筹兼顾上下游、城镇与农村、近期与远期等各方面的关系。与区域内城镇总体规划和乡村规划相协调，处理好与其他规划的关系，促进社会经济的可持续发展。

以乌溪江下游区域水资源配置研究为重点，兼顾湖南镇-黄坛口水库调度方案调整建议、特殊干旱期应急供水方案及区域经济产业结构布局；以保障乌溪江流域下游生活、重要工业、农业灌溉用水为重点，统筹兼顾其他用水要求。

20.5　范围及水平年

（1）范围：水资源调查评价范围为整个乌溪江流域，约 2577km^2；需水预测及水资源配置范围为乌溪江下游供水范围，即东、中、西三线供水范围。

（2）水平年：现状基准年为 2009 年，水平年为 2020 水平年。

20.6　用水保证率

（1）城乡生活用水和重要工业用水保证率为 95%。

（2）一般工业、农业灌溉用水保证率 90%。

（3）生态环境用水保证率 85%。

第 21 章　水资源调查评价

21.1　水资源计算分区

根据乌溪江流域下游水利工程分布及水资源供需分析的需要，将乌溪江流域划为三个区域进行水资源调查评价，分别为湖南镇水库集雨面积区域（以下简称湖南镇库区）、湖南镇-黄坛口水库大坝区间范围（以下简称湖-黄区间）、黄坛口水库大坝以下区域（以下简称黄坛口以下区，其中：包括东、中、西线供水范围的区域简称全区域，乌溪江流域范围内的区域简称本流域）分区情况见表 21-1，分区如图 21-1 所示。

表 21-1　乌溪江流域水资源调查评价分区表

序号	分区名称		面积 /km^2
1	湖南镇库区		2157
2	湖-黄区间		231
3	黄坛口以下区	全区域	1385
		本流域	189
合计	全区域		1385
	本流域		2577

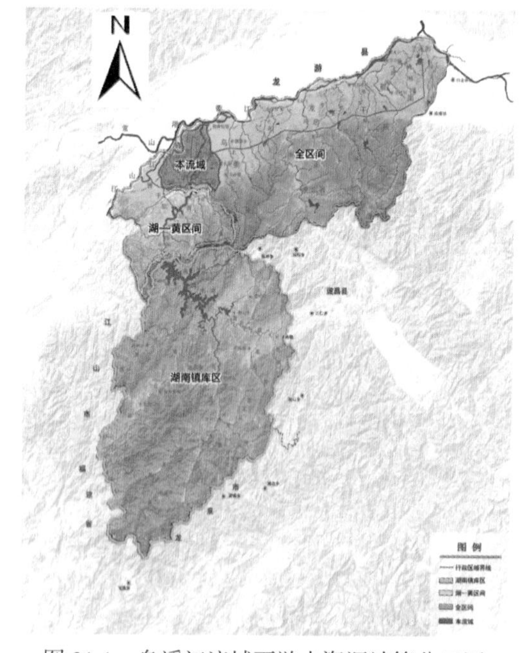

图 21-1　乌溪江流域下游水资源计算分区图

21.2 降水量

21.2.1 雨量站和水文站

根据乌溪江流域及周边区域的水文测站分布状况，结合水资源调查评价的需要，本次水资源调查评价选用乌溪江流域及周边流域的青井、住溪、碧龙等11个雨量站，见表21-2和图21-2。同时，根据水文测站的监测资料，本项目采用1958—2009年水文系列进行水资源调查评价。

由于本次选用的各个雨量系列长短不同，起讫年限不同，因此需要对资料短缺水文测站的资料进行插补延长。由于降雨量在地区上存在“同期性”，相邻雨量站在变化趋势上，尤其是特大值、特小值出现年份上，往往具有“同期性”。因此，可以利用一个较长资料的站作为参证站进行资料的插补延伸。

由于计算采用雨量站较多，各站插补方法基本一致，以下以大日畈雨量站的插补过程为例进行说明。大日畈雨量站具有实测雨量系列为1979—2009年，石坑口雨量站的实测资料1958—2009年，两站实际同步年降雨量比较结果如图21-3所示。

表21-2 选用雨量站和水文测站一览表

测　站	资料起始年	观测项目
青　井	1961	降水
住　溪	1953	降水
碧　龙	1963	降水
外龙口	1966	降水
独　源	1965	降水
官　岩	1966	降水
钟　埂	1964	降水、流量
石坑口	1953	降水
大日畈	1979	降水
衢县大洲	1957	降水
洋坑	1957	降水
大洲	1957	降水
步坑口	1957	降水
龙游溪口	1982	降水
新路湾	1962	降水
银坑	1956	降水
金华溪口	1961	降水
山脚	1959	降水
郑宅	1957	降水
箬阳	1960	降水

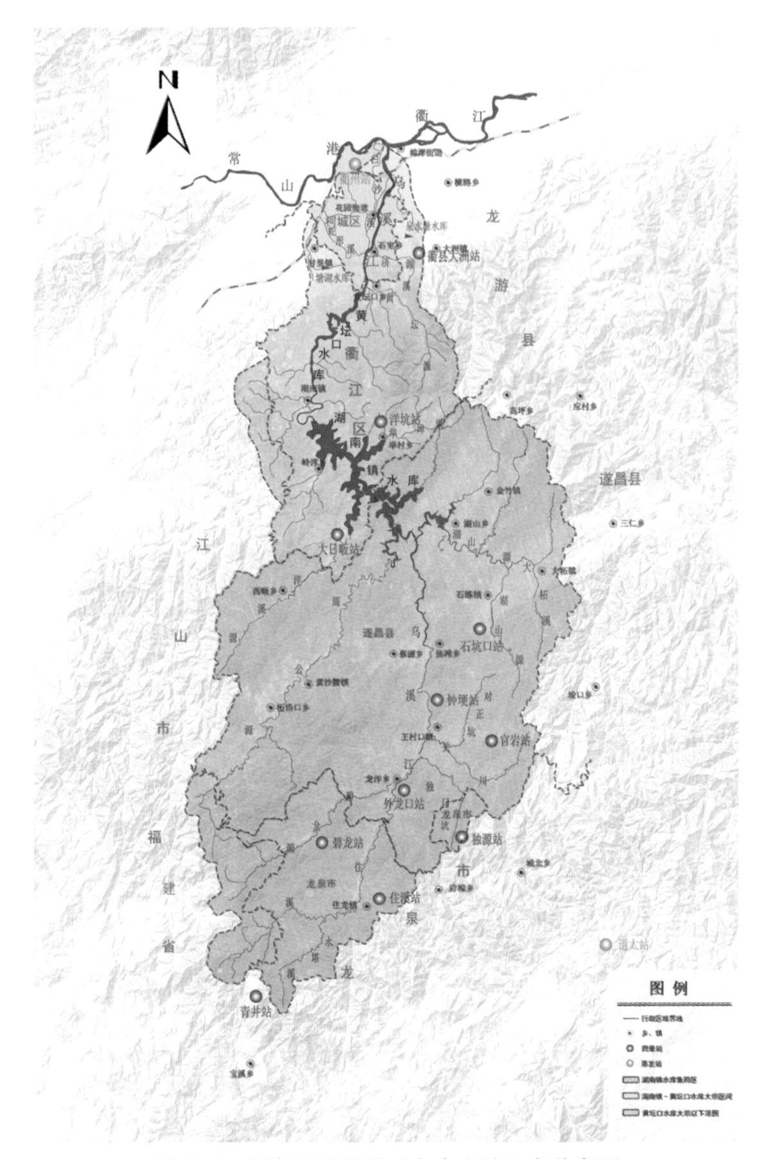

图 21-2　研究区雨量站（含水文站）点分布图

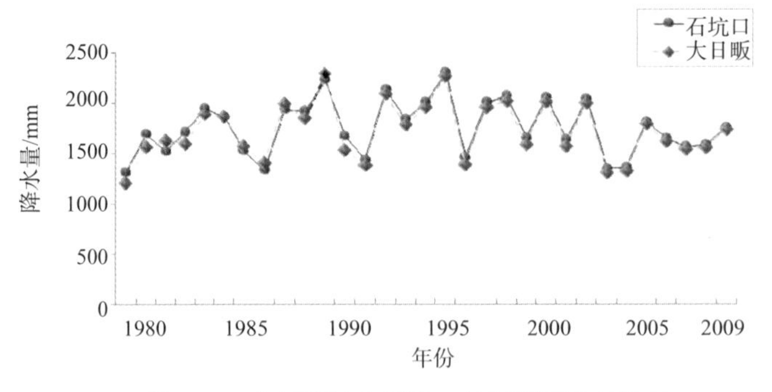

图 21-3　大日畈站和石坑口站同期降水量比较

从图 21-3 中可以看出大日畈站和石坑口站的年降雨量之间具有较好相关关系，建立二者相关关系如下：

$$Y = 1.0276X - 77.34, \quad R = 0.956 \tag{21-1}$$

式中：X 为石坑口站年降雨量；Y 为大日畈站年降雨量；R 为两站年降雨量相关系数。

相关系数 R 值表明：可以用石坑口为参证站，插补计算大日畈站缺测资料。

同样，可以采用上述方法插补延长其他各雨量站的缺测资料，进而得出各雨量站 1958—2009 年同步期长系列逐日降水量和逐年降水量资料。根据各雨量站 52 年（1958—2009 年）同步期长系列逐年降水量计算各站年降水量 C_V 值，见表 21-3。

表 21-3 各雨量站变差系数 C_V 值

站名	青井	住溪	碧龙	外龙口	独源	官岩
C_V	0.192	0.187	0.184	0.177	0.163	0.172
站名	钟埂	石坑口	大日畈	洋坑	衢县大洲	
C_V	0.170	0.157	0.170	0.167	0.177	

21.2.2 面雨量计算

根据水资源调查评价分区及周边水文站的分布状况，采用泰森多边形计算不同分区的面雨量，计算公式为

$$\overline{P}_j = \sum_{i=1}^{n_j} P_{ij} \frac{f_{ij}}{F_j} \tag{21-2}$$

式中：$\overline{P}_j$ 为第 j 区域的面雨量，mm；F_j 为第 j 区域面积，km^2；P_{ij} 为第 j 区域第 i 雨量站的点降水量，mm；f_{ij} 为第 j 区域第 i 雨量站所代表的面积，km^2；n_j 为第 j 单元的雨量站数。

各雨量站控制流域面积权重系数见表 21-4。各计算单元面雨量系列进行经验频率计算，按 P-Ⅲ型曲线适线拟合，求得各频率年降雨量，成果见表 21-5。各频率年内降水过程见表 21-6。

表 21-4 各雨量站控制计算分区面积权重系数

测站	湖南镇库区	湖-黄区间	黄坛口以下区	
			全区域	本流域
青 井	0.0515			
住 溪	0.0811			
碧 龙	0.1681			
外龙口	0.063			
独 源	0.0347			
官 岩	0.045			
钟 埂	0.079			

续表

测站	湖南镇库区	湖-黄区间	黄坛口以下区	
			全区域	本流域
石坑口	0.1456			
大日畈	0.1906			
衢县大洲	0.1414	0.8301		0.1817
洋坑		0.1699		0.8183
前河			0.0456	
招贤			0.0521	
大洲			0.0858	
步坑口			0.0900	
溪口			0.0887	
新路湾			0.0929	
银坑			0.0939	
溪口			0.0860	
山脚			0.0997	
郑宅			0.0957	
卷阳			0.1696	

表21-5　乌溪江流域降水量计算成果表　　单位：mm

频率 分区名称		20%	50%	75%	90%	95%	多年平均
湖南镇库区		2121	1797	1575	1407	1331	1820
湖-黄区间		2248	1943	1710	1540	1473	1963
黄坛口以下区	全区域	2118	1792	1579	1395	1320	1829
	本流域	2110	1735	1588	1402	1267	1781
合计		2119	1791	1582	1409	1328	1829

表21-6　石坑口站降水年内分配　　单位：mm

频率	1月	2月	3月	4月	5月	6月	7月	8月	9月	10月	11月	12月	合计
20%(1973年)	100	96	155	277	514	385	128	80	199	67	8	0	2007
50%(1965年)	16	144	121	237	195	269	153	172	77	116	150	130	1780
75%(1960年)	95	31	191	160	229	240	159	132	116	5	65	36	1459
90%(2004年)	62	118	123	106	216	89	106	201	188	10	41	105	1365
95%(1979年)	68	59	162	183	112	192	116	179	188	0	30	26	1314

21.3　水资源量

21.3.1　新安江模型参数率定与模型验证

本研究采用新安江三水源模型进行水资源量分析评价。新安江三水源模型是一个具有分散参数的概念性模型，模型原理见 14.4 节。对于建立的模型需要对有关参数进行率定。根据研究区域水文资料，选定钟埂站 1979—1985 年逐日实测流量资料及相应的面雨量进行参数率定；采用湖南镇 1980—2002 年实测入库流量和钟埂站 1986—1990 年逐日实测资料进行参数验证。

以钟埂站 1979—1985 年逐日实测流量资料及相应的面雨量作为输入条件，模型参数采用浙江省其他地区经验成果作为初始值，然后分部分进行调试，最后协调优选研究区域新安江三水源模型参数，率定成果见表 21-7。

表 21-7　新安江三水源降雨径流模型率定的参数表

分类	参数	意义	采用值
产流参数（包括蒸散发计算）	K	蒸发折算系数	1.15
	C	深层蒸发系数	0.25
	IMP	不透水面积比例	0.02
	W_m	流域蓄水容积/mm	90
	WU_m	上层蓄水容积/mm	10
	WL_m	下层蓄水容积/mm	60
	WD_m	深层蓄水容积/mm	20
	B	蓄满产流蓄水容量曲线指数	0.35
水源划分参数	SM	流域平均自由水蓄水容量/mm	30
	EX	自由水蓄水容量曲线指数	0.8
	KG	地下径流产流的出流系数	0.25
	KSS	壤中流产流的出流系数	0.8
汇流参数	$KKSS$	壤中流消退系数	0.22
	KKG	地下径流消退系数	0.76

利用参数率定后的模型模拟计算各分区水资源量进行，并计算模型确定性系数和合格率，其计算公式如下。

（1）模型确定性系数：

$$DC = 1 - \frac{\sum_{i=1}^{n}[yc(i) - y(i)]^2}{\sum_{i=1}^{n}[y(i) - \overline{y}]^2} \tag{21-3}$$

式中：$y(i)$为实测值；$yc(i)$为预报值；$\bar{y}$ 为实测值均值；n 为资料序列长度。

水文情报预报规范将确定性系数分为三个等级，见表 21-8。

表 21-8　预报项目精度等级表

精度等级	甲	乙	丙
确定性系数	$DC>0.90$	$0.90\geqslant DC\geqslant 0.70$	$0.70>DC>0.50$

（2）合格率：一次预报的误差小于许可误差时，为合格预报。合格预报次数与预报总次数之比的百分数为合格率，表示多次预报总体的精度水平。合格率按下列公式计算：

$$QR=\frac{n}{m}\times 100\% \qquad (21\text{-}4)$$

式中：QR 为合格率；n 为合格预报次数；m 为预报总次数。一般许可误差取 20%。

利用钟埂站及湖南镇水库 1980—2002 年实测入库资料，对本模型进行检验计算，计算结果见表 21-9，说明本模型精度符合要求，可运用于实际操作。

表 21-9　预报成果检验

检验种类	钟埂站	湖南镇水库
合格率/%	91.7	95.7
DC	0.81	0.977

新安江模型模拟成果与实测资料对比如图 21-4 ~ 图 21-6 所示，其中 1989 年为钟埂站 1979—1990 年系列最丰年，1984 年为钟埂站系列平水年，1986 为钟埂站系列最枯年，对比图说明径流过程模拟较好。

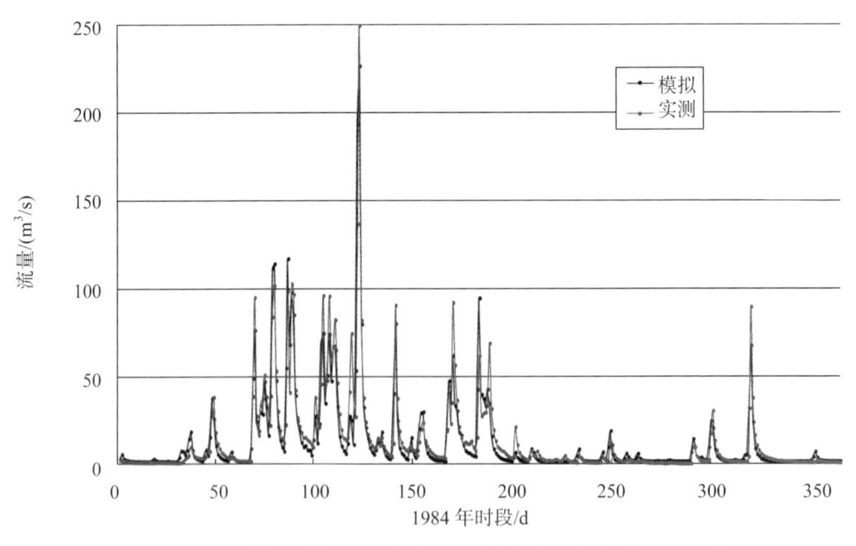

图 21-4　钟埂站模拟流量过程与实测过程对比图（1984 年）

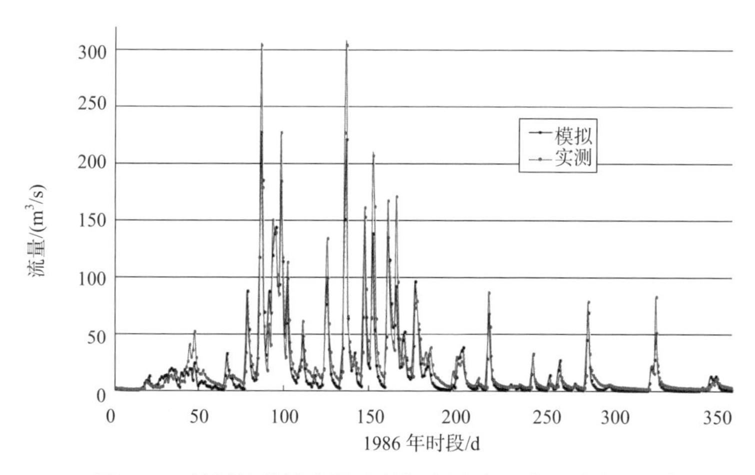

图 21-5 钟埂站模拟流量过程与实测过程对比图（1986 年）

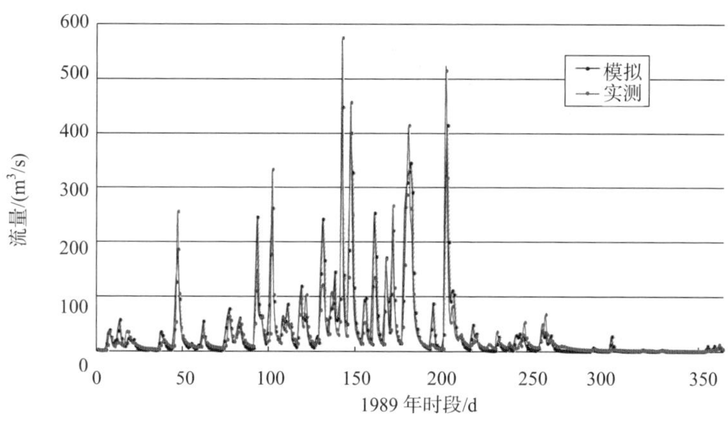

图 21-6 钟埂站模拟流量过程与实测过程对比图（1989 年）

21.3.2 水资源量计算

根据各分区面雨量、率定后的新安江模型，计算不同分区逐日 52 年长系列（1958—2009 年）水资源量作为分析计算的基础性参数，进而计算得各分区长系列逐年水资源量、不同频率水资源量，成果见表 21-10。各频率典型年乌溪江全流域水资源量年内分配见表 21-11 和图 21-7。

表 21-10 乌溪江流域水资源量计算成果表 单位：亿 m^3

频率		20%	50%	75%	90%	95%	多年平均
湖南镇库区		29.07	23.01	18.84	13.70	12.40	23.66
湖-黄区间		3.49	2.06	2.32	1.67	1.81	3.01
黄坛口以下区	全区域	15.5	14.5	13.3	10.5	9.1	16.0
	本流域	2.12	1.98	1.81	1.43	1.24	2.18
	全区域	15.5	14.5	13.3	10.5	9.1	16.0
	本流域	34.68	27.05	22.97	16.81	15.46	28.85

表 21-11　乌溪江流域水资源量年内分配　　单位：亿 m^3

频率	1月	2月	3月	4月	5月	6月	7月	8月	9月	10月	11月	12月	合计
20%(1973 年)	1.91	1.09	3.00	5.49	9.77	8.53	2.32	0.36	1.88	0.50	0.07	0.05	34.97
50%(1965 年)	0.08	0.93	1.63	5.37	2.10	5.09	1.14	1.46	0.28	1.13	1.92	2.21	23.34
75%(1960 年)	0.75	0.13	1.98	3.06	3.27	4.54	1.32	2.43	0.76	0.05	0.13	0.12	18.54
90%(2004 年)	0.18	0.47	2.02	1.24	3.73	1.05	0.39	3.30	3.27	0.07	0.14	0.41	16.26
95%(1979 年)	0.05	0.16	1.94	1.96	2.60	2.83	0.76	0.46	1.35	0.06	0.07	0.08	12.30

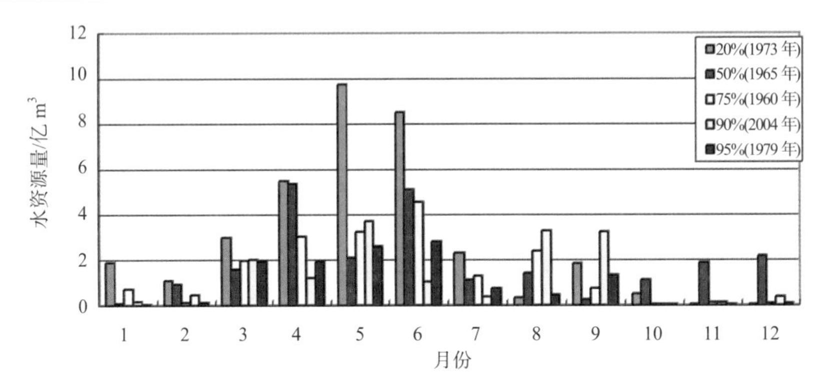

图 21-7　乌溪江全流域不同频率典型年水资源量年内分配图

21.3.3　成果合理性分析

根据“浙江省多年平均水文等直线图”、《浙江省水资源》等成果，乌溪江流域 1959—1986 年平均径流深为 1100mm。本次计算同期年径流深为 1081mm，相对差为 1.73%。同时，根据《乌溪江流域防洪及水资源综合利用规划》成果，乌溪江流域 1958—1991 年均水资源量为 28.6 亿 m^3，本次同期年均水资源量计算成果为 28.5 亿 m^3，相对差 0.3%。考虑分析采用水文测站、计算方法不同等因素，本次计算成果基本合理。

同时，本次分析采用资料系列为 1958—2009 年共 52 年，已包含丰水年份（如 1975 年、1998 年、2002 年等）、平水年份（如 1981 年、2000 年、2009 年等）、枯水年份（如 1971 年、1963 年、2004 年、1979 年等）和连续的丰、平、枯水段。偏丰段有 1975—1977 年、1997—2000 年等；偏枯段有 1978—1979 年、1984—1986 年、2003—2004 年等；平水段有 1966—1968 年、2008—2009 年等。52 年资料系列具有较好的代表性。

综上所述，本次水资源量分析成果基本合理、代表性较好，可作为水资源供需分析的基础数据。

第22章　需水量预测

22.1　计算分区及用水户分类

22.1.1　计算分区

需水预测范围为乌溪江流域下游水资源配置区域。根据乌溪江流域下游水资源配置格局，将用水户按照空间布局分为东线供水区、中线供水区和西线供水区。考虑到东线供水区包括金华、衢州两市的部分区域，将东线供水区进一步划分为东线衢州供水区和东线金华供水区。本次需水预测分区及相应的范围见表22-1和图22-1。

表22-1　乌溪江流域需水分区

分区	所含乡镇、街道
西线供水区	衢江区廿里镇、后溪镇，柯城区黄家乡
中线供水区	柯城区花园街道、石室乡、双港街道、信安街道、新新街道，衢江区黄家乡、樟潭街道
东线衢州供水区	龙游詹家、龙洲街道、东华街道、湖镇、社阳，柯城区石室乡，衢江区樟潭街道、横路、高家镇衢江南、全旺
东线金华供水区	金华婺城区、汤溪镇、洋埠镇、罗埠镇、蒋堂镇、琅琊镇、白龙桥镇、兰溪市上华街道

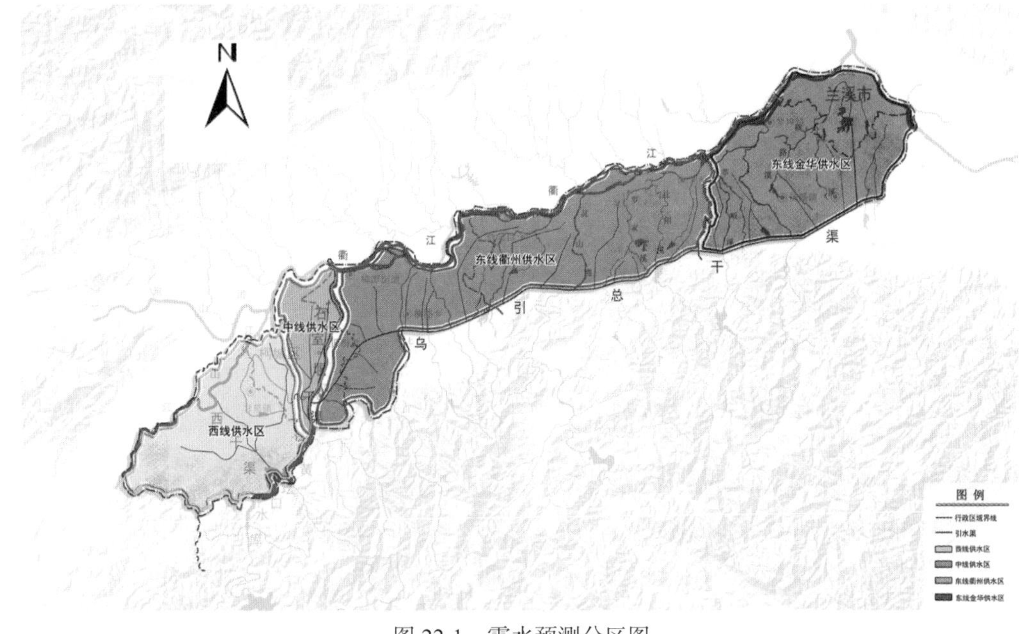

图22-1　需水预测分区图

22.1.2　用水户分类

根据乌溪江流域下游用水户的特点，将用水户分为城镇综合用水、农村综合用水、重要工业用水、农业用水、一般工业用水、生态环境用水和乌溪江电站发电用水等 7 类。各类用水的具体对象见表 22-2。

表 22-2　用水户分类成果表

用水户名称	类　别
城镇综合用水	居民生活、建筑业、第三产业和城镇公共用水
农村综合用水	农村居民生活、牲畜和农村公共用水
重要工业用水	巨化集团公司、元立集团用水
一般工业用水	除重要工业外的其他工业用水
农业用水	农作物灌溉用水和鲟鱼养殖用水
生态环境用水	乌溪江河道内生态环境用水
电站发电用水	乌溪江电厂发电用水

22.1.3　需水预测一般原则

需水预测一般原则如下：

（1）以 2009 年现状用水和现状节水水平为基础，分别对现状基准年、2 个水平年进行需水预测。

（2）规划水平年社会经济发展指标与相关社会经济发展计划、城市总体规划成果相协调。

（3）东线金华供水区现状基准年需水量按近年实际用水量 2000 万 m^3 确定，水平年需水量在不超过原配置水量的前提下由双方协商确定。

（4）巨化集团公司、元立集团等作为重要工业用水户，其需水量依据现状基准年用水、批准水量及发展规划等因素综合确定。

（5）鲟鱼养殖需水量根据现状基准年实际用水量以及鲟鱼养殖发展规划确定。

（6）衢州市自来水第二自来水厂不单独作为用水户需水预测。

（7）除重要工业以外的其他用水户需水量，按表 22-2 分类进行分析计算。

22.1.4　预测方法

（1）综合用水。采用定额法分别对城镇、农村综合用水进行预测，预测公式如下：

$$W = \sum_{i=1}^{2} P(1+\eta_i)^{ni} K_i \qquad (22\text{-}1)$$

式中：W 为综合需水量；P 为现状人口；η_i 为人口增长率，i=1 代表城镇人口增长率，i=2 代表农村人口增长率；K_i 为人均综合需水定额。

（2）生产需水。工业需水采用万元工业增加值用水量法进行预测，预测公式如下：

$$V = G \times B \tag{22-2}$$

式中：V 为工业需水量；G 为工业增加值；B 为万元工业增加值用水量。

农业灌溉需水分水稻灌溉需水量和其他作物需水量。水稻灌溉需水量在分析水稻灌溉制度的基础上，推求水稻生育期的需水量。其他作物需水量依据《浙江省用水定额（试行）》确定。

$$h_1 + P + M - ET - D = h_2 \tag{22-3}$$

$$W_{毛} = (M \times A)/1000\eta_{水} \tag{22-4}$$

$$M = h_{max} - h_{min}$$

式中：h_1、h_2 为时段初、末田面水层深度，mm；P 为时段内降雨量，mm；M 为时段内灌水量，mm；h_{max}、h_{min} 分别为水稻田面适宜水层上、下限，见表 22-3；ET 为时段内耗水量，mm，为时段内作物需水量和田间渗漏量之和；D 为时段内排水量，mm，当时段田面水层深度超过雨后最大允许深度 h_p 时，超过部分应排除，这部分水量即为时段内的排水量；$W_{毛}$为时段水田作物灌溉毛需水量，万 m^3；A 为水田作物种植面积，万 m^2；$\eta_{水}$为灌溉水有效利用系数。

表 22-3　水稻田面适宜水层上下限

水稻种类	生长期	h_{max}/mm	h_{min}/mm	水稻种类	生长期	h_{max}/mm	h_{min}/mm
早稻	返青期	10	40	晚稻	返青期	20	50
	分蘖前	10	40		分蘖前	10	40
	分蘖末	−20	0		分蘖末	−20	0
	拔节孕穗	10	50		拔节孕穗	20	60
	抽穗开花	10	50		抽穗开花	20	60
	乳熟	10	30		乳熟	0	30
	黄熟	0	30		黄熟前期	−20	20
					黄熟后期	0	0

（3）生态环境需水。生态环境用水指为维持生态和环境功能所需要的最小需水量。根据《水资源供需预测分析技术规范》（SL 429—2008），河道内最小生态环境用水量，一般采用占河道控制节点多年平均年径流量的百分数进行估算，根据各地的河流特点和生态环境目标要求，分析确定其占多年平均年径流量的百分数，南方河流一般采用 20% ~ 30%。

（4）发电用水。乌溪江电厂发电用水受湖南镇库区来水量和浙江电网顶峰发电需求影响，由于这两个因素都有的不可预见性和随机性，因此本研究以近 10 年黄坛口电站的发电平均水量作为顶峰发电需水量。

22.2　经济社会发展指标

由于东线金华供水区需水量采用《关于乌溪江引水工程规模论证会议纪要》规定的数值，本研究仅对东线衢州供水区、西线供水区、东线供水区社会经济发展指标进行分析。

22.2.1　人口及城镇化率

人口预测方法采用自然增长率法，即

$$P_n = P_0 \times (1+\beta)^n + n \times J \tag{22-4}$$

式中：P_n 为规划期末人口数；P_0 为规划基准年人口数；β为人口年均自然增长率；n 为规划年限；J 为人口年均机械变动数。

根据《衢州市城市总体规划》，人口年均自然增长率采用 6.0‰。据第五次人口普查统计，衢州市共有外出人口 45.32 万人，外来人口 15.5 万人。2002 年，衢州市推出“放鸟出笼”工程，全市劳动力输出共有 50 万左右，大量的劳务输出对衢州经济和提高农民收入起到积极的促进作用。因此，未来衢州市人口流动迁移（即机械变动）存在较大变数。近年来，受衢州经济商贸发展快速的影响，人口变化已呈现流出减少、流入增多趋势，故本研究取用人口年均机械变动的人口流入与流出平衡。城镇化水平反映一个国家或地区社会化、集约化和现代化的程度，通常以居住在城镇的人口占总人口的比例来表示。根据《衢州市国民经济和社会发展第十二个五年规划纲要》，全市“十二五”期间年均城镇化水平提高 1.5 个百分点以上，同时结合《衢州市城市总体规划》城镇规模的预测成果，综合确定规划水平年城镇化水平。综上所述，各计算分区人口预测成果见表 22-4。

表 22-4　各需水分区人口规模预测

分区	现状基准年/万人			2020 水平年/万人		
	总人口	城镇人口	农村人口	总人口	城镇人口	农村人口
西线供水区	7.32	2.69	4.64	7.82	3.38	4.44
中线供水区	22.08	16.78	5.29	23.58	20.57	3.01
东线衢州供水区	26.00	12.50	13.50	27.77	15.73	12.04
合计	55.40	31.97	23.43	59.17	39.68	19.49

22.2.2　耕地指标

耕地面积是影响农业用水量决定性因素。近年来，随着城镇化进程的加快，城镇建设占用耕地现象时有发生，但在严格的土地管理制度、耕地占补平衡制度管控下，较大程度地限制了耕地面积的减少。基于此，水平年耕地面积保持与现状基准年耕地面积一致。乌溪江流域下游项目研究区耕地指标见表 22-5。

表 22-5　各分区耕地指标成果表

分区	现状基准年/万亩			2020 水平年/万亩		
	耕地	水田	旱地	耕地	水田	旱地
西线供水区	5.82	5.35	0.48	5.82	5.24	0.58
中线供水区	2.80	1.96	0.84	2.80	1.92	0.88
东线衢州供水区	19.70	17.21	2.50	19.70	16.86	2.84
合计	28.32	24.52	3.82	28.32	24.02	4.30

22.2.3　国民经济发展指标

根据衢州市统计年鉴及柯城、衢江、龙游等三县区统计年鉴，柯城区、衢江区和龙游县 2009 年国民经济主要发展指标见表 22-6。

表 22-6　项目研究地区现状基准年主要经济指标

地区	GDP/亿元	第二产业/亿元	工业增加值/亿元
柯城区	64.11	17.92	12.71
衢江区	67.40	30.31	23.47
龙游县	97.68	55.87	48.08

注　表中数值未包含其中的重要工业。

根据《衢州市国民经济和社会发展第十二个五年规划纲要》提出的十二五期末地区国民生产总值翻番目标确定 2015 年国民经济发展指标。以此为基准，结合《衢州市城市总体规划》确定的国民经济发展目标确定 2020 水平年各地区社会经济发展指标，并根据产业结构调整方向，分析确定工业增加值，见表 22-7。

表 22-7　各分区工业增加值预测成果表

分区	现状基准年/亿元	2020 水平年/亿元
西线供水区	2.54	7.78
中线供水区	7.20	19.84
东线衢州供水区	9.74	29.22
合计	27.68	56.84

注　表中数值未包含重要工业。

22.3　用水定额

根据《衢州市水资源公报》(2009 年)、自来水厂供水资料等，分析得到 2009 年衢州市不同行业现状用水定额。在现状用水水平基础上，以城市给水工程规范、《浙江省用水定额》(2004 年) 规定的行业用水定额为参考，考虑城镇居民节水意识的加强，第三产业和建筑业用水比例在城镇居民综合用水中比例增加，农村生活水平提高对用水要求的增加，同时综合城市发展规模、工业用水工艺改造、节水器具推广、渠系改造等因素确定 2020 水平年不同行业的用水定额。各分区现状用水定额预测成果见表 22-8。

表 22-8　各分区现状用水定额预测成果

用水户分区	现状基准年			2020 水平年		
	西线供水区	中线供水区	东线衢州供水区	西线供水区	中线供水区	东线衢州供水区
城镇综合用水/[L/(人·d)]	439	439	351	440	440	420
农村综合用水/[L/(人·d)]	191	191	147	190	190	180
万元工业增加值用水	198	198	136	140	140	92

续表

用水户分区	现状基准年			2020 水平年		
	西线供水区	中线供水区	东线衢州供水区	西线供水区	中线供水区	东线衢州供水区
灌溉水利用系数	0.50	0.51	0.40	0.52	0.53	0.45
管网漏失率/%	15	15	15	12	12	12

22.4　需水量预测

22.4.1　研究区衢州部分社会经济需水量

在现状调查分析的基础上，根据需水预测方法以及国民经济发展指标、用水定额预测成果，分别计算确定西线供水区、中线供水区、东线衢州供水区的城镇综合、农村综合、一般工业、农业灌溉、鲟鱼养殖、重要工业企业等需水量，成果见表 22-9 ~ 表 22-11。

表 22-9　生活与一般工业需水预测成果表

计算分区	现状基准年/万 m^3			2020 水平年/万 m^3		
	城镇综合	农村综合	一般工业	城镇综合	农村综合	一般工业
西线供水区	431	323	503	543	308	854
中线供水区	2689	369	1426	3303	209	2327
东线衢州供水区	1600	734	1327	2410	793	2669
合计	4720	1426	3256	6256	1310	5850

表 22-10　农业灌溉需水预测成果表

计算分区	需水量/万 m^3							
	现状基准年				2020 水平年			
	75%	90%	95%	多年平均	75%	90%	95%	多年平均
西线供水区	2708	2964	2990	2414	2604	2850	2875	2321
中线供水区	1310	1467	1587	1227	1261	1412	1527	1181
东线衢州供水区	9206	10077	10475	8400	8183	8957	9311	7466
合计	13224	14508	15052	12041	12048	13219	13713	10968

表 22-11　重要工业企业及养殖业需水预测表

分区名称	用水户名称	需水量/万 m^3	
		现状基准年	2020 水平年
中线供水区	巨化集团公司	14305	15000
	元立公司	1240	1500
	鲟鱼养殖	1000	1000
东线衢州供水区	鲟鱼养殖	1500	5800
合计		18045	23300

注　鲟鱼养殖目前在全省属于新兴产业，现状每亩鲟鱼养殖面积用水量约 20 万 m^3。根据《柯城区鲟鱼产业“十二五”发展规划》等成果，至 2020 水平年东线鲟鱼养殖面积将达到 225000m^2，据此预测 2020 水平年鲟鱼需水量约为 5800 万 m^3。

22.4.2 东线金华供水区需水量

东线金华供水区包括金华市罗埠镇、蒋堂镇、琅琊镇等及兰溪市上华街道，主要用水户为农业灌溉用水。根据乌溪江引水工程放水资料统计，近5年东线金华供水区的年均用水量约2000万 m^3，远小于《乌溪江流域防洪及水资源综合利用规划》配置给东线金华供水区的水资源量。由于本项目研究重点是乌溪江流域下游衢州市境内范围。东线金华供水区需水量现状基准年需水量为2000万 m^3，2020水平年按照《乌溪江流域防洪及水资源综合利用规划》原配置水量执行。

22.4.3 乌溪江电厂发电需水量

本研究采用近10年黄坛口电站的发电平均水量作为发电需水量，见表22-12。

表22-12 黄坛口水电站2001—2010年平均发电用水量统计表

月份	1	2	3	4	5	6	7
发电需水/万 m^3	13647	12712	19680	25875	27133	33821	21430
月份	8	9	10	11	12	合计	
发电需水/万 m^3	17283	12898	10697	15457	18620	229254	

22.4.4 乌溪江下游河道内生态环境需水量

本项目对乌溪江下游河道内生态环境用水采用双指标控制，即总量控制和流量控制。由于乌溪江流域水资源总量相对丰富，考虑下游河道生态环境需求，本方案确定乌溪江黄坛口大坝至衢江口段河道内生态环境需水量，采用黄坛口集雨面积总产水量的30%计算，即8.0亿 m^3。同时，为保障下游河道最低的生态环境需水要求，本方案以2000—2009年黄坛口水库最枯月平均流量作为下游河道生态环境需水量控制指标，即0.75m^3/s。

22.4.5 需水量汇总

经上述分析，不同需水预测分区各水文年份的需水量成果，见表22-13。同时，下游河道生态环境需水量为80000万 m^3，最低月平均流量为0.75m^3/s。黄坛口电站发电需水量为229254万 m^3。

表22-13 研究区需水量预测成果汇总表 单位：万 m^3

分区名称	现状基准年				2020水平年			
	75%	90%	95%	多年平均	75%	90%	95%	多年平均
西线供水区	3965	4221	4247	3671	4309	4555	4580	4026
中线供水区	22339	22496	22616	22256	24600	24751	24866	24520
东线衢州供水区	14367	15238	15636	13561	19855	20629	20983	19138
合计	40672	41956	42500	39488	48765	49936	50430	47684

22.5 “三线”梯级水库需水量研究

22.5.1 “三线”供水区基本情况

（1）用水户情况。“东线”供水区内用水户包括鲟鱼公司，由东港水厂、沈家水厂供水的城镇居民综合、农村居民综合和一般工业用水，农业灌溉用水；中线供水区内用水户包括巨化集团公司、元立公司、鲟鱼公司，衢州市第二自来水公司供水的城镇居民综合、农村居民综合和一般工业用水水量，农业灌溉用水；西线供水区内用水户包括居民综合用水、一般工业用水，农业灌溉用水。其需水量成果见22.4节相关成果。

（2）水源工程情况。在东、中、西三线供水范围内，有水库55座水库、总集水面积173.56km^2，总库容6402.8万m^3。

22.5.2 “三线”梯级水库需水量计算方法

“三线”梯级水库需水量是指东、中、西三线供水区各用水扣除当地水源工程供水量后，需要由梯级水库通过东、中、西线补充包括输水损失在内的需水量。

根据需水量预测成果、各计算分区水源工程及其供水对象、水源工程能力等情况，采用以下方法进行分析确定：

（1）乌溪江下游河道生态环境需水量需要湖南镇-黄坛口水库直接放水补充，因此，其需水量即为乌溪江电厂的放水量。

（2）东、中、西三线供水区范围内仅以湖南镇、黄坛口为水源的用水户，其需水量需要乌溪江电厂通过发电放水或直接从库区取水满足，因此该类用水户的需水量亦为乌溪江引水量。

（3）东、中、西三线供水范围内，由乌溪江水资源和所在地山塘、水库等水源共同承担供水任务的用水户，其扣除当地水源供水量后的需水量为乌溪江引水量。

据现场调查、资料收集情况，东、中、西三线供水区内共有12.93万亩农田灌溉需水由当地水库水源（55座水库、集雨面积173.56km^2，总库容6402.8万m^3）和乌溪江电厂共同灌溉。该类用户乌溪江引水量根据其需水量、水源工程来水量、供水能力等通过长系列（1958—2009年）逐日水资源供需模拟方法计算确定。

22.5.3 “三线”供水区水资源系统概化

“三线”乌溪江引水量是指东、中、西三线供水区需水量扣除当地水源工程供水量后的水量和乌溪江下游河道生态环境需水量，是枯水期或干旱年份湖南镇-黄坛口水库放水补充的水量。根据需水量预测成果、各计算分区水源工程及其供水对象、水源工程能力等情况，采用以下方法进行分析确定：

（1）乌溪江下游河道生态环境需水量需要湖南镇-黄坛口水库直接放水补充，因此，其需水量即为乌溪江电厂的放水量。

（2）东、中、西三线供水区范围内仅以湖南镇、黄坛口为水源的用水户，其需水量需要乌溪江电厂通过发电放水或直接从库区取水满足，因此该类用水户的需水量亦为乌溪江引水量。

22.5.4　“三线”供水区梯级水库需水量计算及成果

根据“三线”梯级水库供水区水资源系统概化图和计算方法，结合系统基本情况，采用 VB 语言编写模拟计算程序进行模拟计算。经分析计算，确定了“三线”供水区梯级水库逐日需水量成果，进而计算“三线”供水区梯级水库不同水文年需水量成果见表 22-14。

表 22-14　“三线”供水区梯级水库需水量分析成果表　　单位：万 m^3

分区名称	现状基准年				2020 水平年			
	75%	90%	95%	年均	75%	90%	95%	年均
西线供水区	4119	4311	4357	3770	4212	4367	4405	3930
中线供水区	23010	23339	23370	23000	26079	26349	26373	26071
东线衢州供水区	11739	12727	12986	11251	16532	17341	17553	16134
合计	38868	40377	40713	38021	46823	48057	48331	46135

22.5.5　“三线”供水区梯级水库需水量成果合理性分析

根据 2009 年东、中、西三线的供水记录、取水户的取水量等资料，与本次分析计算的梯级水库需水量成果进行分析对比如下：

（1）东线衢州供水区：根据实际调查，东线衢州供水区 2009 年引水量 1.2 亿 m^3，与乌溪江电厂现状基准年多年平均补水量 1.13 亿 m^3 基本一致。考虑 2009 年降雨量与多年平均降雨量基本一致，可认为 2009 年属于平水年份，因此东线衢州供水区计算得到的梯级水库需水量成果符合实际情况。

（2）中线供水区：根据用水户取水资料，2009 年中线供水区的总用水量为 2.4 亿 m^3，与本次分析计算的补水量 2.3 亿 m^3 相差 4.2%，考虑取水计量统计误差及分析计算误差因素，本次计算成果合理。

（3）西线供水区：根据西线供水区引水资料，2009 年西线总引水量为 3744 万 m^3，与本次计算的 3700 万 m^3 基本一致。

综上所述，本研究确定的“三线”供水区梯级水库需水量成果符合实际，可作为梯级水库优化调度和水资源配置的基础依据。

第 23 章　梯级水库水资源系统概化与计算模型

23.1　系统概化

根据乌溪江流域下游水资源系统特点、工程布局和系统功能，结合项目研究目标与任务，遵循系统完整性和供用水户相互匹配的原则，对由湖南镇-黄坛口梯级水库及其相应的用水户组成的乌溪江流域下游水资源系统进行抽象和概化，使其既满足解决问题的需要，又不失实际系统的主要特征。

乌溪江流域下游水资源系统以湖南镇-黄坛口梯级水库为龙头，主要通过乌溪江引水东干渠、乌溪江引水西干渠、石室堰干渠等 3 条渠道向下游用户供水。同时，下游用水户根据用水对象、用水性质和用水保证率的不同，可以分为生活、重要工业、一般工业、农业灌溉等用水户。为分析乌溪江流域下游不同用水户的供水保证程度，将梯级水库水资源系统概化如图 23-1 所示。

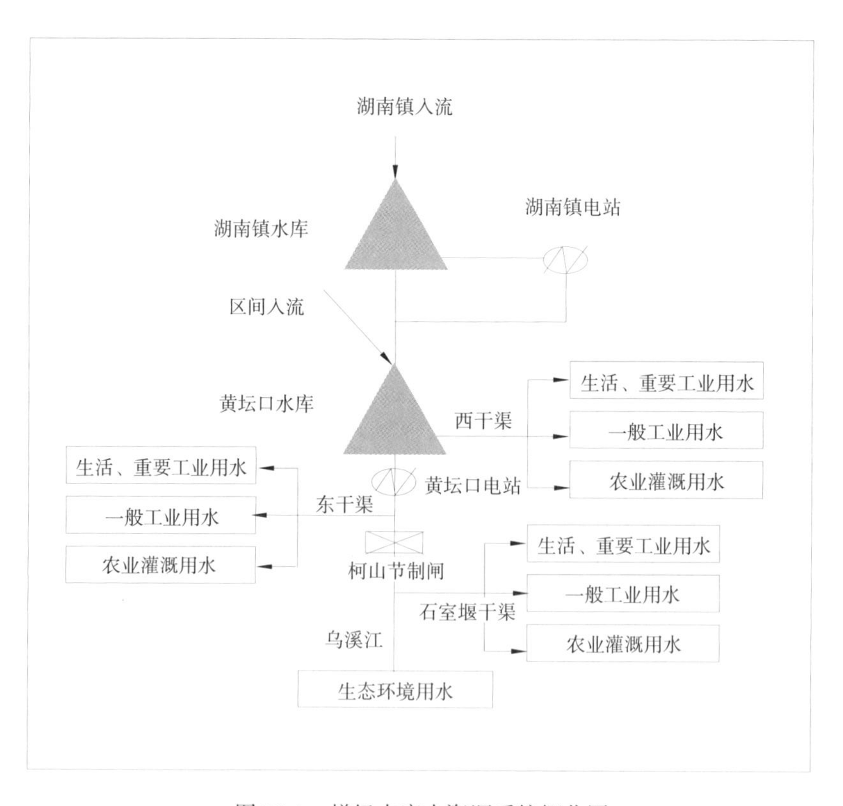

图 23-1　梯级水库水资源系统概化图

23.2 水资源系统供需分析计算说明

水资源系统供需分析计算说明如下：

（1）根据梯级水库水资源系统概化图，构建乌溪江流域下游水资源供需模拟模型，分析计算水资源供需状况。

（2）选用长系列（1958—2009 年）52 年作为计算序列，以日为计算时段。

（3）以需水预测分区为水资源供需平衡分析的基本单元，根据不同用水户供水保证率的要求，将用水户划分为重要用水（包括生活和重要工业用水）、一般用水（包括一般工业和鲟鱼养殖业用水）、农业灌溉用水和河道内生态环境用水四类，并分别对五类用水户进行模拟计算。

（4）各类用水户供水优先级依次为：重要用水、河道内生态基流用水、一般用水、农业灌溉用水和河道内生态环境用水。

（5）当湖南镇-黄坛口梯级水库蓄水能力不足，不能满足乌引东、中、西三线的用水需求时，同一优先次序的用水户破坏程度相同。

23.3 水资源供需平衡分析模型

根据梯级水库水资源系统概化图，水资源供需分析采用逐日调节计算，以反映乌溪江流域下游水资源供需的特点和规律。水资源供需分析模型如下。

（1）水量平衡模型：

$$V^i(t+1)=V^i(t)+Q^i(t)-r^i(t)-EF^i(t) \tag{23-1}$$

$$Q^1(t)=q^1(t)；\quad Q^2(t)=q^2(t)+r^1(t) \tag{23-2}$$

式中：$V^i(t)$ 为第 i 水库第 t 时段蓄水量；$Q^i(t)$、$EF^i(t)$ 分别为第 i 水库第 t 时段入库总水量、蒸发渗漏量；$q^1(t)$ 为湖南镇库区 t 时段入库径流量；$q^2(t)$ 为湖南镇-黄坛口区间 t 时段入库径流量；$r^i(t)$ 为第 i 水库 t 时段出库水量；i=1 为湖南镇水库，i=2 为黄坛口水库。

（2）水电站出力模型：

$$N^i_{\min} \leqslant N^i(t) \leqslant N^i_{\max} \tag{23-3}$$

式中：$N^i_{\min}$、$N^i_{\max}$ 分别为第 i 水库电站的保证出力和预想出力；$N^i(t)$ 为 i 水库电站 t 时段出力。

湖南镇水电站不同时段出力依据湖南镇水库调度规则确定；黄坛口水电站出力依据湖南镇水库下泄水量和区间来水，按日调节确定出力，计算水量。

（3）水库出库水量计算模型。

湖南镇出库水量：

$$r^1(t)=Q^1_{fd}(t)+Q^1_{gs}(t)+QS^1(t) \tag{23-4}$$

黄坛口出库水量：

$$r^2(t)=Q^2_{fd}(t)+QS^2(t) \tag{23-5}$$

$$Q_{fd}^{i}(t)=N^{i}(t)/\{9.8\eta[H^{i}(t)-h^{i}]\} \tag{23-6}$$

$$Q_{gs}^{1}(t)=\min[V^{1}(t)-V_{\min}^{1},XS(t)-Q_{fd}^{2}(t),0] \tag{23-7}$$

式中：$Q_{fd}^{i}(t)$、$Q_{gs}^{i}(t)$分别为 i 水库发电水量和各行业用水供水量；$QS^{i}(t)$为 i 水库弃水量；η为出力系数；$H^{i}(t)$为 i 水库 t 时段水位，h^{i}为 i 水库的发电尾水位；$V_{\min}^{1}$为湖南镇水库死库容；$XS(t)$为乌溪江下游 t 时段生活、工业、农业灌溉等需水量。

（4）弃水量计算模型：

$$QS^{i}(t)=\begin{cases}0, & V^{i}(t)<V_{\max}^{i}\\ V^{i}(t)-V_{\max}^{i}, & V^{i}(t)\geqslant V_{\max}^{i}\end{cases} \tag{23-8}$$

式中：$V_{\max}^{i}$为 i 水库最大兴利库容。非汛期取为正常库容，汛期取为汛限水位相应库容。

（5）各行业用水供水量计算模型：

$$G_{zy}(t)=\min[r^{2}(t),XS_{zy}(t),0] \tag{23-9}$$

$$G_{yb}(t)=\min[r^{2}(t)-G_{zy}(t),XS_{yb}(t),0] \tag{23-10}$$

$$G_{ng}(t)=\min[r^{2}(t)-G_{zy}(t)-G_{yb}(t),XS_{ng}(t),0] \tag{23-11}$$

式中：$G_{zy}(t)$、$G_{yb}(t)$、$G_{ng}(t)$分别为 t 时段梯级水库供水区重要用水、一般用水、农业灌溉用水供水量；$XS_{zy}(t)$、$XS_{yb}(t)$、$XS_{ng}(t)$分别为 t 时段梯级水库供水区重要用水、一般用水、农业灌溉用水需水量。

（6）缺水量计算模型：

$$L_{zy}(t)=XS_{zy}(t)-G_{zy}(t) \tag{23-12}$$

$$L_{yb}(t)=XS_{yb}(t)-G_{yb}(t) \tag{23-13}$$

$$L_{ng}(t)=XS_{ng}(t)-G_{ng}(t) \tag{23-14}$$

式中：$L_{zy}(t)$、$L_{yb}(t)$、$L_{ng}(t)$分别为 t 时段乌溪江下游重要用水、一般用水、农业灌溉用水的缺水量，当某时段供水不能满足用水户用水要求时，该时段东、中、西线用户缺水量按同比例缺水进行核算。

（7）河道内生态环境用水计算模型。河道内生态基流优先满足，其他生态环境用水的供水、缺水状况根据水资源供需调节计算成果进行统计核定。

第 24 章　梯级水库调度运行规则研究

24.1　现状调度运行规则下存在的问题分析

24.1.1　湖南镇–黄坛口梯级水库调度规则

湖南镇水库和黄坛口水库调节性能差异较大，湖南镇水库为多年调节，黄坛口水库为日调节。因此湖南镇-黄坛口梯级水库调度重点是湖南镇水库。湖南镇水库总库容 20.67 亿 m^3，相应水位 240.25m；正常库容 15.84 亿 m^3，相应水位 230m；死库容 4.45 亿 m^3，死水位 190m。设计防洪限制水位为 230m，浙江省防汛指挥办批准现汛限水位为 228m。因此本项目取湖南镇水库汛限水位 228m。黄坛口水库总库容 0.82 亿 m^3，正常库容 0.79 亿 m^3（相应水位 115m），死库容 0.73 亿 m^3（相应水位 114m）。

作为顶峰备用电厂，乌溪江电厂（由湖南镇电厂和黄坛口电厂组成）功能定位为以发电为主，结合供水、灌溉等功能。根据《湖南镇水电站技术设计说明书》《乌溪江水库控制运用计划》等成果，以及几十年来乌溪江电厂调度运行经验，乌溪江电厂现已形成了以湖南镇水库兴利调度图（见图 24-1）为指导，结合可预见期来水状况确定湖南镇电站出力，黄坛口电站作补偿调节的梯级电站调度规则。

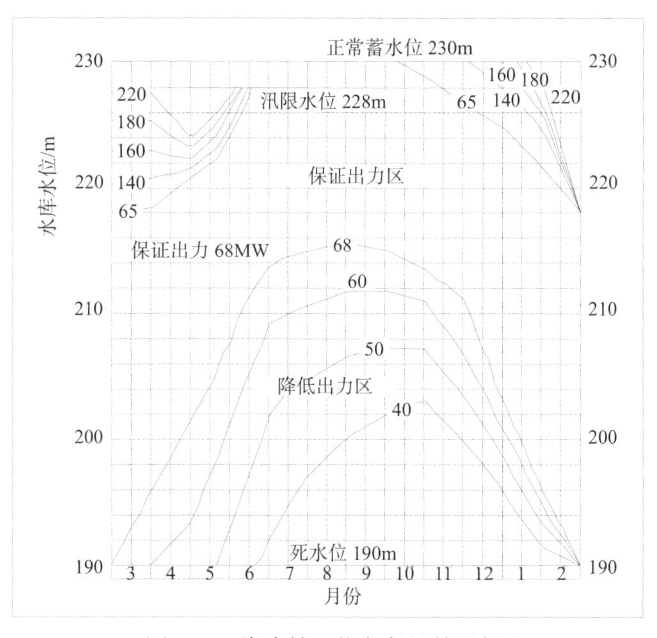

图 24-1　湖南镇现状水库兴利调度图

根据湖南镇水库兴利调度图，乌溪江电厂现状调度规则步骤如下：

（1）依据湖南镇水库水位是否位于加大出力区、保证出力区或降低出力区状况，确定湖南镇电站加大出力、保证出力或降低出力。

（2）黄坛口电站根据湖南镇水库下泄水量及湖南镇水库至黄坛口水库区间来水量状况，作补偿调节确定黄坛口电站出力。

（3）根据黄坛口电站出力确定黄坛口电站发电水量，当黄坛口电站发电水量满足下游东、中、西三线供水区用水要求时，乌溪江电厂按步骤（1）、步骤（2）确定的出力发电放水；当黄坛口电站发电水量不能满足下游东、中、西三线供水区用水要求时，湖南镇电站按下游三线供水区用水要求确定出力，并发电放水。

24.1.2　存在的问题分析

根据湖南镇-黄坛口梯级水库现状调度运行规则、现状基准年（2009 年）和 2020 水平年需水量、湖南镇库区和湖-黄区间来水量等资料，采用水资源供需分析模型计算乌溪江流域下游现状基准年和水平年水资源供需状况，成果见表 24-1。由于乌溪江电厂顶峰发电的随机性及不可预见性，本研究以 2001—2009 年多年平均月发电水量作为梯级水库的发电用水量参与乌溪江流域下游水资源供需模拟计算，计算成果见表 24-2。

表 24-1　现状调度规则下水资源系统供需分析模拟成果表（发电不作为用水户）

年份	现状基准年				2020 水平年			
	发电量/(亿 kW·h)	发电水量/亿 m³	行业用水量/亿 m³	缺水量/亿 m³	发电量/(亿 kW·h)	发电水量/亿 m³	行业用水量/亿 m³	缺水量/亿 m³
1958	6.73	27	6.53	0	6.73	27.01	7.52	0
1959	6.95	28.18	5.62	0	6.95	28.17	6.62	0
1960	4.84	20.77	6.48	0	4.84	20.78	7.47	0
1961	5.93	24.88	6.21	0	5.93	24.88	7.20	0
1962	7.08	29.04	5.51	0	7.1	29.08	6.51	0
1963	3.26	14.83	6.26	2.28	3.26	14.87	7.25	2.85
1964	5.82	24.27	6.12	0	5.8	24.17	7.11	0
1965	6.04	25.95	5.87	0	6.04	25.95	6.86	0
1966	5.46	23.82	6.83	0	5.45	23.82	7.82	1.6
1967	6.1	25.26	7.04	0	6.11	25.27	8.03	0
1968	5.69	23.71	6.38	0	5.7	23.77	7.38	0
1969	7.58	31.05	6.39	0	7.57	30.99	7.38	0
1970	7.48	30.83	5.93	0	7.48	30.85	6.93	0
1971	2.95	13.33	6.41	2.47	2.95	13.32	7.40	2.93
1972	4.81	21.82	5.84	0	4.79	21.77	6.83	0
1973	8.14	39.23	5.47	0	8.15	39.26	6.47	0

续表

年份	现状基准年				2020 水平年			
	发电量/(亿 kW·h)	发电水量/亿 m^3	行业用水量/亿 m^3	缺水量/亿 m^3	发电量/(亿 kW·h)	发电水量/亿 m^3	行业用水量/亿 m^3	缺水量/亿 m^3
1974	4.77	21.2	6.21	0	4.77	21.19	7.20	0
1975	8.13	37.92	4.95	0	8.16	37.96	5.94	0
1976	7.96	33.68	5.83	0	7.97	33.67	6.83	0
1977	6.55	27.05	5.02	0	6.55	27.06	6.02	0
1978	3.43	15.49	6.91	3.32	3.43	15.47	7.91	3.8
1979	3.03	13.97	6.63	2.84	3.03	13.97	7.62	3.33
1980	6.49	26.02	5.70	0	6.49	26.02	6.70	0
1981	4.74	20.49	6.38	1.47	4.76	20.52	7.37	1.67
1982	5.25	22.99	6.25	0	5.24	22.95	7.24	1.33
1983	7.05	32.14	5.66	0	7.07	32.15	6.66	0
1984	5.76	23.86	6.43	0	5.73	23.74	7.43	0
1985	4.13	18.46	6.07	1.75	4.16	18.58	7.06	1.87
1986	3.4	15.51	7.10	3.2	3.4	15.49	8.09	3.64
1987	6.88	27.45	5.64	0	6.88	27.48	6.63	0
1988	8.19	33.26	6.20	0	8.2	33.31	7.20	0
1989	8.35	38.26	6.02	0	8.36	38.25	7.01	0
1990	5.53	25.1	5.93	0	5.5	25.05	6.92	0
1991	4.84	20.98	6.59	1.43	4.84	21	7.58	1.82
1992	8.18	35.34	5.94	0	8.21	35.39	6.93	0
1993	7.53	34.01	5.70	0	7.52	33.97	6.69	0
1994	7.78	31.98	6.69	0	7.8	32.02	7.69	0
1995	7.93	44.97	6.16	0	7.91	44.9	7.15	0
1996	4.26	18.08	6.55	2.08	4.25	18.08	7.54	2.53
1997	6.91	29.78	5.98	0	6.93	29.82	6.97	0
1998	10.73	48.62	6.32	0	10.7	48.54	7.31	0
1999	7.22	31.12	5.05	0	7.24	31.2	6.04	0
2000	7.47	30.14	6.58	0	7.48	30.16	7.57	0
2001	6.85	28.75	6.11	0	6.83	28.72	7.11	0
2002	7.21	28.92	5.66	0	7.23	29	6.66	0
2003	6.09	24.3	6.82	1.67	6.04	24.19	7.81	1.9
2004	4.1	18.69	6.40	0	4.1	18.7	7.40	0
2005	7.51	30.08	6.07	0	7.49	30.05	7.06	0

续表

年份	现状基准年				2020 水平年			
	发电量/(亿 kW·h)	发电水量/亿 m^3	行业用水量/亿 m^3	缺水量/亿 m^3	发电量/(亿 kW·h)	发电水量/亿 m^3	行业用水量/亿 m^3	缺水量/亿 m^3
2006	7.23	29.75	6.05	0	7.23	29.76	7.04	0
2007	4.79	21.45	6.36	0	4.8	21.48	7.36	0
2008	5.04	21.64	6.04	0	5.02	21.62	7.03	0
2009	5.87	25.45	6.75	0	5.84	25.35	7.75	0
平均	6.19	26.57	6.15	0.43	6.19	26.57	7.14	0.56

表 24-2　现状调度规则下水资源系统供需分析模拟成果表（发电作为用水户）

年份	现状基准年				2020 水平年			
	发电量/(亿 kW·h)	发电水量/亿 m^3	行业用水量/亿 m^3	缺水量/亿 m^3	发电量/(亿 kW·h)	发电水量/亿 m^3	行业用水量/亿 m^3	缺水量/亿 m^3
1958	6.91	27.26	6.53	0	6.93	27.23	7.52	0
1959	7.14	28.43	5.62	0	7.2	28.44	6.62	0
1960	4.88	20.98	6.48	0	5.04	21.15	7.47	0
1961	5.97	25.03	6.21	0	6.08	25.08	7.20	0
1962	7.24	29.42	5.51	0	7.25	29.34	6.51	0
1963	3.35	15.29	6.26	2.35	3.36	15.36	7.25	3.14
1964	6.02	24.32	6.12	0	6.03	24.66	7.11	0
1965	6.09	26.25	5.87	0	6.16	25.99	6.86	0
1966	5.72	24.14	6.83	1.32	5.51	24.31	7.82	1.93
1967	6.15	25.34	7.04	0	6.2	25.47	8.03	0
1968	5.86	23.94	6.38	0	5.88	23.79	7.38	0
1969	7.8	31.18	6.39	0	7.75	31.29	7.38	0
1970	7.74	30.99	5.93	0	7.66	31.33	6.93	0
1971	3.12	13.74	6.41	2.65	3.21	13.66	7.40	3.05
1972	4.95	21.9	5.84	0	4.98	22.18	6.83	1.33
1973	8.34	39.24	5.47	0	8.27	39.56	6.47	0
1974	4.96	21.46	6.21	0	4.8	21.35	7.20	1.47
1975	8.25	38.06	4.95	0	8.19	38.27	5.94	0
1976	8.18	34.04	5.83	0	8.1	33.7	6.83	0
1977	6.71	27.28	5.02	0	6.64	27.42	6.02	0
1978	3.66	15.99	6.91	3.66	3.65	15.59	7.91	3.98
1979	3.1	14.41	6.63	2.98	3.19	14.05	7.62	3.36
1980	6.54	26.05	5.70	0	6.68	26.15	6.70	0

续表

年份	现状基准年				2020 水平年			
	发电量/(亿 kW·h)	发电水量/亿 m^3	行业用水量/亿 m^3	缺水量/亿 m^3	发电量/(亿 kW·h)	发电水量/亿 m^3	行业用水量/亿 m^3	缺水量/亿 m^3
1981	4.84	20.6	6.38	1.82	4.91	20.83	7.37	1.94
1982	5.35	23.24	6.25	0	5.44	23.29	7.24	1.4
1983	7.19	32.3	5.66	0	7.3	32.22	6.66	0
1984	5.94	24.14	6.43	0	5.96	24.03	7.43	0
1985	4.41	18.94	6.07	1.91	4.16	18.93	7.06	1.94
1986	3.46	15.77	7.10	3.21	3.63	15.81	8.09	3.81
1987	7.03	27.75	5.64	0	6.96	27.57	6.63	0
1988	8.45	33.69	6.20	0	8.29	33.59	7.20	0
1989	8.37	38.71	6.02	0	8.43	38.45	7.01	0
1990	5.56	25.6	5.93	0	5.77	25.22	6.92	0
1991	5	21.2	6.59	1.81	5.11	21.13	7.58	2.03
1992	8.2	35.42	5.94	0	8.32	35.43	6.93	0
1993	7.55	34.1	5.70	0	7.65	34.07	6.69	0
1994	7.96	32.2	6.69	0	7.9	32.03	7.69	0
1995	8.06	45.43	6.16	0	8.11	45.1	7.15	0
1996	4.35	18.19	6.55	2.11	4.43	18.35	7.54	2.68
1997	7.1	30.16	5.98	0	7.01	30.11	6.97	0
1998	10.94	49.02	6.32	0	10.93	48.98	7.31	0
1999	7.29	31.57	5.05	0	7.5	31.64	6.04	0
2000	7.6	30.49	6.58	0	7.69	30.56	7.57	0
2001	6.92	29.07	6.11	0	7.09	28.9	7.11	0
2002	7.23	28.98	5.66	0	7.34	29.47	6.66	0
2003	6.13	24.48	6.82	1.7	6.15	24.33	7.81	2.11
2004	4.22	18.79	6.40	0	4.19	18.81	7.40	1.31
2005	7.65	30.17	6.07	0	7.55	30.22	7.06	0
2006	7.5	30.16	6.05	0	7.31	30.13	7.04	0
2007	4.86	21.6	6.36	1.61	5.04	21.69	7.36	1.39
2008	5.31	22.14	6.04	0	5.2	22	7.03	1.53
2009	5.97	25.54	6.75	0	6	25.64	7.75	0
平均	6.33	26.63	6.15	0.52	6.35	26.63	7.14	0.74

由表 24-1 和表 24-2 可知：

（1）现状基准年情况下，乌溪江电厂发电水量不作为用户参与供需分析时，黄坛口水库多年发电用水 26.57 亿 m^3，多年平均缺水量 0.43 亿 m^3；当乌溪江电厂发电水量作为用水户参与供需分析时，黄坛口水库多年平均下泄发电水量 26.63 亿 m^3，多年平均缺水量 0.52 亿 m^3。2020 水平年情况下，乌溪江电厂发电水量不作为用户参与供需分析时，黄坛口水库多年平均发电水量 26.57 亿 m^3，多年平均缺水量 0.56 亿 m^3。当乌溪江电厂发电水量作为用水户参与供需分析时，黄坛口水库多年平均发电水量 26.63 亿 m^3，多年平均缺水量 0.74 亿 m^3。

（2）在黄坛口水库多年平均发电水量保持不变、梯级水库供水区需水量增加 1.0 亿 m^3 的情况下，梯级水库水资源系统多年平均缺水量变化不大。

（3）计算过程表明，造成缺水的原因是发电用水和“三线”用水在时间上的不一致、不协调。这说明了湖南镇-黄坛口梯级水库调度规则和运行方式是导致研究区出现水资源供需矛盾的控制性因素，因此需要调整湖南镇-黄坛口梯级水库调度规则。

24.2　调度运行规则调整工作思路与方法

24.2.1　工作思路

为保障乌溪江流域下游用水安全，协调湖南镇-黄坛口梯级水库发电用水和各行业用水的矛盾，借鉴相关研究成果，本研究提出对湖南镇水库设置供水专用库容方式解决发电用水和各行业用水的矛盾，即将湖南镇水库兴利库容分为上、下两部分，上部为发电专用库容区间，下部为各行业供水专用库容区间。为此需要在湖南镇水库调度图上添加一条水库调度优先控制线如图 24-2 所示，来指导水库调度运行。

具体规则如下：

（1）当某时段初水库水位位于优先控制线以上区域时，发电优先，电站可以根据电网要求随时发电。若湖南镇水库出库水量和湖-黄区间来水量不能满足研究区用水要求时，湖南镇水库按下游用水要求放水发电。

（2）当某时段初水库水位位于优先控制线以下区域时，用水优先，不用水不发电，并按用水量进行发电。

设置优先控制线有两方面优势：一是实现了枯水期或干旱年有限水资源的充分高效利用，提高了水资源的利用效率和效益；二是降低湖南镇水库低水头发电运行时间，提高了单位水资源的发电量。

为求解水库调度优先控制线（见图 24-2），本研究采用两种求解方法：一是模拟计算法；二是优化计算法。

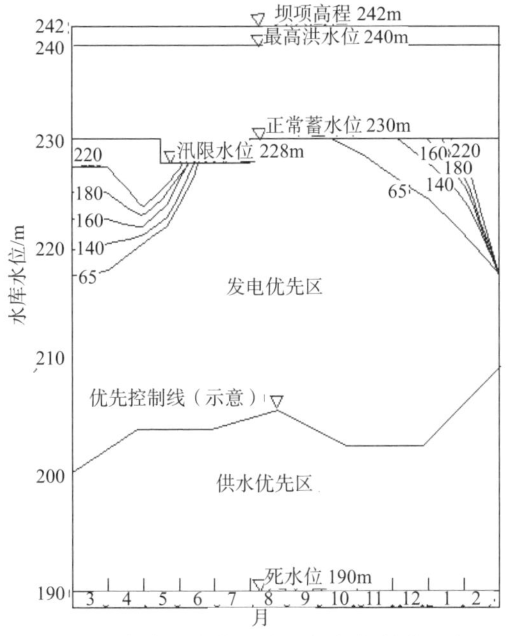

图 24-2　湖南镇水库调度图优先控制线示意图

24.2.2　模拟模型

24.2.2.1　*模拟计算法原理*

模拟计算法原理：根据梯级水库供水区需水量（不包括河道内生态环境用水和发电用水，仅考虑生活综合用水、工业和农业生产用水）、水库来水量过程，以 2009 年 4 月 15 日水库发电死水位为起调控制条件，采用以天为时段步长、逆时序递推方法，分析湖南镇水库为满足梯级水库供水区用水要求需要预留的蓄水量，进而确定长系列历年逐月月末的湖南镇水库蓄水量和蓄水位，再根据设计保证率要求取历年逐月系列的上部外包线作为优先控制线。

24.2.2.2　*数学模型*

（1）递推方程。以水库时段水量平衡方程作为蓄水状态转移方程，进行逐时段递推计算：

$$V^i(t)=V^i(t+1)-Q^i(t)+r^i(t)+EF^i(t) \tag{24-1}$$

$$Q^1(t)=q^1(t),\quad Q^2(t)=q^2(t)+r^1(t)$$

式中：$V^i(t)$ 为第 i 水库第 t 时段蓄水量；$Q^i(t)$、$EF^i(t)$ 分别为第 i 水库第 t 时段入库总水量、蒸发渗漏量；$q^1(t)$ 为湖南镇库区 t 时段入库径流量；$q^2(t)$ 为湖-黄区间 t 时段入库径流量；$r^i(t)$ 为第 i 水库 t 时段出库水量；i=1 为湖南镇水库，i=2 为黄坛口水库。

（2）约束条件。

1）供水量约束：各时段供水量 $Qgs(t)$ 受用水量、供水工程能力和水库蓄水量的限制，即

$$Qgs(t)=\min\{USE(t),QZ_{\max},V(t)-V_{\min}+Q(t)-EF(t)\} \tag{24-2}$$

其中

$$USE(t)=XS_{zy}(t)+XS_{yb}(t)+XS_{ng}(t)$$

式中：$USE(t)$ 为 t 时段用水户供水量；$QZ_{\max}$ 为工程供水能力；$V_{\min}$ 为水库最小蓄水量；其他各符号意义同式（23-1）、式（23-2）。

2）蓄水规则约束：各时段水库蓄水量不超过兴利最大蓄水量、不小于最小蓄水量，即

$$V_{\min}\leqslant V(t)\leqslant V_{\max} \tag{24-3}$$

式中：$V_{\min}$ 为水库最小蓄水量；$V_{\max}$ 为水库兴利最大蓄水量，非汛期取为正常库容，汛期取为汛限水位相应库容。

3）弃水量 $QS(t)$ 约束：

$$QS(t)=\begin{cases}V(t)-V_{\max}, & V(t)\geqslant V_{\max}\\ 0, & V(t)<V_{\max}\end{cases} \tag{24-4}$$

4）缺水量约束：

$$L(t)=\begin{cases}USE(t)-Qgs(t), & USE(t)<Qgs(t)\\ 0, & USE(t)\geqslant Qgs(t)\end{cases} \tag{24-5}$$

式中：$L(t)$ 为时段 t 用水户缺水量。

根据上述方法编制电算程序，进行模拟计算。将计算所得的满足供水保证率要求的各年水库蓄水量过程线绘在同一图上，取其上外包线为满足下游供水要求的蓄水过程线，即为水库优先控制线。

24.2.3　优化模型

24.2.3.1　目标函数

湖南镇-黄坛口梯级水库优化调度的目标包括协调发电、供水等不同用户的水量，保障下游用户用水需求的前提下尽可能实现发电效益的最优化等。因此，湖南镇-黄坛口梯级水库优化调度目标包括发电、供水、灌溉等目标，针对各目标构建目标函数如下。

（1）发电量最大。湖南镇-黄坛口梯级水电站在满足电网调峰任务的基础上，多年平均发电量最大，数学表达式为

$$E=\max\sum_{i=1}^{K}\sum_{t=1}^{T}(A_i\cdot q_{i,t}\cdot H_{i,t}\cdot M_t) \tag{24-6}$$

式中：E 为湖南镇、黄坛口两电站多年平均发电量；A_i 为第 i 个电站出力系数；$q_{i,t}$ 为第 i 个电站在第 t 时段的发电流量；$H_{i,t}$ 为第 i 个电站在第 t 时段的发电净水头；M_t 为第 t 时段小时数；T 为计算总时段数；K 为梯级电站总数（K=2），i=1、i=2 分别表示黄坛口水库、湖南镇水库。

（2）生活和工业供水保证率满足设计保证率要求，数学表达式为

$$p_1\geqslant p_c \tag{24-7}$$

式中：p_1 为生活和工业供水保证率；p_c 为生活和工业供水设计保证率。

（3）灌溉用水保证率满足设计保证率要求，数学表达式为

$$p_2 \geqslant p_r \tag{24-8}$$

式中：p_2为灌溉用水保证率；p_r为灌溉用水设计保证率。

（4）下游河道生态环境用水符合规范要求。湖南镇-黄坛口梯级水库系统下游乌溪江生态环境用水符合相关规范要求。依据湖南镇-黄坛口梯级水库下游河道实际，本研究采用两个目标进行控制：一是下游河道生态环境用水应满足河道最小流量要求[式（24-9）]，二是下游河道生态环境用水总量应符合相关技术规范的要求[式（24-10）]。

$$R_0 \geqslant R_e \tag{24-9}$$

$$W_0 \geqslant W_e \tag{24-10}$$

式中：R_0为下游河道生态环境基流；R_e为下游河道生态环境基流规定值；W_o为下游河道生态环境供水总量多年平均值；W_e为下游河道生态环境供水总量多年平均控制值。

24.2.3.2　约束条件

（1）水库水量平衡约束，见式（23-1）、式（23-2）。

（2）水库蓄量约束：

$$V_{it,\min} \leqslant V_{i,t} \leqslant V_{it,\max} \tag{24-11}$$

式中：$V_{it,\min}$为第i个水库第t时段最小蓄水库容；$V_{it,\max}$为第i个水库第t时段最大蓄水库容；$V_{i,t}$为第i个水库第t时段实际蓄水库容。

（3）水量联系：

$$Q_{1,t} = q_{2,t} + f_t \tag{24-12}$$

式中：$Q_{1,t}$为黄坛口水库第t时段来水量；$q_{2,t}$为湖南镇水库第t时段下泄水量；f_t为湖南镇-黄坛口水库区间第t时段来水量。

（4）电站出力约束：

$$N_{i,\min} \leqslant A_i \cdot q_{i,t} \cdot H_{i,t} \leqslant N_{i,\max} \tag{24-13}$$

式中：$N_{i,\min}$为第i个水电站的最小出力；$N_{i,\max}$为第i个水电站的装机容量。

（5）非负条件约束：上述所有变量均为非负变量。

24.2.4　优化模型求解方法——IA-PSO 算法

24.2.4.1　粒子群算法简介

粒子群优化算法（Particle Swarm Optimization，PSO）是一种基于群智能的进化计算技术。最早是由 Eberhart 博士和 Kennedy 博士于 1995 年提出，起源于对鸟类捕食行为的研究。假设有这样一个场景：一群鸟在某一特定区域内随机搜寻食物，在这个区域中有且只有一块食物，而且所有的鸟都不知道食物在什么地方，但是它们知道当前各自的位置离食物还有多远，信息可以在鸟群间共享，它们也就知道自己同伴的位置。那么这一群鸟寻找那块食物的最简单有效的方法，就是不断地搜寻当前离食物最近的那只鸟的周围区域。在搜索过程中，每只鸟可以根据两方面的信息来调整自己的方向和速度：一是自身经历过的最佳位置；二是整个过程中，群鸟所发现的最佳位置。PSO 算法就是从这种模型中得到

启示而产生的。

PSO 算法就是对群体行为的模拟。群鸟的搜索区域对应于设计变量的变化范围，食物对应于适应度函数的最优解。在 PSO 算法中，每个优化问题的潜在解都是搜索空间的一只鸟，我们称为粒子。它们的初始值为一组随机数。所有的粒子都有函数决定其适应值，并且每个粒子都有一速度决定它们的飞行方向和飞行距离，然后粒子群都将追随最优粒子在解空间进行搜索。在迭代开始后，每一个粒子都根据两个“极值”来更新自己：第一，就是粒子本身所找到的最优解，我们称它为个体极值（ $pbest_i$ ）；第二，就是整个粒子群体目前找到的最优解，我们称为全局极值($gbest$)。当然，我们也可以仅仅用部分粒子作为粒子的邻居，那么所有邻居中的极值，就是局部极值。

在 PSO 算法中，粒子通过以下公式来不断更新自己的速度和位置：

$$v_{id}^{k+1} = v_{id}^{k} + c_1 r_1 \left(pbest_{id}^{k} - X_{id}^{k} \right) + c_2 r_2 \left(gbest_{d}^{k} - X_{id}^{k} \right) \tag{24-14}$$

$$X_{id}^{k+1} = X_{id}^{k} + v_{id}^{k+1} \tag{24-15}$$

式中： v_{id}^{k+1} 为第 i 个粒子在第 k+1 迭代中 d 维的速度； c_1、c_2 为认识学习因子和社会学习因子，通常情况下取 c_1=c_2=2； r_1、r_2 为[0,1]之间的均匀分布随机数； X_{id}^{k} 为粒子 i 在第 k 迭代中 d 维的位置； $pbest_{id}^{k}$ 为粒子 i 在第 k 次迭代中个体极值点的位置； $gbest_{d}^{k}$ 为整个粒子群在第 d 维的全局极值点的位置。

24.2.4.2　PSO 算法粒信息交换方式及分析

粒子群可以认为是粒子在 D 维空间内，按一定规律传递信息，并根据信息的变化改变自身状态所产生的自组织行为。图 24-3 是粒子群算法粒子间信息传递的示意图。

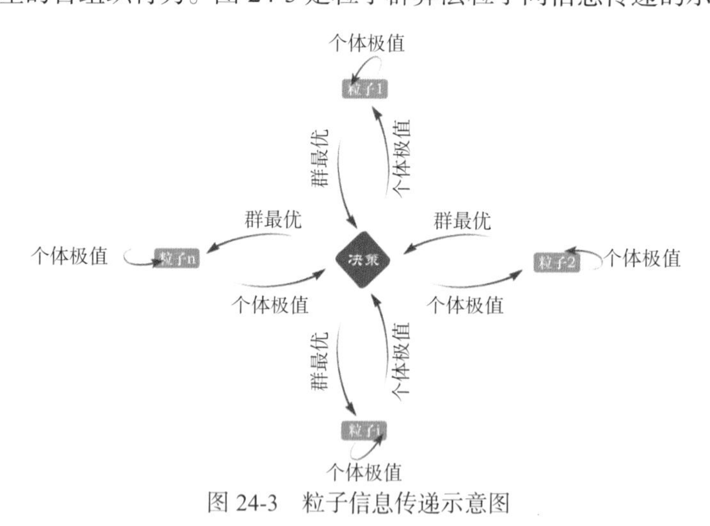

图 24-3　粒子信息传递示意图

粒子群的信息主要来自由各粒子的个体极值构成的矩阵： $P=(\overline{p_1},\overline{p_2},\cdots,\overline{p_n})$ 。基本 PSO 算法中，粒子从 P 中提取的信息有群体最优位置全局极值 $\overline{p_g}$ 和每个粒子自身经历最优位置个体极值 $\overline{p_1}$ 。群体最优位置使得粒子能够快速收敛形成粒子群，并对全局极值的邻域进行搜索；个体自身经验最优位置保证粒子不至于过快收敛到群最优，而陷入局部极小点，使得粒子能够在一次迭代中对个体极值和全局极值之间的区域进行搜索。

PSO 算法之所以有高效的搜索性能，是因为群体的合作。每个粒子能够向群体提供信息并且每个粒子又能够协助其它粒子进行搜索。每个事物的优缺点是辩证的，PSO 算法的缺点也正是由于其群体搜索的高效率而导致算法易于陷入局部最优。那么如何避免陷入局部最优，以提高算法的性能呢？当前，一些学者对基本 PSO 算法作了各式各样的改进。

24.2.4.3 免疫粒子群算法（IA-PSO）

免疫粒子群算法（IA-PSO）是将免疫进化算法与粒子群算法相融合的混合算法，它将待求解问题视为抗原，每一个抗体都代表问题的一个解，同时每个抗体也即是粒子群中的一个粒子。抗原与抗体的亲和力由粒子群算法中的适应度来衡量，反映了对目标函数以及约束条件的满足程度；抗体之间的亲和力则反映了粒子之间的差异，即粒子群的多样性。

IA-PSO 算法分为 3 个部分：基本 PSO 的实现、免疫记忆和免疫调节的实现以及接种疫苗和免疫选择。免疫记忆是指免疫系统能将与入侵抗原反应的部分抗体作为记忆细胞保存下来，当同类抗原再次入侵的时候，相应的记忆细胞被激活而产生大量的抗体。借鉴这种思想，在 IA-PSO 算法的进化过程中通过计算适应度函数，求出当前粒子群中的全局极值，由全局极值生成新的最佳粒子作为记忆粒子保存下来，用它们代替那些新生而不符合要求的粒子；免疫自我调节则是一种维持免疫平衡的机制，能通过对浓度高（或浓度低）的抗体的抑制（或促进）作用，在进化过程中自我调节产生适当数量的必要抗体。在 IA-PSO 算法中则表现为减少浓度过高粒子的数量，保持各适应度层次的粒子维持一定的浓度。

免疫接种的实现主要分为 3 个阶段：提取疫苗、接种疫苗和免疫选择。算法从所求解问题的先验知识中提取出若干特征信息，作为“疫苗”来更改粒子中的某些分量，即所谓的“接种疫苗”，从而达到指导搜索过程的目的。但经过接种后的粒子还要通过免疫选择机制来抑制其可能发生的退化现象，即如发现接种后粒子的适应度小于接种前，则舍弃，反之保留原粒子。

24.2.4.4 基于 PSO 算法参数的改进技术

对 PSO 参数的研究，主要针对惯性权重 w、学习因子 c_1 和 c_2，其中对 PSO 参数取值的改进技术中研究最多的是关于惯性权重的取值问题。PSO 最初的算法是没有惯性权重的。自从 PSO 基本算法中对粒子的速度和位置更新引入惯性权重，包括 Eberhart、Shi 等在内的许多学者对其取值方法和取值范围作了大量的研究。目前大致可分为固定惯性权重取值法、线性自适应惯性权重取值法、非线性惯性权重取值法等。最初的 PSO 算法可认为是将惯性权重固定为 1，后来 Shi 等建议按照线性递减规律改变惯性权重取值，其具体计算公式为

$$w(t)=\frac{iter_{\max}-iter}{iter_{\max}}\left(w_{\max}-w_{\min}\right)+w_{\min} \tag{24-16}$$

式中：$iter$ 为当前进化代数；$iter_{\max}$ 为最大进化代数；$w_{\max}$ 为初始惯性权重；$w_{\min}$ 为最终惯性权重。

线性惯性权重的引入可以调节 PSO 的局部与全局搜索能力。为改善 PSO 局部与全局

搜索，增强 PSO 对复杂系统的寻优能力，Shi 等又提出模糊惯性权重取值法。该法需要在优化之前根据专家知识建立模糊控制规则，具体规则有 9 条，即有两个输入和一个输出，每个输入和输出定义了 3 个模糊集。其中，一个输入为当前的全局最好适应值，另一个为当前的惯性权重，而输出为惯性权重的变化。张丽平等提出随机惯性权重取值法，以更好地平衡算法在搜索过程中的寻优能力，使其更好地适应复杂系统的实际环境。其方法是先根据适应值定义一个最优适应值变化率 k，即

$$k = [f(t) - f(t-10)] / f(t-10) \tag{24-17}$$

式中：$f(t)$ 为种群在第 t 代的最优适应值；$f(t-10)$ 为种群在第 $(t-10)$ 代的最优适应值；k 为在进化 10 代内最优适应值的相对变化率，惯性权 w 将按下式取随机值，且其数学期望值将随 k 而变。

$$\begin{cases} w = \alpha_1 + \dfrac{r}{2.0}, & k \geqslant 0.05 \\ w = \alpha_2 + \dfrac{r}{2.0}, & k < 0.05 \end{cases} \tag{24-18}$$

式中：r 为均匀分布于[0，1]之间的随机数；α为平整度。

当 $k \geqslant 0.05$ 时，期望值 $E(w) = w_1 + 0.25$；而当 $k < 0.05$ 时，期望值 $E(w) = w_2 + 0.25$，且令 $\alpha_1 > \alpha_2$。

为了改善算法的收敛速度和对多维空间的精细搜索能力，Chatterjee 等[59]提出非线性惯性权重的 PSO，其惯性权重的自适应变化式为

$$w(t) = \left[\frac{(iter_{\max} - iter)^n}{{iter_{\max}}^2} \right] (w_{\max} - w_{\min}) + w_{\min} \tag{24-19}$$

式中：n 为非线性调节指数。对 n 取值为 0.6、0.8、1.0、1.2 和 1.4 等作了实验研究，给出不同指数取值时，惯性权重随进化迭代次数的变化规律。其中，当 n 取值为 1.0 时，惯性权重为线性变化规律。

为改善线性减小惯性权重存在的不足，王启付等[60]提出了一种动态改变惯性权重的粒子群算法，即在优化迭代过程中，惯性权重值随粒子的位置和目标函数的性质而变化，从而增强了搜索方向的启发性。其方法是在惯性权重计算中引入工程指数项 e，即

$$w(t) = e^{-\alpha^l / \alpha^{t-l}} \tag{24-20}$$

其中

$$\alpha^l = \frac{1}{m} \sum_{i=1}^{m} \left| f(x_i^t) - f(x_{\min}^t) \right|, \ t = 0,1,2,\cdots$$

$$f(x_{\min}^t) = \min_{i=1,2,\cdots,m} f(x_i^t)$$

式中：$f(x_i^t)$ 为第 i 个粒子在第 t 迭代的适应度值；$f(x_{\min}^t)$ 为最优粒子在第 t 迭代的适应度值。

计算 α^l 指标是用来判断目标函数的平整度，如果 α^l 较大，则目标函数的平整性较差。

每次迭代时 α^l 指标都根据所得函数值进行变化，这样使原来随着搜索过程线性减小的 w 变成随搜索位置改变而动态改变 $w(t)$。由于在权重 $w(t)$ 中充分利用了目标函数的信息，使搜索方向的启发性增强。

除了对惯性权重取值方式的研究，同时还对其取值区间的探讨，目前除了将其固定为 1.0 之外，还有 [0.9,0.4]、[0.95,0.2]、[1.4,0] 等。

24.3　模拟模型求解

根据水库调度优先控制线模拟模型，结合乌溪江流域下游需水量、水库来水量以及水库库容、能力等特征属性，以日为计算时段，从 2009 年 4 月 15 日水库发电死水位开始模拟计算至 1958 年 1 月 1 日。湖南镇水库历年逐月月末蓄水量见表 24-3。基于以上计算结果，考虑供水保证率因素影响剔除特殊干旱年份，取其他年份逐月月末蓄水量的上部外包线，成果见表 24-4 和图 24-4。

表 24-3　湖南镇水库历年逐月月末蓄水量过程成果表　　单位：万 m^3

年份	1月	2月	3月	4月	5月	6月	7月	8月	9月	10月	11月	12月
1958	46041	45243	44884	44924	56983	57220	52729	50062	47207	50354	48537	46371
1959	45806	44889	45098	45134	45075	46211	50535	51598	57951	53530	46963	45885
1960	46271	46182	44884	44922	49579	51118	49839	65314	61395	57235	47925	46323
1961	45398	45007	44953	44915	45790	54197	60463	59523	52715	49824	46328	46634
1962	46715	46096	44981	44884	46110	46180	47762	54271	51753	51092	49193	49129
1963	55487	54906	54939	45594	50313	52453	55900	54004	56243	53795	45790	45298
1964	45019	45076	44983	44942	46160	58960	64688	61848	55251	52853	55483	53454
1965	46613	45060	45058	45321	46798	47348	49529	56653	52744	47446	45321	45361
1966	45375	45033	44907	46069	46877	48513	72007	68577	59614	51702	46681	46275
1967	46130	45117	45117	44909	45703	84453	87518	83035	72135	60941	52687	50297
1968	48374	46491	45538	44884	48011	48666	74467	70795	62998	54271	47081	45130
1969	45037	44954	44898	44887	47944	47874	62797	61942	55969	53596	47425	46327
1970	45258	45229	44884	44884	45759	47478	58031	56380	48931	48744	46870	45865
1971	46033	45405	45423	47012	58936	72924	71226	65031	54499	53424	48387	46641
1972	46603	44884	44934	44887	46137	47154	47032	54694	52154	47117	45870	45464
1973	45120	45055	44909	44884	44884	46585	56909	53794	52682	51550	49669	47576
1974	45714	45128	45117	44963	49602	50019	50062	61101	57161	48231	45641	45130
1975	45020	45098	44892	44957	45459	45750	46217	54208	48954	44944	45300	47506
1976	46805	45568	44884	44884	45777	45683	65453	63647	52737	47432	46848	45899
1977	44920	45002	45448	44884	45510	53418	54759	54795	52850	53282	48204	46112

续表

年份	1 月	2 月	3 月	4 月	5 月	6 月	7 月	8 月	9 月	10 月	11 月	12 月
1978	45327	45317	45002	44900	47853	89113	87743	82450	69993	61531	52698	49722
1979	47736	45757	45118	44931	50397	58288	61267	59675	63305	59110	50325	47546
1980	45858	44944	44884	44884	45701	49639	46854	49476	54754	50002	47422	46663
1981	45627	45188	44884	57932	57296	59530	64880	61897	51418	46819	45882	46033
1982	45491	44999	44896	44889	46476	48192	47978	61531	54207	50287	44924	45861
1983	45596	44946	44982	44960	47360	46748	63687	61087	53060	52609	49012	46582
1984	45762	44954	45045	44884	45644	53940	59772	61249	53846	51494	46542	45567
1985	45029	44984	44884	45204	46170	56874	58146	60035	54109	52253	46415	46814
1986	46323	45326	45312	44884	57296	58962	69628	67308	56459	49483	47470	46938
1987	46105	45825	44992	44884	45466	46193	52110	51321	48308	45515	45505	46902
1988	45793	44890	44920	44884	50051	54896	55014	48819	57123	62272	49062	46879
1989	45109	44993	45103	44884	46058	45865	52887	52835	55702	53459	47916	46081
1990	45163	44884	44890	44884	46825	55438	56214	49853	46646	48950	46297	46116
1991	44908	45037	44884	44884	56985	58962	69588	67403	58247	53443	47528	46210
1992	45457	44960	44884	44916	47932	46819	49359	47236	56199	55540	47120	45189
1993	45956	45706	44895	44884	45238	45864	61345	61765	55612	49773	46191	46125
1994	45440	44909	44921	46770	49809	57418	56426	60423	57906	52577	47746	44915
1995	45088	45175	44954	44884	46565	45477	73121	69857	69141	55572	49571	47500
1996	45775	45704	45284	45645	50043	46437	50402	62459	64519	55258	50043	47617
1997	46068	45422	45367	44904	48260	46952	45751	56711	56361	52476	46657	45069
1998	44884	44909	44905	44913	48364	48334	65496	67497	59772	53727	47205	46720
1999	45507	45487	44998	44884	46325	47523	45295	44884	63590	55329	48934	46982
2000	45523	45327	44913	48777	50226	47761	50701	54441	54134	46648	45541	45389
2001	44982	45050	44920	44921	46956	47639	47828	58763	58616	51186	45979	45856
2002	45657	45010	45010	44884	50354	50861	46765	50205	50200	48467	46256	44950
2003	45487	44906	44939	44932	57296	75530	76493	70795	66141	58272	49483	47454
2004	45641	45390	44935	44912	47424	53065	48901	48258	57730	56290	47180	45801
2005	45050	44884	44897	44912	44884	49795	48042	49479	59449	50786	45237	45576
2006	45149	45230	44884	44884	45236	52845	54060	52418	59818	54720	46366	45659
2007	45576	45346	44884	45071	47389	48134	49576	48468	48478	54444	48435	46020
2008	45992	45308	45261	47921	49170	47624	51339	56901	52789	48736	48295	47609

表 24-4 湖南镇水库调度优先控制线研究成果表

月份	1	2	3	4	5	6	7	8	9	10	11	12
月末蓄水量/万 m^3	55487	54906	54939	57932	57296	59530	76493	70795	69141	62272	55483	53454

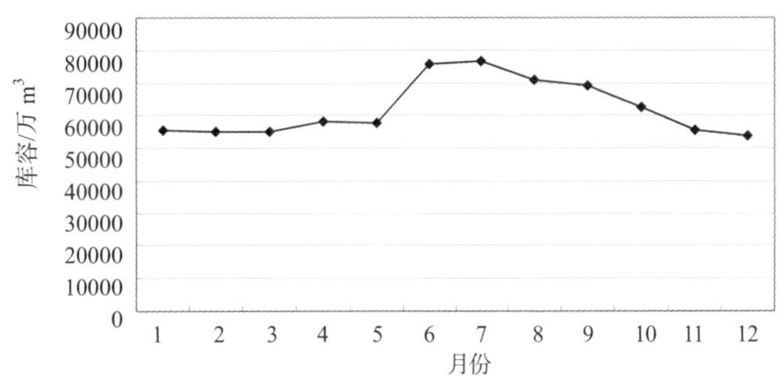

图 24-4 湖南镇水库调度优先控制线成果图

24.4 优化模型求解

本研究选用 IA-PSO 算法进行求解，具体求解步骤如下：

（1）适应度函数的设计。适应度函数是粒子群优化算法的一个重要组成部分，粒子的个体最优值和种群的全局最优值是通过衡量粒子的适应度大小来取得的。本研究通过退火精确罚函数法将梯级水库优化调度问题转换为无约束问题。因此，模型的适应度函数应设计为两部分：一部分为模型的目标函数；另一部分为体现粒子对模型约束条件适应能力的罚函数，即

$$f\left(X_i\right)=\sum_{j=1}^{K}\sum_{t=1}^{T}E_{j,t}^{i}-ph_{ar}^{i}-ph_{q}^{i} \quad \forall t\in T,\ j=1,2 \tag{24-21}$$

式中：$f\left(X_i\right)$为第i个粒子的适应度函数；$E_{j,t}^{i}$为第j个水电站第t时段的发电量；ph_{ar}^{i}为粒子 i 违反保证率约束的罚函数；ph_{q}^{i}为粒子i违反下游河道生态环境供水多年平均值约束的罚函数。

罚函数的设计是整个适应度函数实际的重中之重，采用退火精确罚函数法，构造步骤如下：

$$ph_{ar}^{i}=\sigma_k\times\beta_1\times\left|gu_{ar}^{i}\right| \tag{24-22}$$

$$ph_{q}^{i}=\sigma_k\times\beta_2\times\left|gu_{q}^{i}\right| \tag{24-23}$$

式中：β_1、β_2为转换系数，使保证率和流量同发电量转换到同一个量级上；$gu_{ar}^{i}\right|$为保证率违反约束的程度；$gu_{q}^{i}\right|$为流量违反约束的程度；σ_k为罚因子，$\sigma_k=1/T$，$T=\alpha\times T$，$\alpha\in\left[0,1\right]$。该因子吸取了模拟退火的思想，随着$T$逐渐下降，即$\sigma_k$逐渐增大，其增加速度由温度冷却参数$\alpha$来控制。这样随着进化的不断进行，$\sigma_k$逐渐增大，使解群趋于可行解。罚函数的形式采用了不可微精确罚函数。由于 PSO 算法对问题的可微性没有限制，因此克

服了基于梯度型算法不能处理不可微函数的缺陷，从而能够有效地求得可行的极值点。

（2）模型参数取值。湖南镇-黄坛口梯级水库优化调度模型求解需要径流量和需水量等输入参数，水库枢纽出力、用户供水保证率等约束参数以及 IA-PSO 算法参数三类。其中径流量和需水量等输入参数采用工作基础的水资源系统调查评价和需水量分析预测成果，水库枢纽出力、用户供水保证率等约束参数依据水库特征参数以及用户用水要求分析得到（见表 24-5），IA-PSO 算法参数应根据不同组合分析确定。

表 24-5　模型参数取值表

参数	取值	参数	取值	参数	取值
P_c	95%	$V_{1t,\min}$/亿 m^3	4.48	$N_{1,\max}$/万 kW	27
P_r	90%	$V_{1t,\max}$/亿 m^3	15.84	$N_{2,\max}$/万 kW	8.2
R_e/(m^3/s)	0.75	$V_{2t,\min}$//亿 m^3	0.73	$N_{1,\min}$/万 kW	0
W_e/亿 m^3	8	$V_{2t,\max}$/亿 m^3	0.79	$N_{2,\min}$/万 kW	0

（3）IA-PSO 算法求解步骤。

第一步：参数初始化。

第二步：初始化种群位置和速度。在各时段允许的水位范围内，随机生成 N 组 D 维水位向量（即水库时段末水位变化序列）$(Z_1^1,Z_1^2,\cdots,Z_1^D),\cdots,(Z_N^1,Z_N^2,\cdots,Z_N^D)$，以及 N 组 D 维速度向量（即时段末水位涨落速度变化序列）$(v_1^1,v_1^2,\cdots,v_1^D),\cdots,(v_N^1,v_N^2,\cdots,v_N^D)$，随机初始化 N 个粒子。

第三步：计算各粒子适应度。

第四步：更新粒子速度及位置，产生新一代 N 个粒子。将 $gbest$ 作为记忆粒子保存下来。

第五步：免疫记忆与免疫调节。①检测新产生的 N 个粒子，若粒子所在的位置是不可行解，则用记忆粒子代替。②若粒子所在位置是可行解，则在新生代 N 个粒子的基础上，随机生成满足约束条件的 M 个新粒子，根据各粒子适应度计算粒子浓度，然后对 $M+N$ 个粒子进行排序，基于粒子浓度的概率较大的前 N 个粒子被选中，作为进化的下一代。具体计算过程如下：

第 i 个粒子的浓度定义如下：

$$D\left(X_i\right)=\frac{1}{\sum\limits_{j=1}^{N+M}|f\left(X_i\right)-f(X_j)|}\text{，}\quad i=1,2,\cdots,N+M \tag{24-24}$$

基于粒子浓度的概率选择公式如下：

$$P\left(X_i\right)=\frac{\dfrac{1}{D\left(X_i\right)}}{\sum\limits_{i=1}^{N+M}\dfrac{1}{DX_i}}\text{，}\quad i=1,2,\cdots,N+M \tag{24-25}$$

第六步：免疫接种的实现。①疫苗制作：在进化过程中，按式（24-24）计算每一代粒子在每个分量上的浓度，并设置一个浓度阈值 ξ，当某一分量的浓度超过 ξ 时，则将该分量的特征值提取出来作为疫苗。提取不同的分量就可以得到若干不同的疫苗。②接种疫苗：按一定比例α在当前粒子群中抽取一定数量的粒子个体，并按先前提取的疫苗对这些个体的某些分量进行修改，使所得的个体以较大的概率接近全局最优解。③疫苗选择：对接种了疫苗的个体进行适应度值计算，若该个体的适应度不如接种前，则取消疫苗接种，否则保留该个体。

$$S(Z_d)=\frac{1}{\sum_{j=1}^{N}|Z_d^i-Z_d^j|},\quad \forall i\in[1,N] \tag{24-26}$$

式中：Z_d为粒子第d维分量；$S(Z_d)$为分量Z_i的浓度。

第七步：判断是否达到终止条件，停止条件通常由最大迭代次数和所需达到的预测精度决定。若已经到达条件，寻优停止；若没有达到条件则转第三步，继续执行。

IA-PSO算法计算流程如图24-5所示。

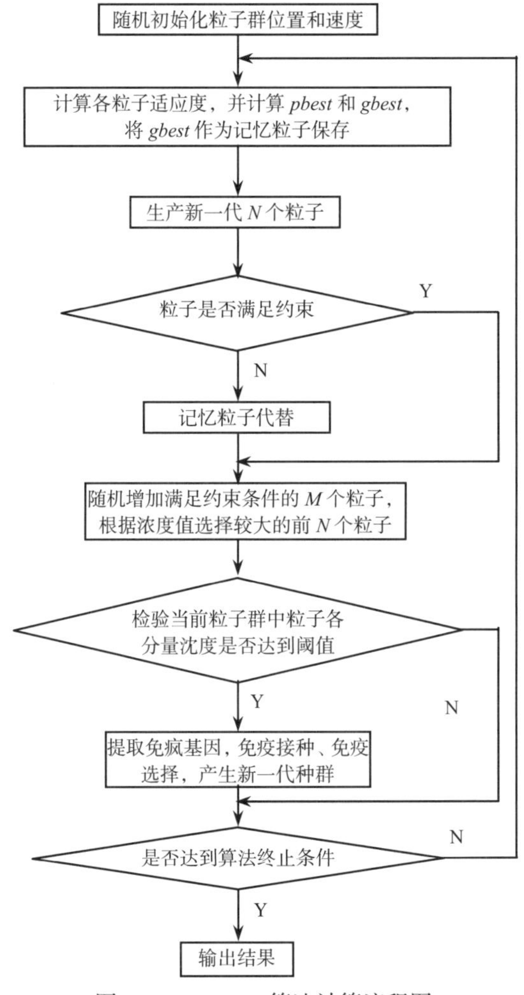

图24-5　IA-PSO算法计算流程图

（4）IA-PSO算法求解成果。以1958—2009年湖南镇库区及湖-黄区间来水量、“三线”供水区需水量为数据基础，采用VB语言编程计算，IA-PSO算法求解结果及分析如下。

IA-PSO 算法参数设置为：进化代数 p 设定为 100，种群规模 N 设定为 100，惯性权重 w 初值设为 1.2，终值为 0.8，学习因子和社会因子取 $c_1 = c_2 = 2$，新增粒子数 M 为 100，每次进行疫苗接种的随机粒子数取 2。

为了确定浓度阈值 ξ 的取值，分别取一组值进行试验。试验结果显示：当 ξ 取不同值时，优化结果均能满足修改后模型的约束条件，但是目标函数取值不同。当 ξ 取不同值时，目标函数取值情况如图 24-6 所示。

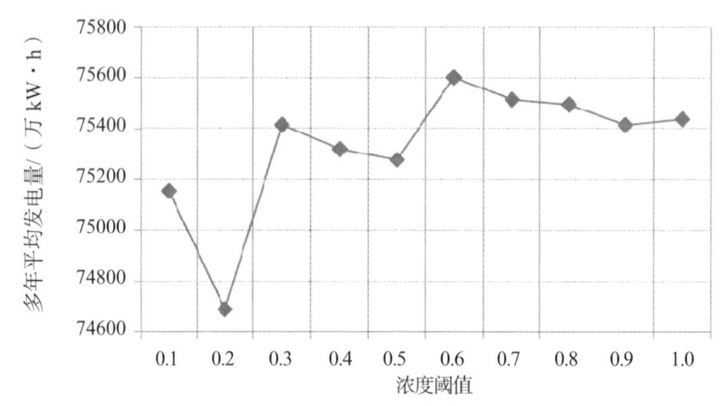

图 24-6　不同浓度阈值优化结果图

由图 24-6 可以看出，在同样满足修改后模型约束条件的基础之上，当浓度阈值 ξ 为 0.6 时，修改后模型的目标函数取值最大。分析浓度阈值对优化结果的影响，可以知道，阈值若过大，则无法提取足够的有效特征信息；若过小，容易造成提取的疫苗无效，使得微粒接种后的适应值小于接种前的适应值。

优化结果如图 24.7 所示。

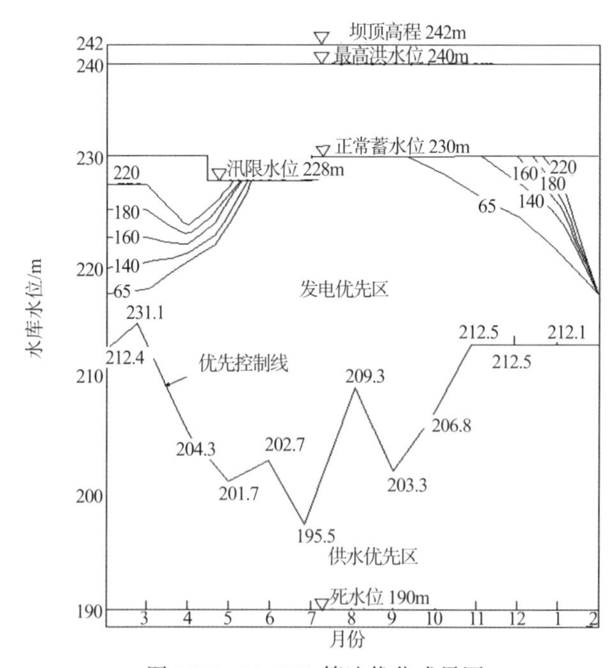

图 24-7　IA-PSO 算法优化成果图

24.5　模拟模型和优化模型求解成果验证分析

24.5.1　模拟模型求解成果验证分析

根据湖南镇水库优先控制线成果及乌溪江电厂调度规则，结合梯级水库供水区现状基准年和2020水平年的需水量，采用23.3节水资源供需平衡分析模型，通过长系列模拟分析计算，得出梯级水库水资源系统各项目标成果见表24-6。

表24-6　梯级水库水资源系统水资源供需分析成果表（基于模拟模型成果）

范围	用水户	供水保证率/%	
		现状基准年	水平年
西线供水区	生活、重要工业	96.2	96.2
	一般工业	96.2	90.4
	农业用水（含养殖业）	96.2	96.2
中线供水区	生活、重要工业	96.2	96.2
	一般工业	96.2	90.4
	农业用水（含养殖业）	96.2	96.2
东线衢州供水区	生活、重要工业	96.2	96.2
	一般工业	96.2	90.4
	农业用水（含养殖业）	96.2	96.2
东线金华供水区	农业用水	100.0	100.0
下游河道	生态基流	100.0	100.0
	生态环境用水量	占多年平均径流量45.3%	

注　乌溪江电厂多年平均发电量。

由表24-6可以看出：在不改变乌溪江电厂总体功能定位的情况下，通过逆时序递推结合外包线方法确定的优先控制线，可以有效协调湖南镇水库发电和各行业用水的矛盾。模拟结果表明：按照优先控制线对湖南镇水库进行调度，梯级水库供水区东、中、西三线现状基准年、2020水平年用水需求都能得到满足。

24.5.2　优化模型求解成果验证分析

采用IA-PSO算法求解出的湖南镇水库优先控制线成果（见图24-7），结合梯级水库供水区现状基准年和2020水平年的需水量，采用23.3节水资源供需平衡分析模型，通过长系列模拟分析计算，得出梯级水库水资源系统各项目标成果见表24-7。1958—2009年逐年湖南镇、黄坛口水库发电量成果如图24-8所示。

表 24-7　梯级水库水资源系统水资源供需分析成果表（基于优化模型成果）

范围	用水户	供水保证率/%	
		现状基准年	水平年
西线供水区	生活、重要工业	96.2	96.2
	一般工业	96.2	90.4
	农业用水（含养殖业）	96.2	96.2
中线供水区	生活、重要工业	96.2	96.2
	一般工业	96.2	90.4
	农业用水（含养殖业）	96.2	96.2
东线衢州供水区	生活、重要工业	96.2	96.2
	一般工业	96.2	90.4
	农业用水（含养殖业）	96.2	96.2
东线金华供水区	农业用水	100.0	100.0
下游河道	生态基流	100.0	100.0
	生态环境用水量	占多年平均径流量 46.5%	

注：乌溪江电厂多年平均发电量 75606 万 kW·h。

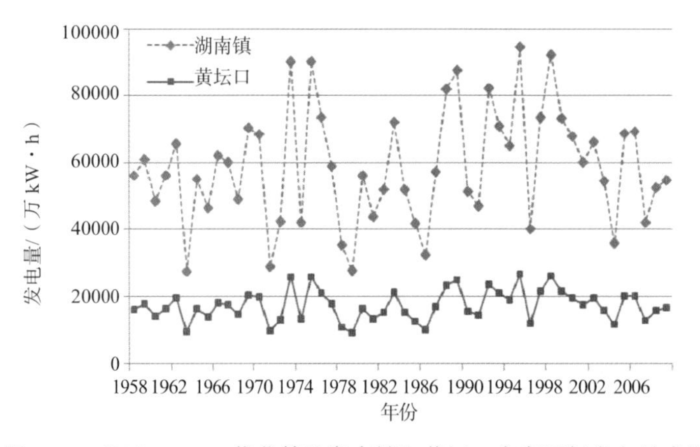

图 24-8　基于 IA-PSO 优化算法湖南镇和黄坛口水库逐年发电量成果图

第 25 章　梯级水库水资源配置方案研究

鉴于乌溪江流域下游水资源系统现状工程的总体布局、工程能力以及存在的主要问题，其水资源配置方案主要取决于两个方面：一方面是如何协调发电和“三线”用水之间的矛盾；另一方面是如何协调“三线”用水户之间及其与河道内生态环境用水之间的矛盾。

25.1　汛期分期方案

为分析不同汛期对水库调度的影响，根据第二部分研究成果这里设置 2 个汛期方案，具体内容见表 25-1。关于汛期分期方案 2 的说明：根据第 2 章双塔底站（代表研究区域）研究成果，模糊统计法确定的汛前过渡期为 4 月 15—30 日、汛后过渡期为 8 月 20 日至 9 月 20 日；分形理论确定的汛前过渡期为 4 月 15 日至 5 月 25 日、汛后过渡期为 8 月 2 日至 9 月 30 日。洪家塔代表性雨量站 90d 降水集中期分析成果为 4 月 5 日至 7 月 3 日。综合以上分析成果，结合水库实际调度管理工作，确定汛前过渡期为 4 月 15—30 日、汛后过渡期为 8 月 20 日至 9 月 20 日。

表 25-1　梯级水库汛期分期方案

序号	主汛期	汛前过渡期	汛后过渡期	非汛期
汛期分期方案 1	4 月 15 日至 7 月 15 日	无	无	7 月 16 日至次年 4 月 14 日
汛期分期方案 2	5 月 1 日至 8 月 19 日	4 月 15—30 日	8 月 20 日至 9 月 20 日	9 月 21 日至次年 4 月 14 日

25.2　乌溪江电厂调度规则调整建议

鉴于研究区水资源配置方案受梯级水库调度运行规则影响较大，因此建议根据上述研究成果先调整水库调度运行规则。根据第 24 章研究成果推荐方案，调整后湖南镇水库兴利调度图如图 25-1 所示，即乌溪江电厂调度规则在原有规则的基础上增加以下两项内容：

（1）当某时段初湖南镇水库水位位于优先控制线以上区域时，发电优先，电站可以根据电网要求随时发电。若湖南镇水库出库水量和湖-黄区间来水量不能满足研究区用水要求时，湖南镇水库按下游用水要求放水发电。

（2）当某时段初湖南镇水库水位位于优先控制线以下区域时，用水优先，不用水不发电，并按用水量进行发电。

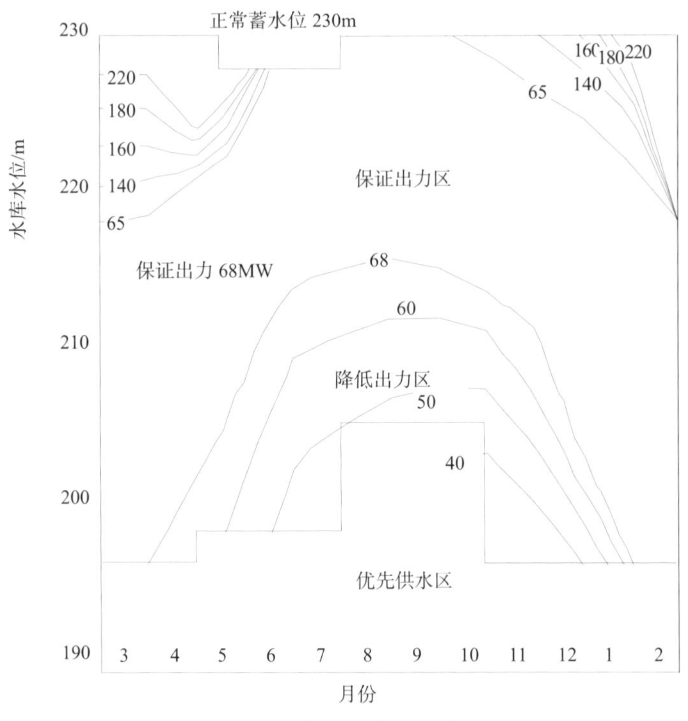

图 25-1　湖南镇水库兴利调度图

25.3　水资源配置基本原则与步骤

水资源配置原则属于水资源管理的核心内容，决定了流域水资源开发、利用和保护水平。水资源配置原则包括“以需定供”和“以供定需”两种，本项目选用“以供定需”配置原则，其具体步骤如下：

（1）可供水量分析。根据流域的水资源条件、生态和环境保护的要求以及水资源开发利用状况，在保证生活用水和保障生态与环境用水的情况下，分析确定区域或流域的可供水量。

（2）制定水资源配置方案。按照公平、高效和可持续的原则，根据流域的可供水量，制定水资源配置方案，确定在某一水平区域或流域不同用水行业（生活、生产和生态）的水资源配置量。

（3）水资源供需分析。根据不同水平年的需水预测成果和水资源配置方案进行不同水平年和不同行业的水资源供需平衡分析。

（4）制定需求满足配置量的水资源开发利用和保护战略。根据供需分析的结果制定水资源开发利用和保护战略。如果行业的供给小于需求，研究制定控制行业用水增长的工程和非工程措施；同时研究制定在区域或流域各行业用水总量一定的情况下，采用市场手段进行行业间水资源配置的政策和战略。

25.4 梯级水库可供水量分析

25.4.1 梯级水库可供水量

梯级水库可供水量是指根据梯级水库长系列来水过程和梯级水库调度运行规则确定的梯级水库放水过程，结合梯级水库供水区用水过程，扣除下游河道生态环境用水后梯级水库可用于东、中、西线供水区的水资源配置过程，即为梯级水库可供水过程，其相应的水资源量即为梯级水库可供水量。由于梯级水库来水过程具有随机性，因此梯级水库可供水过程也具有随机性，可供水量具有年际和年内不均匀特征。

25.4.2 梯级水库可供水量计算数学模型

梯级水库可供水过程 $Q_{kgs}(t)$ 计算公式如下：

$$Q_{kgs}(t)=r^2(t)-\left[Q_{jl}(t)+Q_{st}(t)\right],\quad t=(1,\cdots,365)\times n$$

式中：$r^2(t)$ 为黄坛口水库 t 时段出库水量；$Q_{jl}(t)$ 为黄坛口水库下游河道 t 时段生态基流用水量，取为 0.75m^3/s；n 为模拟计算年数；$USE(t)$ 为梯级水库供水区 t 时段用水户用水量；$Q_{st}(t)$ 为黄坛口水库下游河道 t 时段生态环境用水量，其计算公式如下：

当 $r^2(t)\leqslant USE(t)$ 时 $Q_{st}(t)=0$；当 $r^2(t)>USE(t)$ 时 $Q_{st}(t)\leqslant r^2(t)-USE(t)$；同时 $\sum\limits_{t=1}^{365\times n}Q_{st}(t)=80000$ 万 m^3。

梯级水库可供水量 $Q_{KGS}(T)$ 计算公式如下：

$$Q_{KGS}(T)=\sum_{T=1}^{n}\sum_{t=1}^{365}Q_{kgs}(T\times t)$$

25.4.3 梯级水库可供水量计算成果

利用上述模型结合 23.3 节水资源供需分析原理，进行逐日模拟计算，可以得出梯级水库可供水过程（其中部分成果见图 25-2），进而计算不同水文代表年型梯级水库可供水量成果见表 25-2。

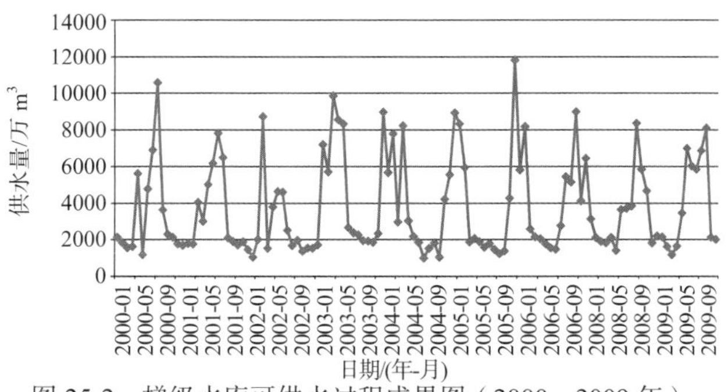

图 25-2 梯级水库可供水过程成果图（2000—2009 年）

表 25-2　不同水文代表年型梯级水库可供水量成果表

月份	梯级水库可供水量/万 m^3			
	50%(1965 年)	75%(1960 年)	90%(2004 年)	95%(1979 年)
1	3430	8322	2167	874
2	5013	3616	4068	2019
3	15908	20578	13458	11618
4	30115	19781	9374	16453
5	30114	30062	31500	28152
6	29322	29137	24165	19866
7	24081	21921	7877	8217
8	28702	29033	22321	13917
9	16534	20672	22261	10293
10	26285	22731	24559	22637
11	24119	4607	12283	4474
12	24797	3570	3912	1523
合计	258420	214030	177945	140043

25.5　梯级水库可供水量配置规则

遵循公平、高效和可持续性的原则进行梯级水库可供水量分配，本研究设定两个规则，详细内容如下。

规则一：以东、中、西三线干渠输水能力为基础，结合东、中、西三线分配水量确定的三线剩余输水能力为约束条件，按照 2020 水平年东、中、西三线需水量比例关系进行剩余水量分配。当剩余水量大于东、中、西三线剩余输水能力时，将两者水量差值配置给乌溪江下游河道。

规则二：以东、中、西三线干渠输水能力为基础，结合东、中、西三线已分配的水量确定的三线剩余输水能力为约束条件，在优先满足中线输水能力下，剩余水量按 2020 水平年东、西线需水量比例关系进行分配。当剩余水量大于东、中、西三线剩余输水能力时，将两者水量差值配置给乌溪江下游河道。

25.6　梯级水库水资源配置成果与推荐方案

根据水量配置方案的原则，结合不同水文年份乌溪江电厂可供配置的水量情况进行梯级水库供水区东、中、西三线及河道的水量配置，同时，结合《衢州市城区生态水系规划修编》提出的中线供水区内河道生态治理更多的用水需求，推荐水资源配置方案 2 作为乌溪江流域下游水量配置的推荐方案，则梯级水库供水区东、中、西三线及河道不同水文年份逐月水量配置成果见表 25-3。

表 25-3　乌溪江下游区域水资源配置成果表

月份		1	2	3	4	5	6	7	8	9	10	11	12	合计
50%(1965年)	西线	174	157	1162	1555	1555	1555	1555	1555	975	1555	1555	1555	14909
	中线	2133	3824	5184	5184	5184	5184	5184	5184	5184	5184	5184	5184	57797
	东线	928	837	9367	9850	9850	9850	9850	9850	9850	9850	9850	9850	99779
	河道	195	195	195	13526	13525	12733	7492	12113	525	9696	7530	8208	85935
75%(1960年)	西线	369	170	1555	1555	1555	1555	1555	1555	1445	1555	244	182	13297
	中线	5184	2338	5184	5184	5184	5184	5184	5184	5184	5184	2296	2217	53507
	东线	2574	913	7600	7600	7600	7600	7600	7600	7600	7600	1872	976	67132
	河道	195	195	6239	5442	15723	14798	7582	14694	6443	8392	195	195	80094
90%(2004年)	西线	94	171	908	477	1555	1555	563	1555	1555	1555	746	183	10917
	中线	1304	2785	5184	5184	5184	5184	2894	5184	5184	5184	5184	2553	51008
	东线	574	917	7171	3518	7600	7600	4225	7600	7600	7600	6158	981	61543
	河道	195	195	195	195	17161	9826	195	7982	7922	10220	195	195	54477
95%(1979年)	西线	18	81	704	1221	1555	1555	616	817	491	1555	250	49	8913
	中线	469	1207	5184	5184	5184	5184	2747	3395	4455	5184	2126	896	41215
	东线	192	536	5535	7600	7600	7600	4659	9510	5152	7600	1903	383	58268
	河道	195	195	195	2448	13813	5527	195	195	195	8298	195	195	31647

25.7　梯级水库水资源配置成果合理性分析

乌溪江流域下游产业布局调整建议的主要任务是根据水量配置方案分配给梯级水库供水区东、中、西三线水量的成果，结合东、中、西三线 2020 水平年需水量分析成果，确定东、中、西三线不同水文年份年内不同时段可供其他用户使用的水量，并提出东、中、西三线未来产业布局调整的建议。

根据东、中、西三线水量配置成果和其 2020 水平年需水量，分析东、中、西三线不同水文年份可供其他用户使用的水量，见表 25-4。

表 25-4　梯级水库供水区东、中、西三线可供其他用户使用的水量　　单位：万 m^3

月份	50%(1965年)			75%(1960年)			90%(2004年)			95%(1979年)		
	西线	中线	东线	西线	中线	东线	西线	中线	东线	西线	中线	东线
1	0	2	0	187	3050	1598	0	14	0	0	0	0
2	0	1899	0	0	341	0	0	788	0	0	0	0
3	988	3053	8439	1373	3050	6624	725	3050	6190	541	3230	4623
4	1387	3121	8954	1379	3118	6656	301	3118	2570	1039	3116	6625
5	905	2966	4868	993	2981	3380	945	2971	2969	986	2978	3347
6	1006	3051	5710	667	2988	574	476	2952	0	708	2994	949

续表

月份	50%(1965 年)			75%(1960 年)			90%(2004 年)			95%(1979 年)		
	西线	中线	东线	西线	中线	东线	西线	中线	东线	西线	中线	东线
7	1095	3001	6490	945	2972	2974	0	690	0	0	532	0
8	820	2579	1347	950	2693	906	881	2634	0	0	727	0
9	326	2715	2456	858	2770	1087	1207	2973	4331	0	2126	0
10	1209	2908	6602	927	2673	591	926	2672	585	921	2670	558
11	1352	3092	8490	0	172	0	501	3060	4282	0	0	0
12	1381	3053	8922	0	83	0	0	419	0	0	0	0
合计	10470	31440	62275	8281	26891	24387	5962	25341	20926	4196	18373	16100

由表 25-4 可知，在 50%、75%、90%、95%水文年份下，梯级水库供水区东、中、西三线配置得到的水量在满足自身供水区范围社会经济发展要求的需水量以外，分别剩余 10.42 亿 m^3、5.96 亿 m^3、5.22 亿 m^3 和 3.87 亿 m^3 水量可供其他用水户使用。从剩余水量在年内过程分布来看，中线水量分配过程较均匀，有利于工业、服务业等年内用水过程较均匀的行业布局，建议年内用水过程较均匀的用水行业向乌溪江下游中线供水区转移。同时，由于东线干渠输水能力最强，其配置的水资源量最多，但其不同水文年份年内配置水量差别较大，为合理利用东线配置的水资源，建议东线供水区范围内引进与东线可供其他用户使用水量年份分布过程基本吻合的产业。

第 26 章　特殊干旱期的应急供水方案

26.1　干旱及特殊干旱期

干旱灾害是一个世界范围的问题。Hagman 研究指出：干旱是最复杂而且又是被人们了解得最少的自然灾害，它对人类所造成的影响要远远超过其他的自然灾害。尽管目前关于干旱和干旱指标已有大量的研究，但是由于干旱的形成原因异常复杂，影响因素很多，包括气象、水文、地质地貌、人类活动等，加之研究目的不同，还没有一个可以被普遍接受的干旱定义。如 Palmer 提出干旱是“一个持续的、异常的水分缺乏”；世界气象组织定义干旱为“在较大范围内相对长期平均水平而言降水减少，从而导致自然生态系统和雨养农业生产力下降”；张景书则认为干旱是“在一定时期内降水量显著减少，引起土壤水分亏缺，从而不能满足农作物正常生长所需水分的一种气候现象”。虽然各种定义的表述不尽相同，但是这些定义中都包含有干旱的核心内容即水分缺乏。

由于对干旱理解的不同，行业不同对干旱的分类亦不同。美国气象学会在总结各种干旱定义的基础上将干旱分为 4 种类型：气象干旱(由降水和蒸发不平衡所造成的水分短缺现象)、农业干旱(土壤含水量和植物生长形态为特征，反映土壤含水量低于植物需水量的程度)、水文干旱(河川径流低于其正常值或含水层水位降落的现象)、社会经济干旱(在自然系统和人类社会经济系统中，由于水分短缺影响生产、消费等社会经济活动的现象)。

与此相似，何谓特殊干旱期截至目前仍没有统一的定义。一般认为：特殊干旱期是指长系列水文序列中最为严重的一个、几个干旱年或连续干旱年份。特殊干旱期一般具有两个主要特征：一是缺水严重；二是对于人民生活、工农业生产将产生极大的威胁和破坏。

因此探讨解决特殊干旱期水资源供需的问题，研究应急对策，对水资源开发利用及社会稳定与和谐发展都有着重要的意义。

26.2　特殊干旱期确定

26.2.1　干旱期界定

制定特殊干旱期梯级水库水资源系统供需应急供水方案，对于乌溪江流域下游水资源系统而言，其核心是湖南镇-黄坛口梯级水库的应急保障能力。由于湖南镇水库为不完全多年调节水库，其多年平均来水量为 23.66 亿 m^3，在不考虑发电需水、河道内生态环境需水情况下，下游“三线”水平年多年平均需水量远小于其来水量，因此，一般情况下乌溪江流域下游不会出现干旱缺水现象，只有发生连续干旱年才有可能出现缺水问题。下面将天然水文干旱和径流调节下干旱进行分析计算。

26.2.2　天然水文干旱期分析

按照《水文情报预报规范》（GB/T 22482—2008），距平值是指要素值与其多年平均值之差除以多年平均值的百分数，按表 26-1 划分成五个等级。分别以湖南镇水库库区历年面雨量和入库水资源量为分析要素，可以得出距平分析成果表 26-2 和图 26-1、图 26-2。

表 26-1　水文中长期预报等级表

分级	枯（低水）	偏枯（中低水）	正常（中水）	偏丰（中高水）	丰（高水）
要素距平值 D/%	$D<-20$	$-20\leqslant D<-10$	$-10\leqslant D\leqslant 10$	$10<D\leqslant 20$	$D>20$

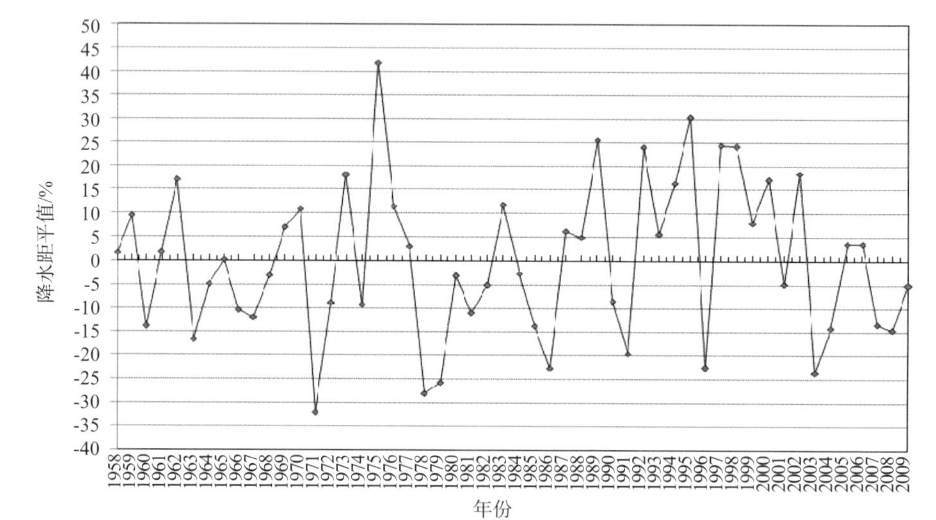

图 26-1　湖南镇库区历年降水系列距平分析成果图

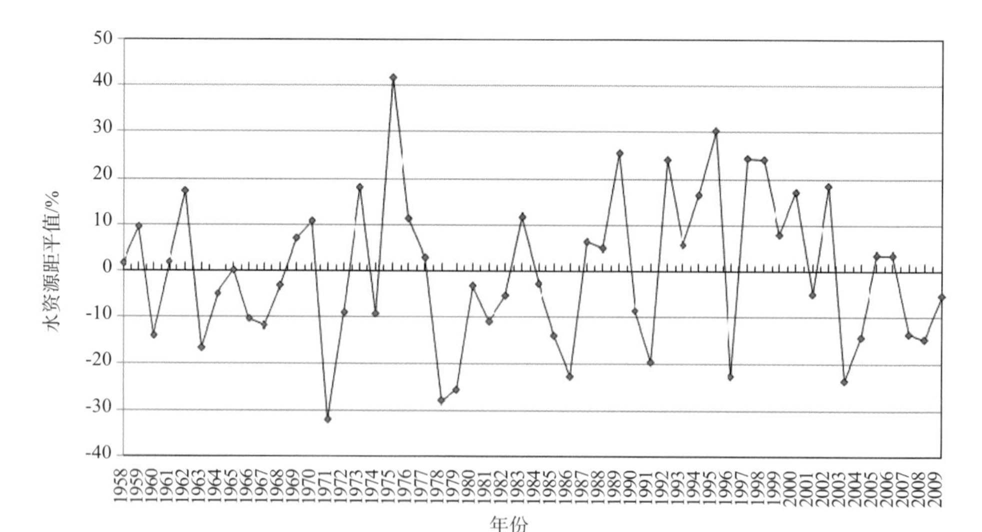

图 26-2　湖南镇库区历年水资源量系列距平分析成果图

表 26-2 湖南镇水库库区历年面雨量和水资源量距平分析成果

年份	降水量/mm	水资源量/万 m^3	降水距平值/%	水资源距平值/%	年份	降水/mm	水资源量/万 m^3	降水距平值/%	水资源距平值/%
1958	1852	215557	2	-9	1985	1569	162928	-14	-31
1959	1995	249749	10	6	1986	1407	135362	-23	-43
1960	1567	184910	-14	-22	1987	1936	258399	6	9
1961	1856	221319	2	-6	1988	1911	291252	5	23
1962	2135	259361	17	10	1989	2287	340897	26	44
1963	1517	125027	-17	-47	1990	1667	211521	-8	-11
1964	1733	216261	-5	-9	1991	1461	182611	-20	-23
1965	1823	233419	0	-1	1992	2261	340648	24	44
1966	1632	205633	-10	-13	1993	1924	275669	6	17
1967	1604	223979	-12	-5	1994	2121	300873	17	27
1968	1763	215670	-3	-9	1995	2373	388166	30	64
1969	1950	272353	7	15	1996	1409	160427	-23	-32
1970	2018	277473	11	17	1997	2266	326409	25	38
1971	1236	112341	-32	-53	1998	2261	367413	24	55
1972	1658	193026	-9	-18	1999	1965	288063	8	22
1973	2150	349664	18	48	2000	2132	290699	17	23
1974	1652	188384	-9	-20	2001	1733	219761	-5	-7
1975	2581	379800	42	61	2002	2158	298123	19	26
1976	2029	260592	11	10	2003	1390	171247	-24	-28
1977	1875	236095	3	0	2004	1562	162135	-14	-31
1978	1310	137050	-28	-42	2005	1886	267299	4	13
1979	1353	123027	-26	-48	2006	1885	266436	4	13
1980	1762	232213	-3	-2	2007	1575	191412	-13	-19
1981	1621	177837	-11	-25	2008	1554	193902	-15	-18
1982	1727	205167	-5	-13	2009	1727	220965	-5	-7
1983	2035	283001	12	20	均值	1820	236607	0	0
1984	1771	212048	-3	-10					

由上述可以看出：

（1）按照 GB/T 22482—2008，以湖南镇库区降水和水资源长系列为基础进行距平值分析，两者的长系列变化趋势基本一致，而且水资源长系列资料距平值的变化幅度比降水长系列资料的变化幅度更大。这是因为与多年平均值比较，降水量大的年份，其全年径流系数更大；而降水量小的年份，其全年径流系数更小。

（2）按照 GB/T 22482—2008，降水资料分析成果中，偏枯年份 9 年，枯水年份 7 年；

水资源资料分析成果中，偏枯年份 7 年，枯水年份 12 年。总体趋势上分析两者基本对应，只是以水资源系列资料分析，干旱程度相对更加严重。这一结果既与年径流系数有关，也与年降水量的年内时程分布有关。根据研究目标，本项目采用水资源长系列资料分析成果为依据。

（3）根据本项目研究特点，尽管部分年份降水量、水资源量偏少，如 1963 年、1971 年、1996 年，但由于其不属于连续干旱，因此不会对整个乌溪江流域下游水资源供需关系产生较大影响。

综上所述，本研究确定天然水文干旱期为 1978—1979 年、1985—1986 年、2003—2004 年。

26.2.3　径流调节下干旱期分析

对于由湖南站-黄坛口梯级水库水资源系统能够对径流进行有效调节，因此对水资源系统进行干旱分析应考虑不同时段之间的水量传递关系。对于径流系列，前一时段径流量相对于实际用水的盈、亏水量可以传递到下个时段，从时段 t=1 到 t=k–1 的盈、亏传递水量可以用下式表示：

$$\Delta W(t)=\sum_{t=1}^{k-1}\left[Q(t)-USE(t)\right] \tag{26-1}$$

若 $\Delta W(t)<0$ ，则 $\Delta W(t)=0$ ；若 $\Delta W(t)>S_{\max}$ ，则 $\Delta W(t)=S_{\max}$ 。

时段 t 内的有效径流量 $\sum Q(t)$ 定义为本时段径流量 $Q(t)$ 与前期盈亏传递水量之和，即

$$QZ(t)=Q(t)+\Delta W(t-1) \tag{26-2}$$

式中：$\Delta W(t)$ 为 t 时段传递给下一时段的水量；k 为计算时段总数；$Q(t)$ 为 t 时段水库来水量；$USE(t)$ 为 t 时段水库需水量；$S_{\max}$ 为水库兴利库容；$QZ(t)$ 为 t 时段有效径流量。

若 $QZ(t)<USE(t)$，则认为发生干旱，其差值即为缺水量，单位时段缺水量即为缺水强度。根据湖南镇水库 1958—2009 年长系列逐月径流资料和现状基准年下游各用水户需水量，按照上述原理进行模拟分析，对缺水年份计算成果进行统计，成果见表 26-3。

表 26-3　乌溪江下游径流调节下干旱分析成果

序号	缺水时段/（年-日）	缺水月数	缺水程度*/%	缺水时期
1	1960-12—1961-01	2	15	非汛期
2	1961-10—1962-02	5	35	非汛期
3	1964-11—1965-01	3	64	非汛期
4	1966-10—1967-01	4	52	非汛期
5	1967-09—1968-02	6	74	台汛、非汛期
6	1968-10—1968-12	3	63	非汛期
7	1971-08—1972-01	6	43	台汛、非汛期
8	1976-10—1976-12	3	33	非汛期
9	1978-08—1979-02	7	66	台汛、非汛期

续表

序号	缺水时段/（年-日）	缺水月数	缺水程度*/%	缺水时期
10	1986-01	1	41	非汛期
11	1986-10—1987-02	5	41	非汛期
12	1991-09—1991-12	4	47	台汛、非汛期
13	1995-10—1996-02	5	54	非汛期
14	1996-11—1997-01	3	50	非汛期
15	1998-11—1999-02	4	47	非汛期
16	2003-09—2004-03	6	54	台汛、非汛期

* 缺水程度是指时段缺水量与时段用水户需水量的比值。由于实际水库调度运行过程中，受多种因素影响和制约，本方法计算出的缺水量不同于前文的长系列模拟计算。这里的缺水量和缺水深度是用来确定特殊干旱期的一项指标。

由表 26-3 可以看出：

（1）按照本研究方法，52 年长系列中，缺水历时 5 个月的有 2 次，缺水历时 6 个月的有 3 次，缺水历时 7 个月的有 1 次。在缺水历时超过 5 个月的各次缺水中，缺水程度超过 70%的有 1 次，缺水程度在 60%~70%之间的有 1 次，缺水程度在 50%~60%之间的有 2 次。

（2）按照本研究方法，52 年长系列中，各次缺水均发生在非汛期，有 5 次台汛和非汛期连续缺水，梅汛期没有发生缺水现象。

（3）由于台汛期是农业用水的高峰期，需水量较大，而非汛期用水量相对较小，并且需水过程较平稳。因此，重点分析包括台汛期在内的缺水时段，对解决干旱问题更加有力。

基于上述三个方面，本研究确定径流调节下的干旱期为 1967—1968 年、1971—1972 年、1978—1979 年、1995—1996 年、2003—2004 年。

综合上述分析成果，本项目确定重点研究干旱期为：1967—1968 年、1971—1972 年、1978—1979 年、1985—1986 年、1995—1996 年、2003—2004 年。

26.2.4 典型年选择

分析上述重点研究干旱期湖南镇水库水资源量年内时程分布，成果见表 26-4、表 26-5。按梅汛期、台汛期、非汛期分别统计长系列水资源量，进行连续干旱年时程分布分析和频率分析，成果见表 26-6、表 26-7。分析按梅汛期、台汛期、非汛期分别统计长系列蒸发量，计算连续干旱年相应蒸发量的分布规律，成果见表 26-8。

表 26-4 湖南镇水库指定年份水资源量年内分布系数表

月份	1967 年	1968 年	1971 年	1972 年	1978 年	1979 年	1985 年	1986 年	1995 年	1996 年	2003 年	2004 年	多年平均
1	0.8	0.2	1.7	0.4	3.6	0.4	3.0	0.9	3.2	2.3	7.4	1.1	3.0
2	4.1	0.6	2.1	17.3	7.3	1.3	15.9	4.0	3.0	1.6	12.1	2.9	6.1
3	12.2	3.6	3.4	4.5	18.2	15.8	25.2	21.5	10.2	34.0	13.7	12.4	11.6
4	12.0	12.4	10.0	8.1	18.0	16.0	4.6	26.8	19.7	19.8	23.3	7.6	14.8

续表

月份	1967 年	1968 年	1971 年	1972 年	1978 年	1979 年	1985 年	1986 年	1995 年	1996 年	2003 年	2004 年	多年平均
5	35.0	17.4	27.3	13.8	8.3	21.1	9.1	16.9	16.0	4.9	18.2	22.9	16.7
6	30.5	30.3	42.5	21.3	41.2	23.0	26.2	8.8	36.2	12.0	17.5	6.5	23.5
7	3.8	30.1	1.6	3.9	1.4	6.1	2.9	9.4	8.4	7.1	2.1	2.4	8.6
8	0.7	1.3	0.8	15.2	0.4	3.7	6.3	2.8	0.8	13.6	3.2	20.3	5.4
9	0.3	1.2	4.5	2.1	0.6	10.9	2.9	2.1	1.2	2.3	1.1	20.1	4.0
10	0.2	0.7	2.4	2.6	0.4	0.5	0.7	3.0	0.8	1.2	0.3	0.4	1.9
11	0.2	0.4	0.6	5.8	0.4	0.6	1.9	3.1	0.2	0.6	0.5	0.9	2.4
12	0.2	1.8	3.0	5.1	0.4	0.6	1.3	0.7	0.2	0.6	0.4	2.5	1.9
合计	100	100	100	100	100	100	100	100	100	100	100	100	100
梅汛期	73.3	68.9	75.7	41.1	59.1	55.1	39.1	43.8	66.4	30.3	48.4	34.4	51.9
台汛期	3.0	17.9	7.4	20.5	1.9	18.0	11.0	11.1	6.6	20.1	5.6	41.8	14.6
其他期	23.7	13.2	17.0	38.4	38.9	26.9	49.9	45.2	27.1	49.7	46.0	23.8	33.4

表 26-5　湖南镇水库指定年份逐月水资源量与多年平均值对比表

月份	1967 年	1968 年	1971 年	1972 年	1978 年	1979 年	1985 年	1986 年	1995 年	1996 年	2003 年	2004 年	多年平均
1	26	7	27	12	68	7	68	18	174	53	178	25	100
2	63	9	17	232	70	11	180	38	81	17	144	32	100
3	99	28	14	32	90	70	149	105	144	199	85	73	100
4	77	77	32	45	70	56	22	104	219	91	114	35	100
5	198	95	78	68	29	66	37	58	158	20	79	94	100
6	122	118	86	74	101	51	77	21	252	35	54	19	100
7	41	318	9	37	10	37	23	62	160	56	17	19	100
8	12	22	7	232	5	36	81	29	23	172	44	261	100
9	7	27	53	43	9	142	50	30	49	39	20	345	100
10	11	34	60	110	11	12	23	90	67	43	12	16	100
11	8	15	11	193	8	12	54	73	13	17	16	24	100
12	11	89	75	223	11	18	49	21	15	21	15	92	100
总计	95	91	47	82	58	52	69	57	164	68	72	69	100
年 C_V	1.51	1.43	1.60	0.84	1.51	1.06	1.12	1.08	1.36	1.25	1.02	1.04	0.80

注：表中数值为指定年份逐月水资源量占多年平均值的百分数。

表 26-6 湖南镇水库连续枯水年份分期水资源量频率分析成果

时段	项目	1967—1968 年	1971—1972 年	1978—1979 年	1985—1986 年	1995—1996 年	2003—2004 年	多年平均
第 1 月至第 4 月前半月（梅汛前期）	水资源量/万 m^3	51832	13705	52106	75538	102057	76929	66596
第 4 月后半月至第 7 月前半月（梅汛期）	水资源量/万 m^3	164259	84995	81048	63658	257638	82949	122955
	频率/%	21	83	81	92	2	88	50
第 7 月后半月至第 10 月前半月（台汛期）	水资源量/万 m^3	6633	8265	2635	17894	25525	9523	34654
	频率/%	96	94	98	67	79	92	50
第 10 月后半月至第 16 月前半月（非汛期）	水资源量/万 m^3	24189	56115	32574	59776	79895	34634	79154
	频率/%	96	73	94	71	48	90	50
第 16 月后半月至第 19 月前半月（梅汛期）	水资源量/万 m^3	149084	79512	67846	59222	48704	55906	122955
	频率/%	13	85	86	90	96	94	50
第 19 月后半月至第 22 月前半月（台汛期）	水资源量/万 m^3	38611	39664	22106	14996	32287	67993	34654
	频率/%	90	31	60	85	46	6	50
第 22 月后半月至第 24 月（台汛后期）	水资源量/万 m^3	5634	23640	1762	7205	2926	5892	12558

表 26-7 湖南镇水库连续枯水年份水资源量与多年平均值对比表

时段	1967—1968 年	1971—1972 年	1978—1979 年	1985—1986 年	1995—1996 年	2003—2004 年	多年平均
第 1 月至第 4 月前半月（梅汛前期）	78	21	78	113	153	116	100
第 4 月后半月至第 7 月前半月（梅汛期）	134	69	66	52	210	67	100
第 7 月后半月至第 10 月前半月（台汛期）	19	24	8	52	74	27	100
第 10 月后半月至第 16 月前半月（非汛期）	31	71	41	76	101	44	100
第 16 月后半月至第 19 月前半月（梅汛期）	121	65	55	48	40	45	100
第 19 月后半月至第 22 月前半月（台汛期）	111	114	64	43	93	196	100
第 22 月后半月至第 24 月（台汛后期）	45	188	14	57	23	47	100
C_V	1.37	1.08	1.24	1.04	1.41	0.96	0.80

表 26-8　湖南镇水库连续枯水年份分期蒸发量频率分析成果

时段	项目	1967—1968 年	1971—1972 年	1978—1979 年	1985—1986 年	1995—1996 年	2003—2004 年
第4月后半月至第7月前半月（梅汛期）	蒸发量/mm	236	286	308	339	175	283
	频率/%	65	19	12	6	98	23
第7月后半月至第10月前半月（台汛期）	蒸发量/mm	445	396	498	345	346	395
	频率/%	6	10	2	46	44	13
第10月后半月至第16月前半月（非汛期）	蒸发量/mm	271	257	330	282	265	283
	频率/%	29	50	8	23	37	19
第16月后半月至第19月前半月（梅汛期）	蒸发量/mm	235	246	258	290	220	278
	频率/%	67	54	40	17	83	29
第19月后半月至第22月前半月（台汛期）	蒸发量/mm	352	292	392	390	346	312
	频率/%	42	87	19	21	44	69

从表 26-4 ~ 表 26-8 可以看出：

（1）从水资源的年内分布情况分析，1985 年、1996 年、2004 年的梅汛期降水比重偏少；1967 年、1971 年、1978 年、1995 年、2003 年台汛期降水比重偏少，尤其是 1967 年、1978 年，降水量比重更少。由于历年降水量差别较大，因此，该参数指标不能完全反映干旱情况。

（2）从各年份逐月降水量与多年平均值对比情况，1967 年、1968 年接近于正常水文年份，1995 年属于丰水年份，由于其年内将水显著不均匀性，其 C_V=1.36~1.51，而多年平均值的 C_V=0.8，可见这几个年份是由于降水的极其不均匀性造成的；而 1971 年、1978 年不仅降水量比多年平均值偏少 40% ~ 50%，而且其 C_V=1.51~1.60，说明这两个年份不仅降水量偏少，而且降水极不均匀，进而导致旱情。其他年份具体情况介于这两者之间。

（3）从梅汛期水资源量频率计算成果分析，除 1967 年、1968 年、1995 年 3 个年份之外，其他年份频率均超过 85%；从台汛期水资源量频率计算成果分析，1967 年、1968 年、1971 年、1978 年、2003 年旱情更重，其频率均超过 90%，1978 年为历年最枯。从非汛期水资源量频率计算成果分析，1967—1968 年、1978—1979 年、2003—2004 年的非汛期，降水量少，频率均大于 90%。按照梅汛、台汛和非汛期连续干旱情况分析，1978—1979 年、2003—2004 年存在连续三个时期干旱现象。

（4）连续干旱年的水资源量 C_V 计算成果表明，连续干旱年水资源量相比于多年平均值，时程分布更加不均匀，尤其是 1967—1968 年、1978—1979 年、1995—1996 年。

（5）从分期蒸发量计算成果看：梅汛期 1978 年、1985 年蒸发量较大，频率小于 15%；台汛期 1967 年、1971 年、1978 年蒸发量大，其中 1978 年为最干旱年；非汛期 1978 年蒸发量较大，频率为 8%。

综上所述，本项目选定 1967—1968 年、1978—1979 年、2003—2004 年特殊干旱期的典型年份。

26.3 特殊干旱期应急供水分析

26.3.1 应急时段分析

由上述分析可知，湖南镇水库降水大多集中在梅汛期，台汛期和非汛期干旱发生频率较大，属于应急的关键期。梅汛期是否纳入应急时段，下面进行详细分析，分析历年梅汛期湖南镇水资源量与规划水平年需水量成果，进而进行水资源年内供需平衡，成果见表26-9。

由表26-9可以看出，即使是梅汛期雨量最少的1981年、1996年和2004年，其水资源量也远大于规划水平年的需水量，因此，对于梅汛期的水资源保障能力而言，在应急供水方面不存在突出问题，其核心问题是湖南镇水库如何调度？进而确定一个合理的梅汛末期蓄水位（或蓄水量）。

表26-9　历年梅汛期湖南镇水资源量与水平年用水户总需水量成果对比表

年份	梅汛期水资源量/万 m^3	水平年需水量/万 m^3	二者之差/万 m^3	年份	梅汛期水资源量/万 m^3	水平年需水量/万 m^3	二者之差/万 m^3
1958	110062	18268	91794	1978	84212	23495	60717
1959	127470	17679	109791	1979	69162	23475	45687
1960	99779	23688	76091	1980	92229	20277	71952
1961	117985	23433	94552	1981	38041	23991	14050
1962	156852	18398	138454	1982	87897	23923	63974
1963	84390	20517	63873	1983	192565	18398	174168
1964	144201	22100	122101	1984	97682	23124	74558
1965	104397	20597	83800	1985	61689	22230	39459
1966	103899	21822	82077	1986	65573	24511	41062
1967	170284	22201	148082	1987	101789	18038	83750
1968	179435	18468	160968	1988	148130	21630	126500
1969	166542	19475	147067	1989	196161	19475	176686
1970	153747	18757	134990	1990	92157	21063	71093
1971	84169	23875	60294	1991	88456	23412	65045
1972	79145	22154	56991	1992	172483	18757	153726
1973	228587	17679	210907	1993	202718	17679	185039
1974	84300	21809	62492	1994	146957	22708	124249
1975	209287	18038	191249	1995	294650	17679	276971
1976	175748	18757	156992	1996	47745	23422	24323
1977	147231	17679	129552	1997	151466	21271	130195

续表

年份	梅汛期水资源量/万 m^3	水平年需水量/万 m^3	二者之差/万 m^3	年份	梅汛期水资源量/万 m^3	水平年需水量/万 m^3	二者之差/万 m^3
1998	174488	21990	152499	2004	58276	24427	33849
1999	159971	18398	141573	2005	116619	21271	95348
2000	146880	23427	123454	2006	158651	18038	140612
2001	111546	22805	88741	2007	91682	22928	68754
2002	148753	23067	125686	2008	97592	21933	75658
2003	68070	23454	44616	2009	97610	24628	72981

26.3.2　应急供水控因素分析

梯级水库应急供水核心是根据湖南镇水库蓄水情况，制定不同的应对策略。湖南镇水库应急调度主要取决三方面因素，即水库当前蓄水量、面临时段来水量和用水户需水量。水库当前蓄水量在水库实际调度时是已知参数，对于编制应急供水方案是未知参数，可以根据典型干旱年的用水户优先顺序和应对方案、用水户需水量和水库来水量确定。对于确定的典型年，面临时段来水量和用水户需水量为已知参数。

乌溪江流域下游用水户的用水优先顺序为：生活用水（含第三产业用水）、重要工业用水、农业用水（含养殖业）、一般工业用水、城市生态环境用水。

26.3.3　应急方案控制水位分析

分析计算原理：针对典型连续干旱年，从第二年 4 月 15 日开始，采用逆时序递推方式，按照用水户用水优先顺序和不同供水方案，根据逐时段水资源量和需水量，分析得出相应的水库蓄水量，经多方案分析比较，提出推荐方案。

根据各用水户用水重要程度和优先顺序，从可操作的角度出发，本项目设置应急供水方案分为三类，明细见表 26-10。

表 26-10　应急方案级别分类明细表

应急响应级别	供水原则			备注
	确保	限制	停止	
黄色	生活、重要工业、农业、一般工业		城镇生态环境用水	
橙色	生活、重要工业	农业用水	城镇生态环境和一般工业用水	农业用水按支渠控制面积分两组轮灌
红色	生活、重要工业		城镇生态环境、一般工业和农业用水	

分析计算公式如下：

$$\begin{aligned}W(t-1)=W(t)+[W_{生活}(t-1)+W_{重要工业}(t-1)+W_{农业}(t-1)+\\W_{一般工业}(t-1)]+W_{蒸发渗漏}(t-1)-Q(t-1)\end{aligned}\tag{26-3}$$

式中：$W(t-1)$ 为第 $t-1$ 时段初水库蓄水量；$W(t)$ 为第 t 时段初水库蓄水量，其中最末时段初水库蓄水量为水库发电死水位；$W_{生活}(t-1)$为第$t-1$时段生活需水量；$W_{重要工业}(t-1)$为第$t-1$时段重要工业需水量；$W_{农业}(t-1)$为第$t-1$时段农业需水量；$W_{一般工业}(t-1)$为第$t-1$时段一般工业需水量；$W_{蒸发渗漏}(t-1)$为第$t-1$时段水库蒸发渗漏量；$Q(t-1)$为第$t-1$时段水库入库量。

以1967—1968年、1978—1979年、2003—2004年为典型年，以旬为时段，以逆时序递推方法推求不同应急响应级别下湖南镇水库水位成果，见表26-11和图26-3～图26-5。

表26-11　不同应急级别湖南镇水库水位计算成果表　　单位：m

响应级别	黄色				橙色				红色			
时间	1967—1968年	1978—1979年	2003—2004年	外包线	1967—1968年	1978—1979年	2003—2004年	外包线	1967—1968年	1978—1979年	2003—2004年	外包线
7月中旬	190.0	195.8	191.6	195.8	190.0	190.2	190.5	190.5	190.0	190.0	190.2	190.2
7月下旬	199.2	198.7	190.7	199.2	194.1	194.0	190.0	194.1	190.8	191.0	190.0	191.0
8月上旬	201.3	201.2	190.4	201.3	196.7	197.1	190.0	197.1	193.8	194.4	190.0	194.4
8月中旬	201.6	200.6	190.0	201.6	197.4	196.8	190.0	197.4	194.9	194.4	190.0	194.9
8月下旬	201.2	199.9	198.0	201.2	197.3	196.3	194.5	197.3	194.9	194.1	192.4	194.9
9月上旬	200.9	198.8	199.0	200.9	197.5	195.6	196.1	197.5	195.6	193.8	194.5	195.6
9月中旬	201.4	198.7	198.2	201.4	198.3	195.8	195.5	198.3	196.7	194.2	194.1	196.7
9月下旬	200.5	198.7	198.0	200.5	197.6	196.1	195.5	197.6	196.2	194.7	194.2	196.2
10月上旬	199.6	198.5	197.0	199.6	197.0	196.1	194.8	197.0	195.8	195.0	193.8	195.8
10月中旬	199.0	197.7	196.3	199.0	196.5	195.6	194.2	196.5	195.4	194.6	193.3	195.4
10月下旬	198.1	196.8	195.4	198.1	195.9	194.9	193.6	195.9	195.0	194.1	192.9	195.0
11月上旬	197.2	196.0	194.3	197.2	195.2	194.3	192.8	195.2	194.5	193.7	192.4	194.5
11月中旬	196.7	195.2	193.6	196.7	194.8	193.8	192.3	194.8	194.2	193.3	192.0	194.2
11月下旬	196.1	194.6	193.3	196.1	194.4	193.3	192.1	194.4	193.8	192.9	191.8	193.8
12月上旬	195.5	194.0	192.7	195.5	194.0	192.8	191.7	194.0	193.4	192.4	191.4	193.4
12月中旬	194.9	193.4	192.2	194.9	193.5	192.4	191.4	193.5	193.0	192.0	191.2	193.0
12月下旬	194.4	192.8	191.6	194.4	193.1	191.9	190.9	193.1	192.6	191.6	190.8	192.6
1月上旬	193.7	192.1	190.8	193.7	192.6	191.4	190.4	192.6	192.2	191.2	190.3	192.2
1月中旬	193.1	191.5	190.2	193.1	192.1	190.9	190.0	192.1	191.8	190.7	190.0	191.8
1月下旬	192.5	190.8	190.1	192.5	191.6	190.4	190.0	191.6	191.4	190.3	190.0	191.4
2月上旬	192.0	190.4	190.0	192.0	191.3	190.2	190.0	191.3	191.1	190.1	190.0	191.1
2月中旬	191.5	190.0	190.1	191.5	191.0	190.0	190.0	191.0	190.8	190.0	190.0	190.8
2月下旬	191.0	190.0	190.0	191.0	190.7	190.0	190.0	190.7	190.6	190.0	190.0	190.6
3月上旬	190.4	190.0	190.0	190.4	190.3	190.0	190.0	190.3	190.2	190.0	190.0	190.2
3月中旬	190.0	190.0	190.0	190.0	190.0	190.0	190.0	190.0	190.0	190.0	190.0	190.0
3月下旬	190.0	190.0	190.0	190.0	190.0	190.0	190.0	190.0	190.0	190.0	190.0	190.0
4月上旬	190.0	190.0	190.0	190.0	190.0	190.0	190.0	190.0	190.0	190.0	190.0	190.0
4月中旬	190.0	190.0	190.0	190.0	190.0	190.0	190.0	190.0	190.0	190.0	190.0	190.00

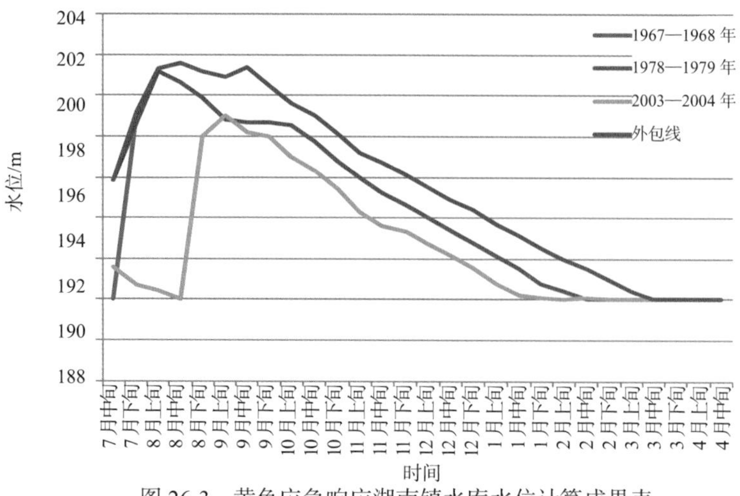

图 26-3　黄色应急响应湖南镇水库水位计算成果表

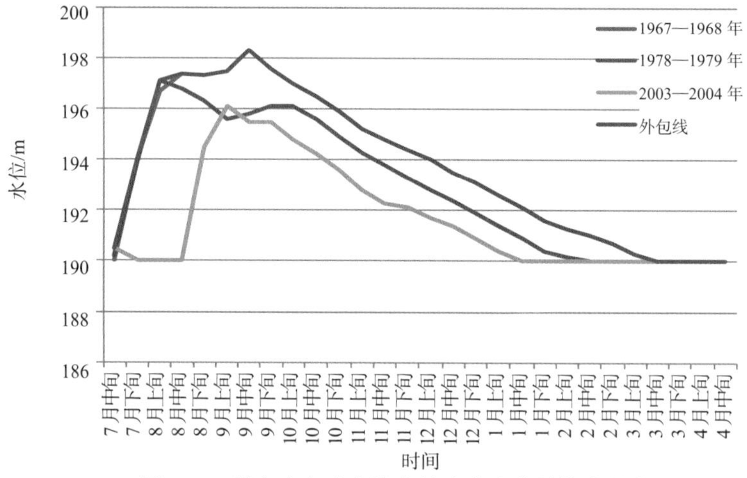

图 26-4　橙色应急响应湖南镇水库水位计算成果表

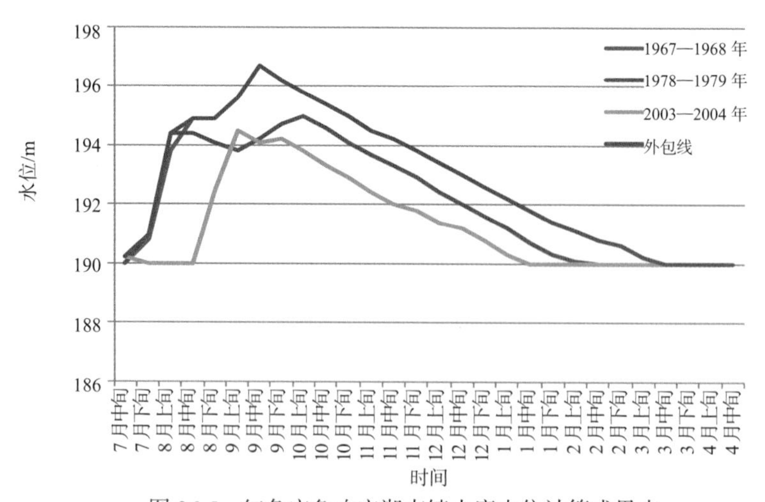

图 26-5　红色应急响应湖南镇水库水位计算成果表

综合分析表 26-11、图 26-3 ~ 图 26-5 计算成果，为避免时段过多，增加可操作性，确定不同响应级别的推荐成果见表 26-12。

表 26-12 不同应急级别相应湖南镇水库控制水位推荐成果表

日期		7月15日至9月30日	10月1日至11月30日	12月1日至次年1月31日	2月1日至4月15日
湖南镇水库控制水位/m	黄色	201.5	198.0	194.0	191.0
	橙色	198.0	195.5	193.0	190.5
	红色	195.5	194.8	192.5	190.5

26.4 应急供水方案

26.4.1 应急等级确定

干旱预警分为三级，即黄色预警、橙色预警和红色预警。

（1）黄色预警。湖南镇水库 7 月 15 日至 9 月 30 日、10 月 1 日至 11 月 30 日、12 月 1 日至次年 1 月 31 日、2 月 1 日至 4 月 15 日水位分别低于 201.5m、198.0m、194.0m、191.0m，且气象预报后期无有效降雨时为黄色预警。

（2）橙色预警。湖南镇水库 7 月 15 日至 9 月 30 日、10 月 1 日至 11 月 30 日、12 月 1 日至次年 1 月 31 日、2 月 1 日至 4 月 15 日水位分别低于 198.0m、195.5m、193.0m、190.5m，且气象预报后期无有效降雨时为橙色预警。

（3）红色预警。湖南镇水库 7 月 15 日至 9 月 30 日、10 月 1 日至 11 月 30 日、12 月 1 日至次年 1 月 31 日、2 月 1 日至 4 月 15 日水位分别低于 195.5m、194.8m、192.5m、190.5m，且气象预报后期无有效降雨时为红色预警。

26.4.2 应急预警发布

当干旱预警信息达到预警标准，衢州市防汛抗旱指挥部应根据具体的干旱预警等级，向社会发布预警信息。发布内容包括干旱发生的时间、地点、程度、受旱范围、影响人口，以及对城乡生活、工农业生产、生态环境等方面可能造成的影响，提醒有关部门、单位和社会公众应注意的事项。

26.4.3 应急方案启动程序

根据乌溪江流域下游水利工程现状管理体制及相关工程调度运行方式，制定应急供水方案启动程序流程图如图 26-6 所示。

26.4.4 应急方案启动

（1）当乌溪江下游旱情符合黄色干旱预警且旱情仍将继续发展时，经衢州市防指副指挥或其授权的防指办主任批准，衢州市防指发布干旱黄色预警，启动黄色预警抗旱应急响应。

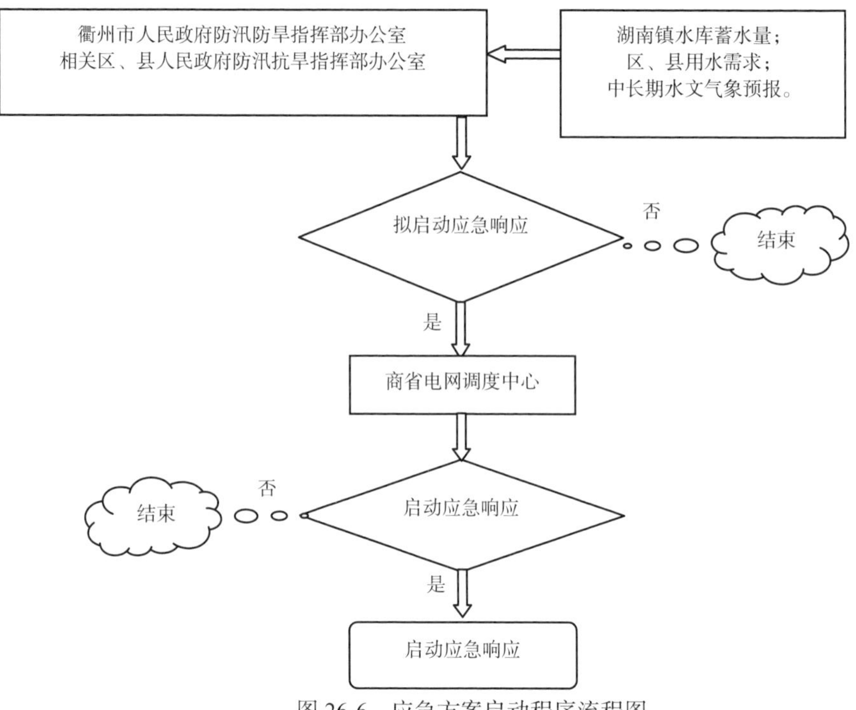

图 26-6　应急方案启动程序流程图

（2）当乌溪江下游旱情符合橙色干旱预警且旱情仍将继续发展时，经衢州市防指副指挥批准，衢州市防指发布干旱黄色预警，启动橙色预警抗旱应急响应。

（3）当乌溪江下游旱情符合红色干旱预警且旱情仍将继续发展时，经衢州市防指指挥批准，衢州市防指发布干旱黄色预警，启动红色预警抗旱应急响应。

26.4.5　应急供水方案

（1）供水原则。应急供水方案供水原则见表 26-13。

表 26-13　应急供水方案供水原则表

应急响应级别	供水原则			备注
	确保	限制	停止	
黄色	生活、重要工业、农业、一般工业		城镇生态环境用水	
橙色	生活、重要工业	农业用水	城镇生态环境和一般工业用水	农业用水按支渠控制面积分两组轮灌
红色	生活、重要工业		城镇生态环境、一般工业和农业用水	

（2）湖南镇、黄坛口水库和“三线”调度运行方式。根据不同应急响应级别供水原则、各用水户需水量，确定湖南镇和黄坛口水库放水流量、“三线”控制引水量、流量成果，见表 26-14～表 26-16。

表 26-14 不同应急响应级别湖南镇、黄坛口水库控制放水流量表

应急响应级别	湖南镇水库日下泄水量/（万 m^3/d）		黄坛口水库日供水量/（万 m^3/d）		备注
	7—10 月	11 月至次年 4 月	7—10 月	11 月至次年 4 月	
黄色	215	120	200	110	按 1967—1968 年型制订
橙色	140	90	125	75	
红色	90	80	75	65	

表 26-15 不同应急响应级别“三线”控制引水量成果表

引水线路		西线/（万 m^3/d）		中线/（万 m^3/d）		东线/（万 m^3/d）	
时期		7—10 月	11 月至次年 4 月	7—10 月	11 月至次年 4 月	7—10 月	11 月至次年 4 月
响应级别	黄色	25	6	93	69	81	34
	橙色	12	3	72	54	41	18
	红色	2.5	2.5	65	51	7.5	7.5
其中	生活	2.5	2.5	11	10	7.5	7.5
	重要工业	0	0	54	41	0	0
	农业	19	0.5	14	6	65	20
	一般工业	3.5	3	13	12	6.5	6.5

表 26-16 不同应急响应级别“三线”控制引水流量成果表

引水线路		西线/（m^3/s）		中线/（m^3/s）		东线/（m^3/s）	
时期		7—10 月	11 月至次年 4 月	7—10 月	11 月至次年 4 月	7—10 月	11 月至次年 4 月
响应级别	黄色	2.9	0.7	10.8	8.0	9.4	3.9
	橙色	1.4	0.3	8.3	6.3	4.7	2.1
	红色	0.3	0.3	7.5	5.9	0.9	0.9

（3）应急工程管理。根据乌溪江流域下游水利工程现状管理体制及相关工程调度运行方式，制定应急工程管理方式见表 26-17。

表 26-17 特殊干旱期应急工程管理方式表

序号	工程名称	管理部门	配合部门	监督部门
1	湖南镇水库	乌溪江电厂		市防办
2	黄坛口水库	乌溪江电厂		市防办
3	乌溪江引水工程进水闸	乌溪江引水工程处	柯城区、衢江区、龙游县防办	市防办
4	石室堰进水闸	乌溪江引水工程处	巨化集团公司、元立集团公司，柯城区防办	市防办
5	西干渠进水闸	西干渠管理处	乌溪江电厂，衢江区、柯城区防办	市防办

第 27 章　梯级水库水资源配置方案实施保障措施

27.1　水资源系统管理制度完善

现状情况下，乌溪江流域下游五个控制性水利工程分属两个行业、四个部门实施管理。湖南镇-黄坛口梯级水库属于电力行业，防汛调度服从浙江省防汛指挥部，电力调度运行服从省电网调度中心，乌溪江电厂具体负责日常管理。“三线”枢纽工程属于水利行业，其具体行业部门分别为市水利局、柯城区水利局、衢江区水利局。因此，该水资源系统管理和调度方式需要完善：

（1）由衢州市人民政府组织，商水行政主管部门和电力行政主管部门，落实湖南镇水库具体调度管理权限问题，落实本次配置方案提出的专用供水库容内的水资源调度管理权限划归水行政主管部门，乌溪江电厂负责具体实施。

（2）衢州市水行政主管部门，商柯城区、衢江区、龙游县人民政府及其水行政主管部门，明确各行政区乌溪江流域下游水资源配置总量，明确乌溪江流域下游水资源用水管理的责任、权限、程序等内容，管理和调度由“三线”工程管理机构负责实施。

本次水资源配置的推荐方案与《衢州市乌溪江水资源调配办法》（试行）（2004 年）部分内容有所不同，建议对此进行修订。

《衢州市乌溪江引水工程管理暂行办法》尽管 2010 年刚发布实施，鉴于目前本区域水资源管理和水利工程管理实际需要，建议对该办法进行扩充、完善，使其适用范围涵盖“三线”工程管理，形成《衢州市乌溪江流域下游引水工程管理暂行办法》（参考名称），满足乌溪江流域下游引水工程调度和管理工作的需要。

27.2　“三线”管理机构能力建设

现阶段“三线”管理机构的能力建设与水资源管理工作的需要尚有欠缺，除“东线”由乌溪江引水工程管理局进行规范管理外，其他两处管理机构的管理能力明显不足。“中线”的管理工作实际上由巨化集团公司在实施，“西线”的管理工作更加薄弱，基本处于“无人管”状态。因此，目前“三线”管理机构能力很难满足工程和用水科学管理的需要。为保障乌溪江流域下游水资源配置推荐方案能够顺利实施，需加强“中线”和“西线”管理机构能力建设：

（1）“中线”：石室堰工程管理机构建设，建议落实《衢州市人民政府专题会议纪要》〔2011〕54 号文件精神，进一步理顺石室堰工程管理体制，完善其长效运行机制，努力实现其日常管理机构能力与管理责任相适应。

（2）“西线”：乌引西线工程管理处，是目前“三线”管理工作最薄弱的环节，建议衢江区水利局在衢州水利局指导下，按照《中共中央　国务院关于加快水利改革发展的决定》（中发〔2011〕1号）和2011年《中共浙江省委　浙江省人民政府关于加快水利改革的实施意见》（浙委〔2011〕30号）以及其他水管体制改革文件精神，落实乌引西线工程管理处的性质、编制、人员、经费以及工作职责，切实履行好“西线”水利工程和用水管理的责任。

（3）建议“三线”管理职责全部收归衢州市水利局，成立市级统一的管理机构。至少应成立市一级的委员会性质的统一协调机构，以统一“三线”的工程建设、水资源管理和调配。

27.3　工程改造建议

“三线”引水工程中，“东线”工程利用黄坛口水库发电尾水，渠首建有乌溪江引水工程枢纽，枢纽反调节水库正常蓄水位82.60m，调节库容66.3万m^3；“中线”工程取水口位于黄坛口水电站下游约300m处，在乌溪江引水工程枢纽上游，该工程利用自然的地理优势，引水到石室堰干渠，属无堰引水；“西线”工程自黄坛口水库内开凿隧洞，直接引库水西行。因此，“三线”引水工程除“中线”外，其他两线取水均有保证。

“中线”工程主要是利用天然地理优势引水，1991年，黄坛口水电厂扩容后，为了提高水头，增加发电量，对电站下游的河道进行了疏浚，“中线”进水口的天然屏障遭到破坏，致使“中线”进水口的反调节库容消失，出现黄坛口水电厂停止发电，“中线”同时无水入渠的现象。自从黄坛口水电厂扩容，特别是河道疏浚后，“中线”用水就得不到保证，尤其是农灌，经常断水，有时甚至连续断水10d以上。为保证“中线”取水，需对原石室堰干渠进行改造。根据现场调查，石室堰干渠渠首—乌溪江引水工程枢纽拦水坝段基本无用水户分布，而在乌引枢纽拦水坝所在位置，石室堰干渠与反调节水库横向距离不过数十米，因此从工程改造可行性和工程投资考虑，建议废除“中线”工程石室堰干渠渠首—乌引枢纽拦水坝段渠道，取水口改为乌引枢纽拦水坝位置，自反调节水库内开凿隧洞，引用反调节水库水。其工程改造布局如图27-1所示。

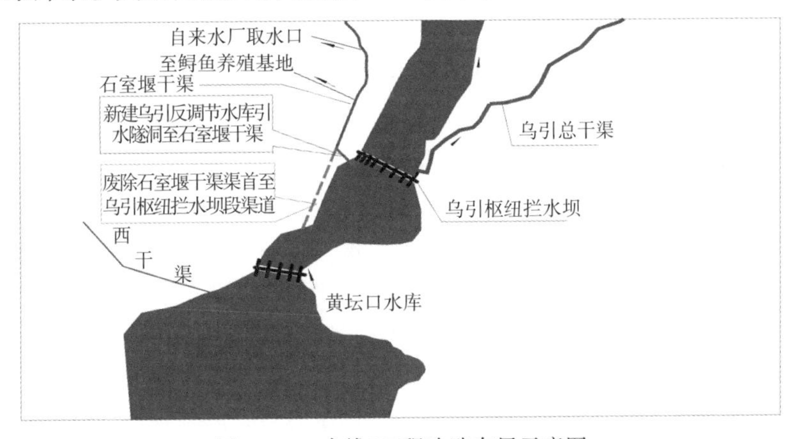

图27-1　“中线”工程改造布局示意图

27.4　落实最严格的水资源管理制度

根据《衢州市水资源公报》推算，不包括重要工业，2009 年“三线”供水工程范围内人均年综合用水量 383m^3，万元 GDP 用水量 209m^3，农业灌溉水有效利用系数 0.50，万元工业增加值用水量 165m^3。用水水平明显低于浙江省平均水平。

随着经济社会的发展，农村居民用水对水量的要求将进一步提高，工业规模扩大仍将推动用水增长，同时城市公共用水和服务业用水的需求也将激增，尽管在需水预测时已考虑了节水措施的推广，但总体呈现用水增长趋势，水资源保障压力日趋增加。

现状基准年乌溪江下游“三线”工程水资源管理水平低，水资源总量控制工作相对薄弱、计划用水和用水监测计量工作有待加强、水资源有偿使用制度需要进一步落实。因此，需要在实施本次水资源配置方案的同时，落实最严格水资源管理制度。

根据国发〔2012〕3 号、中发〔2011〕1 号、浙委〔2011〕30 号文件精神，参考《浙江省实施最严格水资源管理制度工作方案》（征求意见），结合“三线”工程管理实际，确定落实最严格水资源管理制度的重点工作：

（1）落实取水许可管理。在本次水资源配置方案基础上，尽快落实“三线”取用水许可控制总量。加强“三线”供水范围内取水许可证审批和管理，落实取水许可登记和信息系统录入工作。

（2）计划用水管理。清查取水许可证的有效性，核实各用水户实际取水情况，尽快启动开展计划用水管理，“三线”按照总量控制要求，其管理部门逐年制定年度用水计划，报上一级主管部门核准。

（3）水资源有偿使用制度。根据《浙江省水资源费征收使用管理办法》制定水资源费征收使用管理的规章制度，明确水资源费征收范围和征收标准；严格按照《衢州市乌溪江引水工程灌区水费收交办法》规定征收水费。从而规范水资源费和水费的征收、使用、管理等，为“三线”沿渠水资源的开发利用、节约用水和保护、供水工程的日常运行管理、维修、渠系改造、量水设施建设等提供经费保障。

（4）用水户管理。加强对重点取用水单位的监督管理。对乌引灌区、巨化集团公司、元立集团等重点用水户开展用水监测计量工作，评价其用水效率，督促其节水工作的开展。进一步规范取水计量设施安装，对重点用水户进行取水实时在线监控，加强用水效率监管。

（5）工程和监控计量设施建设。“十二五”“十三五”期间，组织实施大中型灌区节水改造，推广先进实用农业节水灌溉技术；加大高用水行业和取用水大户的工业节水技术改造，推行清洁生产；加大城镇供水管网改造，推广节水器具应用。加强农业、工业、城市供水的监控计量设施建设。

（6）水源地管理。湖南镇和黄坛口梯级水库是下游 55 万人口的饮用水源，应严格执行饮用水源保护区管理办法及规定，参考《浙江省饮用水水源保护条例》（2011 年）加强水库水质的保护，编制饮用水源地安全保障应急供水方案，健全预警和应急救援机制，保障饮用水安全。尽快落实开展饮用水源保护工程建设。上游遂昌县湖南镇库区各乡镇应严格按照《浙江省乌溪江环境保护若干规定》和《遂昌县乌溪江流域生态保护与发展规划》，严格控制饮用水源保护区内农居建设用地。

（7）突发性水污染应急监管。加强乌溪江流域衢州和遂昌交接断面的水质监测。制定水污染应急处理预案，加强水域预警能力建设，提升交接断面预警预报能力，确保遂昌入境水质达到水功能区要求。加强“三线”工程沿线，特别干渠沿线环境基础设施建设，降低生活污水、生活垃圾及工业污水等污染风险，制定水污染应急处理预案。

第 28 章　主要结论与建议

28.1　主要结论

（1）浙江省水资源时空变化规律研究和汛期分期过渡期研究成果表明：

1）浙江省和各代表站年降水量时空分布、多年平均降水量年内分布具有规律性。总体趋势上，全省丰、平、枯水文年分布上基本一致，全省年降水量具有总体上连续偏丰、连续偏枯特征，而且全省丰、平、枯水文年分布存在空间差异性。以旬和月为计算分析时段，取降水集中期为 90d，得出浙江省各地区的降水集中期成果见表 28-1。

表 28-1　浙江省各区域 90d 降水集中期成果表

序号	地区	降水集中期	备注
1	杭嘉湖平原地区	5 月中旬至 8 月中旬	
2	萧绍平原地区	5 月上旬至 7 月下旬	
3	浙东沿海地区	6 月上旬至 9 月上旬	
4	浙西地区	4 月上旬至 7 月上旬	
5	浙中地区	4 月下旬至 7 月下旬	

2）以各代表站年径流量资料采用 Morlet 小波分析方法可以得出浙江省年径流量多尺度周期变化空间分布规律为：①杭嘉湖平原区年径流量能量最强周期尺度为 15～22a，且该尺度周期具有全域性，主周期为 19a。萧绍平原区年径流量能量最强周期尺度为 8～15a，且该尺度周期具有全域性，主周期为 12a。②浙中地区年径流量能量最强周期尺度为 8～14a，全域性周期尺度为 15～25a，主周期为 12a。③浙东南沿海地区年径流量能量最强周期尺度为 15～25a，全域性周期尺度为 10～15a，主周期为 20a。④浙西地区年径流量能量最强周期尺度为 30～45a，且该尺度周期具有全域性，主周期为 40a。

3）在浙江省首次系统汛期分析过渡期研究，模糊统计法与分形理论均可以用于开展汛期分期过渡期研究，且两种方法计算得到的浙江省各代表站汛期分期过渡期成果基本一致。从汛期分期过渡期数值分析，分形理论计算得到的汛前过渡期和汛后过渡期持续时间较模糊统计法计算结果偏长。从实际管理工作出发，本研究推荐采用模糊统计法成果。

4）基于模糊统计法的浙江省汛期分期过渡期空间分布规律为：①从汛前过渡期起始时间成果分析，双塔底站率先进入过渡期（时间为 4 月 15 日），其次是峃口站（时间为 4 月 20 日），最晚进入汛前过渡期的是嘉兴站和嵊县站（时间为 5 月 5 日）。表明浙西山区、浙南山区率先进入过渡期，其次为浙江中部地区，而最后进入汛前过渡期的是杭嘉湖、萧绍平原区。②从汛前过渡期持续时间成果分析，莲塘口与双塔底站持续时间较短，为 15d，其他各站大多为 20d，而闸口站持续时间为 25d。说明浙西和浙中地区从过渡期进入汛期速度较快，而其它地区稍慢。③从汛后过渡期起始时间成果分析，率先进入过渡期的同样是双塔底站（时间为 8 月 20 日），紧随其后的是嵊县站（时间为 8 月 25 日），以及嘉兴站、莲塘口站和闸口站（时间为 8 月 30 日），最晚进入汛后过渡期的是洪家塔站、岦口站和长潭水库站（进入时间为 9 月 15 日）。说明：浙西地区率先进入汛后过渡期，其次为浙江中部区，以及杭嘉湖、萧绍平原区，最后进入过渡期的为浙东沿海区（主要受台风控制与影响）。④从汛后过渡期持续时间分析，各站持续时间差异明显，最短的是洪家塔站和岦口站（为 15d），而最长的为双塔底站（为 31d）。表明浙东沿海区从过渡区到非汛期速度较快，而浙西最慢。

（2）周公宅-皎口、白水坑-峡口、湖南镇-黄坛口三个梯级水库联合调度与水资源合理配置研究成果表明：

1）梯级水库优化调度前后，其供水能力明显增加、供水保证率有所提高、发电效益显著提高，因此，梯级水库联合优化调度具有显著的经济效益、社会效益和环境效益（详见表 28-2）。其中：周公宅-皎口梯级水库在保证一般工业和农业用水保证率不变的情况下，供水能力增加 2.1 万 t/d，增加了 5.3%；发电量增加 204 万 kW・h，增加了 5.0%；生活和重要工业供水保证率由 95.7%增加到 97.8%。白水坑-峡口梯级水库在保证生活和重要工业用水保证率不变的情况下，发电量增加 741 万 kW・h，增加了 5.6%。

表 28-2　梯级水库优化调度主要目标成果表

梯级水库名称	方案	供水能力/(万 t/d)	发电效益/(万 kW・h)	用水保证率/%		
				生活与重要工业	一般工业	农业
周公宅-皎口梯级水库	优化调度前*	39.6	4085	95.7	93.6	91.4
	优化调度后	41.7	4289	97.8	93.6	91.4
白水坑-峡口梯级水库、	优化调度前	1.5	13161	97.6	—	92.9
	优化调度后	1.5	13902	97.6	—	92.9
湖南镇-黄坛口梯级水库	优化调度前	—	—	96.2	96.2	96.2
	优化调度后	—	75606	96.2	96.2	96.2

*为原方案是指梯级水库初步设计时方案。

2）优化与完善梯级水库调度运行规则是促进梯级水库水资源合理配置、实现水资源高效利用的一条重要途径，可以有效提高梯级水库水资源安全保障能力。鉴于现行的水库调度运行计划中缺少对汛期分期过渡期的规定，在全省首次系统开展汛期分期过渡期研究，提出了全省不同区域的汛期分期过渡期方案，对于指导水库科学有序运行具有重大意义。同时，开展汛期分期过渡期作用明显，各梯级水库开展汛期分期过渡期实施后其发电效益增加明显。

3）优先控制线方法是解决多功能水库水资源供需矛盾的一条有效途径。为协调湖南镇-黄坛口梯级水库发电用水和各行业用水的矛盾，提出了对湖南镇水库调度图添加水库调度优先控制线方法来指导水库调度运行。为求解水库调度优先控制线，提出了两种模型方法，分别为模拟模型方法和优化模型方法，研究成果表明两种方法均可以有效解决实际问题。设置水库调度图优先控制线有两项益处：一是实现了枯水期、或干旱年有限水资源的充分高效利用，提高了水资源的利用效率和效益；二是降低湖南镇水库低水头发电运行时间，提高了单位水资源的发电量。

4）针对周公宅-皎口、白水坑-峡口、湖南镇-黄坛口梯级水库的不同特点，研发了其水资源系统分解-协调结构模型和数学模型、梯级水库联合调度规则及其数学模型，并采用模拟技术、多目标免疫遗传算法、逆时序递推方法、免疫粒子群算法等这些模型进行求解，研究成果表明，优化模型和优化算法可以有效解决梯级水库优化调度问题。

5）基于缺水深度的梯级水库供水能力研究和梯级水库特殊干旱期应急预案研究是实现水资源合理高效利用的一条重要途径。

6）本研究将水文改变指标(IHA)和变化范围法（RVA）相结合，分析评估周公宅-皎口梯级水库优化调度前后的河流流量自然变化状态，进而具体分析描述河流受人类干扰前后的改变程度。按照耗散结构理论采用灰关联熵方法，分析梯级水库联合调度对整个鄞西地区水资源经济社会生态复合系统的影响。成果表明 IHA-RVA 法和灰关联熵方法可以从微观和宏观两个方面分析评估水资源系统状态和响应。

28.2　下一步工作建议

（1）建议开展梯级水库实时调度研究。本研究梯级水库优化调度基于历史水文资料通过优化梯级水库调度运行规则来指导梯级水库优化调度，实时调度时，梯级水库调度运行的部分基础条件和边界条件（如面临时段梯级水库来水量和实际需水量等）发生了变化，如何根据梯级水库水资源系统这些变化和梯级水库调度运行规则开展实时调度值得深入研究。

（2）水库调度运行标准化工作研究。水库（尤其是梯级水库）调度运行是涉及其所在整个流域，兼顾防洪、兴利和生态环境三个方面，服务对象涵盖流域内各类对象与部门，需要以自然、社会和工程等大量基础数据为基础，是一项系统工程。水库（尤其是梯级水库）调度运行需要协调多方面的矛盾和利益，其调度运行结果对流域、区域的影响也较大，因此建议开展规范化、标准化研究，将可能降低调度者个人偏爱对水库调度运行的影响。

（3）开展水库调度优先权与水权关系研究。经过长期建设与发展，目前大多数水库具有多种功能，而且其服务范围不断扩大、服务领域不断拓展，水库综合效益得以充分发挥。实际上，基于工程产权和历史形成的区域、行业以及用户水权，与水库实际调度时不同类型用水户之间的优先顺序是存在差异的，尤其是在枯水期和干旱年份，在全面推进生态文明建设的背景下，开展水库调度优先权与水权关系研究非常有意义。

参 考 文 献

[1] 白松竹，陈真，庄晓翠，等. 阿勒泰地区冬季降雪的集中度和集中期变化特征[J]. 干旱气象，2014，32(1)：99-107.

[2] 曹升乐.设计暴雨与动态汛限水位过程线[J].西安理工大学学报，1996，12(3)：191-194.

[3] 畅建霞，黄强，等. 基于改进遗传算法的水电站水库优化调度[J]. 水力发电学报，2001(03)：85-90.

[4] 陈华，郭生练，柴晓玲，等.汉江丹江口以上流域降水特征及变化趋势分析[J]. 人民长江，2005.36(11)：29-31.

[5] 陈炯宏，郭生练，刘攀，等.三峡与清江梯级五库联合优化调度效益分析[J]. 水力发电，2009，35(1)：92-95.

[5] 陈立华，梅亚东，杨娜，等. 混合蚁群算法在水库群优化调度中的应用[J]. 武汉大学(工学版)，2009，42(5)：661-665.

[6] 陈守煜，王淑英，王高英，等. 用直接模糊统计试验确定汛期相对隶属度函数的研究[J]. 水利水电科技进展，2003，23(1)：5-7.

[7] 陈守煜，周惠成.多阶段多目标系统的模糊优化决策理论与模型[J].水电能源科学，1991(2).

[8] 陈守煜.从研究汛期描述论水文系统模糊集分析的方法论[J].水科学进展，1995，6(2)：133-138.

[9] 陈守煜，等.黄河防洪决策支持系统多目标多层次对策方案的模糊优选[J].水电能源科学，1992(2).

[10] 大连工学院水利系水工教研室.大伙房水库工程管理局编水库控制运用[M].北京：中国水利水电出版社，1986.

[11] 大连理工大学，国家防汛抗旱总指挥部办公室.水库防洪预报调度方法及应用[M].北京：中国水利水电出版社，1996.

[12] 丁晶，邓育仁，付军.大中型水库坝前年最高水位统计变化特性分析[J].水文，1998，(5).

[13] 丁晶，王文圣，邓育仁.合理确定水库分期汛限水位的探讨[C]//全国水文计算进展和展望学术讨论会论文选集.南京：河海大学出版社，1989：501-506.

[14] 董刚. 免疫粒子群算法在水电站优化调度中的应用 [J]. 水科学与工程技术，2009(2)：52-54.

[15] 董前进，王先甲，王建平，等. 分形理论在三峡水库汛期洪水分期中的应用[J]. 长江流域资源与环境，2007，16(3)：400-404.

[16] 方崇惠，雒文生. 分形理论在洪水分期研究中的应用[J]. 水利水电科技进展，2005，25(6)：9-13.

[17] 方红远. 设计径流值的模糊统计分析[J]. 扬州大学学报：自然科学版，2000，3(2)：75-78.

[18] 冯平，陈根福.超汛限水位蓄水的风险效益分析[J].水利学报，1996(6)：29-33.

[19] 冯平，陈根福.水库实际防洪能力估算[J].天津大学学报，1994，27(5)：603-607.

[20] 冯平，崔广涛.城市洪涝灾害直接经济损失的评估与预测[J].水利学报，2001(8)：64-68.

[21] 付国江，王少梅，李宁. 一种新的 PSO 变异策略[J]. 武汉理工大学学报：信息与管理工程版，2005，27(2)：192-196.

[22] 付湘，纪昌明.多维动态规划模型及其应用[J].水电能源科学，1997(4).

[23] 付湘，纪昌明.防洪系统最优调度模型及应用[J].水利学报，1998(5).

[24] 傅师鹏，赵文谦，马光文．水库调度的神经网络模型[J]．四川水力发电，2000，19（8）：108-110.

[25] 高波，刘克琳，王银堂，等.系统聚类法在水库汛期分期中的应用[J].水利水电技术，2005，36(6)：1-5.

[26] 高军省，张代青．基于小波分析的区域水资源总量变化的周期性研究[J]．水资源与水工程学报，2009，20（6）：5-8.

[27] 高尚，杨静宇，吴小俊，等．基于模拟退火算法思想的粒子群优化算法[J]．计算机应用与软件，2005，22（1）：103-104.

[28] 高似春，陈惠源，马勇.沙颍河漯河以西防洪系统优化调度[J].武汉水利电力大学学报，1997(4).

[29] 高鹰，谢胜利．混沌粒子群优化算法[J]．计算机科学，2004，31（8）：13-15.

[30] 高鹰，谢胜利．免疫粒子群优化算法[J]．计算机工程与应用，2004（6）：4-6.

[31] 顾欣，田菊萍，张艳梅．黔东南冰雹集中期和集中度气候特征分析[J]．热带地理，2010，30(3)：278-283.

[32] 郭纯一．基于遗传算法的水库防洪调度决策支持系统[J]．东北水利水电，2003(03)：30-31.

[33] 韩宇平，阮本清，谢建仓，王晓辉.串联水库联合供水的风险分析[J].水利学报，2003（6）：14-21.

[34] 何永勇，褚福磊，王庆禹，等．小波分析在应用中的两个问题探究[J]．振动工程学报，2002，15（2）：228-232.

[35] 候玉，吴伯贤，郑国权．分形理论用于洪水分期的初步探讨[J]．水科学进展，1999，10（2）：140-143.

[36] 胡明罡.基于遗传算法的梯级水库调度问题的研究[J].济南大学学报，2003，17（4）：344-346.

[37] 胡铁松，万永华，冯尚友.水库群优化调度函数的人工神经网络方法研究[J].水科学进展，1995(3).

[38] 胡铁松，万永华.水库群优化调度函数的人工神经网络方法研究[J].水科学进展，1995(1).

[39] 胡振鹏，冯尚友.丹江口水库运用中防洪与兴利矛盾的多目标分析[J].水利水电技术，1989(12).

[40] 胡振鹏，冯尚友.防洪系统联合运行的动态规划模型及其应用[J].武汉水利电力学院学报，1987(4).

[41] 胡振鹏，冯尚友.综合利用水库防洪与兴利的多目标风险分析[J].武汉水利电力学院学报，1989(1).

[42] 胡振鹏，等.汉江中下游防洪系统实时调度的动态规划模型及前向卷动决策法[J].水利水电技术，1988(1).

[43] 华东勘测设计研究院.宁波市周公宅水库初步设计报告（上、下册）[R].杭州：华东勘测设计研究院，2002.

[44] 华家鹏，孔令婷.分期汛限水位和设计洪水位的确定方法[J].水电能源科学，2002(1)：21-22.

[45] 黄强，黄文政，薛小杰，王义民.西安地区水库供水调度研究[J].水科学进展，2005，16（6）：881-886.

[46] 黄强，苗隆德.王增发.水库调度中的风险分析及决策方法[J].西安理工大学学报，1999，15（4）：6-10.

[47] 黄志中，周之豪.水库群防洪调度的大系统多目标决策模型研究与应用[J].水电能源科学，1994(4).

[48] 纪昌明，喻杉，周婷，等．蚁群算法在水电站调度函数优化中的应用[J]．电力系统自动化，2011，35（20）：103-107.

[49] 李安强，王丽萍，蔺伟民，等．免疫粒子群算法在梯级电站短期优化调度中的应用[J]．水利学报，2008，39(4)：426-432.

[50] 李春生，陈惠源.梯级水库防洪系统实时优化调度[J].水利学报，1991(11).

[51] 李明，张德福，左海阳，等．人工神经网络在水库优化调度中的应用[J]．东北水利水电，2001，19(11)：

34-36.

[52] 李宁，孙德宝，岑翼刚，等. 带变异算子的粒子群优化算法[J]. 计算机工程与应用，2004，40（17）：12-14.

[53] 李玮，郭生练，朱凤霞，等.清江梯级水电站联合调度图的研究与应用[J]. 水力发电学报，2008，27（1）：10-15.

[54] 李小芹，李延频，赵梦蝶，等.梯级水库群发电优化调度评述[J]. 人民黄河，2008，30（4）：78-80.

[55] 李兴拼，黄国如，江涛. RVA 法评估枫树坝水库对径流的影响[J]. 水电能源科学，2009，27（3）：18-21.

[56] 李洋，魏晓妹，孙艳伟. 石羊河流域水文要素变化特征分析[J]. 水文，2007，27（3）：85-88.

[57] 李云鹤，汪党献，城镇居民生活用水的需水函数分析和水价节水效果评估[J]. 中国水利水电科学研究院，2008，6（2）：156-160.

[58] 林洪.淮北市区干旱年份缺水机率分析与供水应急对策[J]. 地下水，2007，29（4）：11-13.

[59] 刘冀，李伟，张弛.宋绪关.碧流河水库下游河道行洪能力及洪水淹没模拟[J].中国农村水利水电，2008（2）：22-25.

[60] 刘攀，郭生练，郭富强，等.清江梯级水库群联合优化调度图研究[J].华中科技大学学报(自然科学版)，2008，36（7）：63-66.

[61] 刘攀，郭生练，李玮，等.用多目标遗传算法优化设计水库分期汛限水位[J].系统工程理论与实践，2007（4）：81-90.

[62] 刘攀，郭生练，张文选，等.梯级水库群联合优化调度函数研究[J].水科学进展，2007，18（6）：816-822.

[63] 刘群明，陈守伦，刘德有.流域梯级水库防洪优化调度数学模型及 PSODP 解法[J].水电能源科学，2007，25（1）：34-37.

[64] 陆列寰，郑积花. 白水坑水库洪水分期过渡期研究[J]. 安徽农业科学，2011，39（26）：16082-16084.

[65] 马细霞，储冬冬. 粒子群优化算法在水库调度中的应用分析[J]. 郑州大学学报（工学版），2006，27（4）：121-124.

[66] 马细霞，夏龙兴. 昭平台水库调度函数的人工神经网络模型[J]. 水电能源科学，2005，23(3)：20-22.

[67] 马勇，李春生，陈惠源.一种基于扒口分洪运用方式的防洪系统联合运行的大规模 LP 广义优化模型及其应用[J].水利学报，1994(12).

[68] 缪驰远，汪亚峰，郑袁志. 基于小波分析的嫩江，哈尔滨夏季降雨规律研究[J]. 生态与农村环境学报，2007，23(4)：29-32.

[69] 纳丽，李欣，朱晓炜，等. 宁夏近 50a 降水集中度和集中期特征分析[J]. 干旱区地理，2012，35(5)：724-731.

[70] 邱瑞田，王本德，周惠成.水库汛期限制水位控制理论与观念的更新探讨[J].水科学进展，2004，15(1).

[71] 饶碧玉，王龙，王静，等. 人工神经网络在灌区水库调度中的应用[J]. 水资源与水工程学报，2009，20（4）：67-69.

[72] 桑燕芳，王栋.水文时间序列周期识别的新思路与两种新方法[J]. 水科学进展，2008，19（3）：412-417.

[73] 石月珍，李淼，郑仰奇. 基于分形理论的湘江流域洪水分期研究[J]. 水土保持通报，2010，30（5）：165-167.

[74] 舒畅，刘苏峡，莫兴国，等. 基于变异性范围法（RVA）河流生态流量估算[J]. 生态环境学报，2010，19（5）：1151-1155.
[75] 陶涛，刘遂庆.供水水库优化模拟风险调度模式的研究[J]. 水利水电技术，2005，36（11）：8-11.
[76] 万芳，原文林，黄强，等. 基于免疫进化算法的粒子群算法在梯级水库优化调度中的应用[J]. 水力发电学报，2010，29(1)：202-206.
[77] 万育安，敖天其，尹芳，等. 分形理论在紫坪铺水库汛期洪水分期的应用[J]. 黑龙江水专学报，2008，35（3）：18-20.
[78] 王本德，张力.大伙房水库洪水模糊优化调度模型[J].水利工程管理技术，1991(2).
[79] 王本德，张力.综合利用水库洪水模糊优化调度[J].水利学报，1993(1).
[80] 王本德，周惠成，程春田.梯级水库群防洪系统多目标洪水调度模糊优选[J].水利学报，1994(2).
[81] 王德智，董增川，丁胜祥. 基于连续蚁群算法的供水水库优化调度[J]. 水电能源科学，2006，24（2）：77-79.
[82] 王德智，董增川，丁胜祥.供水库群的聚合分解协调模型[J]. 河海大学学报，2006，34（6）：622-626.
[83] 王黎，马光文. 基于遗传算法的水电站调度新方法[J]. 系统工程理论与实践，1997(07)：65-82.
[84] 王启付，王战江，王书亭. 一种动态改变惯性权重的粒子群优化算法[J]. 中国机械工程，2005，16（11）：945-948.
[85] 王巧丽. 分形理论及其在水文学中的应用[J]. 山西水利科技，2003（3）：21-23.
[86] 王少波，解建仓，孔珂.自适应遗传算法在水库优化调度中的应用[J]. 水利学报，2006，37（4）：480-485.
[87] 王少波，谢建仓，武晟.基于改进遗传算法的水库群优化调度研究[J]. 西安理工大学学报，2006，22（4）：378-381.
[88] 王文圣，丁晶，向红莲. 小波分析在水文学中的应用研究及展望[J]. 水科学进展，2002，13(4)：515-520.
[89] 王旭，雷晓辉，蒋云钟，等. 基于可行空间搜索遗传算法的水库调度图优化[J]. 水利学报，2013，44（1）：26-34.
[90] 吴保生，陈惠源.多库防洪系统优化调度的一种解算方法[J].水利学报，1991(11).
[91] 吴劭辉，张彦芳，夏梦河.分形理论在姚江丈亭站洪水位分析计算中的应用[J]. 浙江水利科技，2003（4）：28-30.
[92] 吴志远，邵惠鹤，吴新余. 基于遗传算法的退火精确罚函数非线性约束优化方法[J]. 控制与决策. 1998，13（2）：136-140.
[93] 伍永刚. 双链态遗传算法及其在电力系统和梯级水电站优化调度中的应用[R]. 武汉：华中理工大学，1997.
[94] 武鹏. 基于多目标决策技术的水库优化调度[J]. 水利科技与经济，2010，16（10）：1164-1166.
[95] 向波，纪昌明，罗庆松. 免疫粒子群算法及其在水库优化调度中的应用[J]. 河海大学学报(自然科学版)，2008，36(2)：198-202.
[96] 熊军，高敦堂，沈庆宏，都思丹.遗传算法交叉算子性能对比研究[J]. 南京大学学报(自然科学)，2004，40（4）：432-437.
[97] 许轶，董增川.农业用水供水调度中目标函数的改进[J]. 人民黄河，2006，28（6）：44-45.
[98] 玄英姬，许江松.梯级水库联合理想补偿调节研究[J]. 三峡大学学报(自然科学版)，2003，25（1）：

43-46.
[99] 杨道辉，马光文．粒子群算法在水电站日优化调度中的应用[J]．水力发电，2006，32（3）：73-75.
[100] 杨俊杰，周建中，喻菁，等．基于混沌搜索的粒子群优化算法[J]．计算机工程与应用，2005（16）：69-71.
[101] 杨侃，谭培伦.三峡为中心的长江防洪系统优化调度网络分析法[J].水利学报，1997(7).
[102] 易淑珍，王钊.水文时间系列周期分析方法探讨[J]．水文，2005，25（4）：26-29.
[103] 游进军，纪昌明，付湘.基于遗传算法的多目标问题求解方法[J]．水利学报，2003（7）：64-69.
[104] 于兴杰，张树田，马领康．基于模糊统计法与分形分析法的洪水分期研究[J]．中国农村水利水电，2009（7）：65-67.
[105] 鱼京善，王国强，刘昌明.基于 GIS 系统和最大熵谱原理的降水周期分析方法[J]．气象科学，2004，24（3）：277-284.
[106] 原文林，黄强，王义民，吴洪寿，刘招.最小弃水模型在梯级水库优化调度中的应用[J]．水力发电学报，2008，27（3）：16-21.
[107] 张洪波，王义民，黄强，等．基于 RVA 的水库工程对河流水文条件的影响评价[J]．西安理工大学学报，2008，24（3）：262-267.
[108] 张晋新，吴萍.水电站水库防洪优化调度的模型与方法[J]．水利科技与经济，2008，14（2）：92-94.
[109] 张丽平，俞欢军，陈德钊，等．粒子群优化算法的分析与改进[J]．信息与控制，2004，33（5）：513-517.
[110] 张玲，张拔．人工神经网络理论及应用[M]．浙江：浙江科学技术出版社，1997：34-44.
[111] 张铭，李承军，张勇传，袁晓辉.最小收益风险模型在水库发电调度中的应用[J]．华中科技大学学报，2008，36（9）：25-28.
[112] 张少文，王文圣，丁晶，常福宣.分形理论在水文水资源中的应用[J]．水科学进展，2005，16（1）：141-146.
[113] 张天宇，程炳岩，王记芳．华北雨季降水集中度和集中期的时空变化特征[J]．高原气象，2006，26(4)：843-853.
[114] 张忠波，张双虎，蒋云钟．结合广度搜索的遗传算法在水库调度中的应用[J]．南水北调与水利科技，2011，9（5）：85-88.
[115] 浙江省水利河口研究院.江山市峡口水库大型灌区现代化建设规划[R]．杭州：浙江省水利河口研究院，2008.
[116] 浙江省水利水电勘测设计院.白水坑水库初步设计[R]．杭州：浙江省水利水电勘测设计院，1999.
[117] 浙江省水利水电勘测设计院.宁波市皎口、周公宅水库引水工程水资源论证报告[R]．杭州：浙江省水利水电勘测设计院，2004.
[118] 浙江省水利水电勘测设计院.姚江干流水量配置调度方案及管理制度研究（初稿）[R]．杭州：浙江省水利水电勘测设计院，2009.
[119] 浙江省水利水电勘测设计院.周公宅水库与皎口水库联合调度专题报告[R]．杭州：浙江省水利水电勘测设计院，2003.
[120] 浙江省水利厅.浙江省大中型水库控制运用计划编制导则[R]．杭州：浙江省水利厅，2010.
[121] 郑丽英，熊金涛，李良超，等．小波边界处理及实时去噪[J]．雷达科学与技术，2007，5（4）：300-303.

[122] 钟登华，熊开智．遗传算法的改进及其在水库优化调度中的应用研究[J]．中国工程科学，2003(09)：23-26．

[123] 周超，屈亚玲，杨俊杰，李英海，覃晖.多目标梯级水库优化调度问题的免疫遗传算法[J]．人民长江，2008，39（16）：45-47.

[124] 周明，孙树栋．遗传算法的原理与应用[M]．北京：国防工业出版社，1999.

[125] 周明丽，娄德君．肇庆降水集中度和集中期的气候特征分析[J]．黑龙江气象，2010，27(2)：5-6.

[126] 周念来，纪昌明．基于蚁群算法的水库调度图优化研究[J]．武汉理工大学学报，2007，29（5）：61-64.

[127] A.Ratnaweera，S.K.Halgamuge，H.C.Watson．Self-organizing hierarchical particle swarm optimizer with time-varying acceleration coefficients[J].IEEE Trans.Evol.Comput.，2004，8（3）：240-255.

[128] Ahmed I.，On the determination of multireservoir operation policy under uncertainty[M]. Tucson Arizona：The university of Arizona，2001.

[129] Angeline P.J.. Using Selection to Improve Particle Swarm Optimization[R]. IEEE International Conference on Evolutionary Computation，Anchorage，Alaska，1998.

[130] Angeline P.J．Evolutionary optimization versus particle swarm optimization：philosophy and performance difference[C]//Proceedings of 7th annual conference on evolutionary computation，2005：601-610.

[131] Aslew A.J.，Optimum reservoir operation policies and the imposition of reliability constraint. Water Resour[J]. Res.，1974.10(6)：1099-1106.

[132] B.AL.kazemi ， C.K.Mohan ． Mufti-phase generalization of the particle swarm optimization algorithm[C]//Proceeding IEEE Conference on Evolutionary Computation，2002：489-494.

[133] Barros M.，Tsai F.，etc.Optimization of Large-scale hydropower system operations[J]. Journal of Water Rrsour.Plng.&Manag，2003,129(3):178-188.

[134] Becker L.， Yeh W. W-G.optimization of real-time operation of multiple reservoir system，Water Resour[J].Res.，1974，10(6)：1107-1112.

[135] Beekrnan M，Ratnieks F L W．Long-rang Foraging by the Honey-bee，Apis Mellifera[J].Functional Ecologic，2000（14）：490-496．

[136] Black，A.R. and A.Werritty，Seasonality of flooding： a case study of North Britain[J].Journal of hydrology，1997(195)：1-25.

[137] Buther W.S..Stochastic dynamic programming for optimum reservoir operation[J]. Water Resour. Bull.，1971,7(1)：115-123.

[138] Chang FC， Hui SC. And Chen YC. Reservoir operation using grey fuzzy stochastic dynamic programming[J].Hydrol.Process，2002,6(12)：2395-2480.

[139] Chatterjee，Siarry P．Nonlinear inertia weight variation for dynamic adaptation in particle swarm optimization[J]．Computers&Operations Research，2006，33（3）：859-871.

[140] Clerc M．Discrete Particle Swarm Optimization Illustrated by the Traveling Salesman Problem[R].2000.

[141] Clerc M．The swarm and the Queen：Towards a Deterministic and Adaptive Particle Swarm Optimization[C]//Proceeding of International Conference on Evolutionary Computation，1999：1951-1957.

[142] Colorni A，G Fronza.Reservoir management via reliability programming.Water Resour[J].Res.，1983(12)：

85-88.
[143] D.N.库马尔，等．多功能水库调度的蚁群优化算法研究[J]．水利水电快报，2010，31（3）：17-23.
[144] Dorfman R.The multi-structure approach in design of water resource systems[M].Harvard University Press,1962.
[145] Eberhart R，Kennedy J．A New Optimizer Using Particle Swarm Theory[C]//Proc of the Sixth International Symposium on Micro Machine and Human Science，Nagoya，Japan，1995：39-43.
[146] Eberhart RC ， Shi Y ． Particle Swam Optimization ： Developments ， Applications Resources[C]//Proceedings of IEEE Congress on Evolutionary Computation Piscataway，NJ：IEEE Service Center，2001：81-86．
[147] Foufoula E， Kitanidis P K. Gradient dynamic programming for stochastic optimal control of multi-dimensional water resource systems[J]. Water Resour. Res.，1988,24(8)：1345 -1359.
[148] Gassford J.，and S.Karlin.Optimal policy for hydroelectric operations，in studies in the mathematical Theory of inventory and Production[M].Cailf.，Stamford University，1958：179-200.
[149] H.Xiaohui，R.C.Eberhart. Adaptive particle swarm optimization：detection and response to dynamic syestem[C]//Proceeding IEEE conference on Evolutionary Computation，2002：1666-1670.
[150] Huang WC， Yuan LC and Lee CM. Linking Genetic algorithms with stochastic dynamic programming to long-term operation of a multireservoir system[J]. Water Resour. Res.，2002,38(12)：40-49.
[151] J. Kennedy, RC. Eberhart. A discrete binary version of the particle swarm Optimization algorithm[C] //Proceedings of International Conference on System，Man，and Cybernetics，1997：04-09.
[152] J.Kennedy．Bare bones particle swarms[C]//Proceeding of IEEE Swarm Intelligence Symposium，2003：53-57.
[153] Jiang Chuanwen，Etorre B.．A hybrid method of chaotic particle swarm optimization and linear interior for reactive power optimization[J]．Mathematics and Computers in Simulation，2005，68（1）：57-65.
[154] Jiang Chuanwen，Etorre B.． A self-adaptive chaotic particle swarm algorithm for short term hydroelectric system scheduling in deregulated environment[J]．Energy Conversion and Management，2005，46（17）：2689-2696.
[155] Johnson W K，R A Wurbs，J E Beegle.Opportunities for Reservoir-storage reallocation[J].Journal of Water Resources Planning and Management， 1990，116(4)：550-566.
[156] Karamouz M，Vasiliadis H V.Bayesian stochastic optimization of reservoir operating using uncertain forecast[J].Water Resour.Res.，1992,28(5)：1221-1232.
[157] Kennedy J，Eberhart R C．Particle Swarm Optimization[C]//Proceedings of IEEE Conference on Neural Networks．Perth，Australia，1995（4）：1942-1948．
[158] LeClerc G, D H Marks.Determination of the discharge policy for existing reservoir network under different objectives[J].Water Resources.Res.，1983(9)：1155-1165.
[159] Little J D C. The use of storage water in a hydroelectric system[J].Oper.Res.，1995 (3) ： 187 -197.
[160] Locks D P，Oliveira R. Operating rules for multireservoir systems[J]. Water Resour. Res.， 1997, 33(4)：839-852.

[161] Loucks D P.Some comments on linear decision rules and chance constraints[J]. Water Resour. Res., 1970,6(2)：668-671.

[162] Lovbjerg M,Rasmussen Tk， et al． Hybrid Particle Swarm Optimization with Breeding and Subpopulations[R]．IEEE International Conference on Evolutionary Computation，San，Diego，2000.

[163] M.Lovbjerg，T Krink．Extending particle swarm optimizers with self-organized critically[C]//Proceeding IEEE Conference on Evolutionary Computation，2002：1588-1593.

[164] Miller B A，A whitlock,R C Hughes.Flood management-The TVA Experience[J].Water international，1996，21(3):119-130.

[165] Murray D C， AND Yakowitz S. Constrained differential dynamic programming and its application to multireservoir control[J]. Water Resour. Res.，1979,15(5)：1017-1027.

[166] N Higashi，H Iba．Particle swarm optimization with Gaussian mutation[C]//Proceedings of IEEE Swarm Intelligence Symposium，2003：72-79.

[167] Needham J，Watkins D，etc.Linear programming for flooding control in the Iowa and Des Moines river[J].Journal of Water Rrsour.Plng.&Manag，2000,126(3)：118-127.

[168] Peng C S, Buras N.Practical estimation of inflow into multireservoir system[J]. Journal of Water Rrsour. Plng.&Manag，2000,126(5)：35-40.

[169] POFFNL，ALLAN J D，BAIN M B，et al．The natural flow regime：A paradigm for river conservation and restoration[J]．Bioscience，1997，47（11）：769-784.

[170] R C Eberhart，Y Shi．Comparing inertia weights and constriction factors in particle swarm optimization[C]//In Proceedings of IEEE International Congress on Evolutionary Computation，2000：84-88.

[171] RICHER B，BAUMGARTNER J V，WIGINGTON R，et al．How much water does a river need?[J]．Freshwater Biology，1997（37）：231-249.

[172] Rosasman A L. Reliability constraint dynamic programming and randomized release rules in reservoir management[J]. Water Resour. Res.，1977,13(2)：247-255.

[173] S Yakowitz.Dynamic programming applications in water resource[J].Water resour. res.， 1982,18(4)：673-696.

[174] Shi Y，Eberhart R C.Empirical study of particle swarm optimization[J]．Institute of Electrical and Electronics Engineers，1999（7）：1945-1950.

[175] Shi Y，Eberhart R C．A Modified Particle Swarm Optimizer[R]．IEEE International Conference of Evolutionary Computation，Anchorage，Alaska，1998.

[176] Shi Y，Eberhart R C.Parameter selection in particle swarm optimization[J]．Lecture Notes in Computer Science，1998（1447）：591-600.

[177] T Krink，J S Vesterstrom，J Riget．Particle swarm optimization with spatial particle extension[C]//Proceeding of International Conference on Evolutionary Computation，2002：1474-1497.

[178] Turgeon A.Optimal short-term hydro scheduling from the principle of progeressive optimality[J]. Water Resour. Res.，1981,17(3)：481-486.

[179] Unver O L, L W Mays.Model For Real-Time Optimal Flood Control Operation of a Reservoir System[J].Water Resources Management,1990(4).

[180] Wasimi S A,Kimandis P K. Operation of Reservoirs under Flood Condition Using Linear Quadratic Stochatic Control[J]. Research Report.No.262 North-Holland：Lowa Institute of Hydraulic.1983(10).

[181] Wasimi S A, Kimandis P K.Real-Time Forecasting and Daily Operation of a Multireservoir System During Flood by Linear Quadratic Stochatic Control[J]. Water Resources Research,1983(6).

[182] Waylen P, M Woo.Prediction of annual floods generated by mixed processes[J].Water Resources Research，1982，18(4)：1283-1286.

[183] Windor J S.Optimization model for reservoir flood control[J]. Water Resour.Res.，1973,9(5)： 1103- 1114.

[184] Windsor J S. A Programming Model For the Design of Multireservoir Flood Control Systems[J]. Water Resources Research,1975(1).

[185] Windsor J.S.Model For the Optimal Planning of Structural Flood Control Systems. Water Resources Research.1981(2).

[186] Windsor J S.Optimization Model For the Operation of Flood Control Systems[J].Water Resources Research,1973(5).

[187] Wurbs R A.Modeling and analysis of reservoir system operation[M].Prentice Hall PTR，Upper Saddle River，1996.

[188] Wurbs R A,L M Cabezas.Analysis of reservoir storage reallocations[J].Journal of hydrology，1987(92)：77-95.

[189] X F Xie，W J Zhang，Z L Yang. A dissipative particle swarm optimization[C]//Proceeding IEEE Conference on Evolutionary Computation，2002：1456-4161.

[190] Y Shi，R C Eberhart. Fuzzy Adaptive Particle Swarm Optimization[C]//Proceeding of International Conference on Evolutionary Computation.Seoul，Korea，2001.

[191] Yasuda K，Ide A，Iwasaki N. Adaptive particle swarm optimization[J]. Institute of Electrical and Electronics Engineers，2003（10）：1554-1559.

[192] Yazicigirl H.Daily Operation of Multipurpose Reservoir System[J].Water Resource Research,1983(1).

[193] Yeh, W W-G, Becker L,Chu W-S.Real-time hourly reservoir operation[J].Water Resour Plan Manage. Asce，1979，105(2)：187-203.

[194] Yong G K.Fingding reservoir operation rules[M].J.Hydaul.Div.Am.Soc.Civ.Eng.1967：297- 321.

[195] Yoshida H，Fukuama Y，Takayama S A. Particle Swarm Optimization for Reactive Power and Voltage Control in Electric Power Systems Considering Voltage Security Assessment[J]. IEEE International Conference on Systems，Man，and Cybernetics，1999，6（497）：502.